名师经典讲义

孟兆祯　著

园　衍

[精编本]

中国建筑工业出版社

图书在版编目（CIP）数据

园冶：精编本 / 孟兆祯著 . -- 北京：中国建筑工
业出版社，2024. 10. --（名师经典讲义）. -- ISBN
978-7-112-30103-4

Ⅰ . TU986.62

中国国家版本馆 CIP 数据核字第 2024JF8321 号

责任编辑：张　建　杜　洁
文字编辑：周志扬
责任校对：赵　力

名师经典讲义

园　冶

［精编本］

孟兆祯　著

＊

中国建筑工业出版社出版、发行（北京海淀三里河路9号）

各地新华书店、建筑书店经销

北京锋尚制版有限公司制版

北京奇良海德印刷股份有限公司印刷

＊

开本：787 毫米×1092 毫米　1/16　印张：18¼　插页：2　字数：339 千字

2024 年 12 月第一版　　2024 年 12 月第一次印刷

定价：**108.00** 元

ISBN 978-7-112-30103-4

（42761）

孟兆祯

　　中国工程院院士、北京林业大学园林学院教授、博士生导师、中国风景园林学会名誉理事长、住房和城乡建设部风景园林专家委员会副主任。

　　他将中国传统文人写意自然山水园的民族风格、园林综合效益的科学内容以及地方特色，与现代社会的文化休憩生活融为一体。在继承的基础上，与其他园林专家一起，发展并建立了风景园林规划与设计学科的新教学体系，是当代传承、创新以《园冶》为代表的中国传统园林思想与文化的重要代表人物。

人物画像：郭　明

序

　　孟兆祯院士于 20 世纪 50 年代就投身于祖国的风景园林事业,我当时就和他有所接触,多年来他一直探索能体现中国文化内质的风景园林规划设计理法体系,在中国园林理论经典——《园冶》的研究上颇有建树。这本在西方被誉为与阿尔伯蒂《建筑十书》相提并论的园林巨著,因时间久远、文字佶屈聱牙,难以为现代人理解,孟院士用现代语言加以再阐释,并将其化入当代的传承、应用与实践中,形成了他的新作——《园衍》。《园衍》的内容并非是对传统造园方法的一般叙述,而是加入了自身的体会,将源于中国文化的风景园林规划设计方法系统化、理论化。书中结合了他自身的实践,充分体现了他所倡导的"知行合一"的风景园林教育理念。《园衍》立题构思独到,行文发人深省,体现了对中国传统园林规划设计理论的传承和创新,足以启迪当代的园林实践,是风景园林领域重要的专著。

　　孟院士为祖国的风景园林建设事业培养了大批优秀人才。他曾在 1997 年邀我参加他的博士生毕业论文答辩,答辩的题目是《艮岳景象研究》,我至今印象很深,也借此认识了他的高才生朱育帆。后来朱育帆到清华大学做博士后,并留在建筑学院工作,在工作中展现了扎实的功底,近些年他的一些设计作品也已经获得了国内外的好评。

　　在深圳举办学术思想论坛,我认为非常有意义,希望借此加强风景园林界对历史和当前世界的深入探讨,希望一些卓有贡献的学者更为社会广泛认识,同时也希望有更多的优秀青年专家脱颖而出。

　　由于我得知会议太晚,未能有时间写文章参加讨论,深表遗憾。这次会议选址在深圳很有意义,孟院士曾经对这个城市的风景园林建设加以指点,创作了仙湖植物园,大家会聚于这座城市一定能对孟院士的学术成就与设计匠心有所欣赏。恕我不便远途跋涉前来参加,只能借此文表示祝贺。

吴良镛

2014 年 6 月 6 日

自序

儿时有感于人生漫漫，老来却又深觉如白驹过隙，转瞬即逝。

人之初，本无知。经父母养育，师长授业，朋友帮助，便从无知到有知。历数十载积累，待稍有心得，不觉已年逾古稀。源之于民之所得，当还之于民，这便是本书拾笔的初衷。人类的文化知识是通过世代接力、传承和发展积累起来的，应将学习、总结、传承视为天职。人生说长也短，将个人滴水之识纳入历史文化积累的百川之海，造福后代，是所有学者的归宿。

经梁思成先生支持，汪菊渊和吴良镛两位先生提议，1951年我国教育部批准正式成立造园专业。我入此门实属歪打正着。从小迷京剧，一心向往到北京亲眼一睹各位梨园泰斗的风采。填报大学志愿时不知"造园"为何，想是与我爱吃的柑橘园有关，且知当时仅有北京设此专业，考上即意味可进京看好戏。当时未到而立之年，二十几岁还是懵懂。1952年考入北京农业大学造园专业后，又因怕画图画画而欲转专业，孙晓村校长在迎新报告中将建筑比作"凝固的音乐"，这又打动了我爱音乐之心。汪菊渊先生为我们开设了中外园林史、城市及居民区绿化、造园艺术及花卉园艺等多门课程；清华大学建筑系的金承藻先生教我们画法几何；文金扬、宗维城先生教美术；陈有民先生教观赏树木学；其后，汪先生还从浙江农学院请来了孙筱祥先生教我们园林艺术和公园、花园设计，师恩如山。我父孟威廉是轮船公司职员，母吴兰馨是中学教师，我能有今天是与父母重视子女教育密不可分的，父母的养育之恩也重如山。由此我才领悟到儿时见各家各户供奉的"天地君亲师"牌位的含义，把自然天地排在皇帝前面，视自然比皇帝还大。

在不多的古代专业书籍中，使我受益最深的是我国明代哲匠计成所著的《园冶》。我在前辈先生们指导下认定此书是中国古代园林艺术基本理论专著后，先后三次请古典文学造诣很深的汪雪楣先生、王蔚柏先生和张钧成先生教我，使我初步从文字方面有所了解。自己再进一步结合其他古典著作，诸如《长物志》《闲情偶寄》、山水画论，甚至文学小说等，完善深化对古代造园理论的理解。学后，腹内不空，心里才稍觉踏实。自以为虽未读破万卷书，却不止行了万里路。大江南北、长城内外，虽谈不上足迹踏遍全国，但从城市园林到风景名胜区大部分都走过一遍，以实景印证理论，深感博大精深的中国园林艺术之传统理法真可谓放之全国各地而皆准。此外，自己将传统理法运用于设计实践，效果渐佳。在此理论和实践的基础上，我先后给硕士生、博士生开设了《园冶例释》课程。28 年来不断丰富、改进，学生普遍反映受益匪浅。从美国和其他国家留学、工作归来的校友们也经常意味深长地提及此课程，纷纷建议我落笔成书。

　　《园冶》成书距今已有三百余年。在此期间，园林学发展成为包含单体园林和风景名胜区、城市绿地系统规划，以及大地景物三个层次的范畴。与其他学科一样，中国园林学的发展也是与时俱进而又万变不离其宗的。这一点似乎计成早有所见，《园冶》中"时宜得致，古式何裁"即为印证。初时，计成原拟书名为《园牧》，请教于曹元甫先生，先生曰："斯千古未闻见者，何以为'牧'？斯乃君之开辟，改之曰'冶'可矣。"中国传统的园林理论虽由先哲计成开辟，但晚辈总该在继承的基础上有所发展，所以将书名定为《园衍》，与《园冶》相提并论恕我胆大包天。但压力大对我有好处，焉敢敷衍了事，必须尽我所能。本书起笔于 2006 年，为日常工作生活所羁而迟迟不能脱稿付梓，这使我对"晚成"有了更深的体认。在工作和生活中对借景有了更进一步贴近原著的认知，因此又必需对原稿进行再加工，修改到尽可能完美。实效有待读者评说和实践定论，此亦笔者所至望。

目录

绪论

本书是在我社 2012 年出版的《园衍》
一书的基础上，保留了"学科第一""理
法第二""名景析要"的内容，并对其
进行了适当的删减、编排与查证，以图
尽可能完整保留并清晰呈现作者的思想
精粹。

——编者按

《园冶》开卷分别写的是"兴造论"和"园说","兴造论"中讲园林,"园说"中谈兴造。这说明计成大师认识到了兴造与园林之间的联系及差别。其中已具有广义建筑学的某些成分。中国风景园林规划与设计之所以有理由并可能发展成为独立的学科,就因为其与兴造之间是融为一体的。

在近代中国的历史上,首先提出广义建筑学概念的是梁思成先生,这是他从美国留学归国后结合中国的实际情况提出来的创见。其后,由吴良镛先生继承发展了这一重大学说。中国第一次尝试与国际上 Landscape Architecture 学科接轨是由汪菊渊先生和吴良镛先生提议,梁思成先生支持,在教育部的批准下,于 1951 年由清华大学建筑系和北京农业大学园艺系联合创办了造园专业。教育部在 20 世纪 80 年代成立各学科博士点评委会,杨廷宝先生、冯纪忠先生和吴良镛先生均为第一届评委会委员。吴良镛先生在会上提出在一级学科建筑学下设立四个二级学科,即:建筑学、城市规划学、园林学和建筑技术科学,大家一致同意。吴良镛先生还在《广义建筑学》和 1999 年国际建筑师协会第 20 届世界建筑师大会所拟《北京宪章》中指出:人居环境科学领域要"融合建筑、地景(Landscape Architecture)与城市规划"。风景园林规划与设计学就成为在广义建筑学下与建筑学、城市规划学平行的二级学科。可以说园林学是在广义建筑学下产生的生物学、建筑学与美学、工程技术等综合的风景园林规划与设计学科。

学科是需要正名的。正名首先要把中华民族历经数千年流传下来的民族传统特色体现出来,然后再与国际相近学科名称接轨,而非简单地将国际通用的学科名称直译过来。不同的译法会产生诸多的中文名称,故语言的翻译应尽可能接近词义。"风景园林规划与设计学"的称谓是否与 Landscape Architecture 相符呢?我认为相对而言是比较贴切的。

人类为了生存和发展就必然产生兴造活动。从树上的巢居、地面的穴居逐渐发展到屋宇居,进而兴建村落和城市。当人类伴随自身的不断发展逐步脱离大自然,而又感到从物质和精神两方面都需要自然环境时,就要保护自然环境和兴造"自然环境"。我们称之为"人造自然",即恩格斯所谓的"第二自然"。

早在几千年前,中国就有这种人造自然的活动,包括植树、造山引水和圈养动物等。中国把大自然称为"真",人造自然称为"假",这才有《园冶》中"有真为假,做假成真"之说。中国最早的象形文字甲骨文中的"艺"字就反映了人类植树的形象,即人跪在地上,双手捧着一棵树苗(图 0-1)。大自然中有很多树木,为什么还要人工植树呢?这说明人不满足于大自然的恩赐,在需要树而没有树的地方就产生了植树的欲望。此举在人类的兴造史上具有划

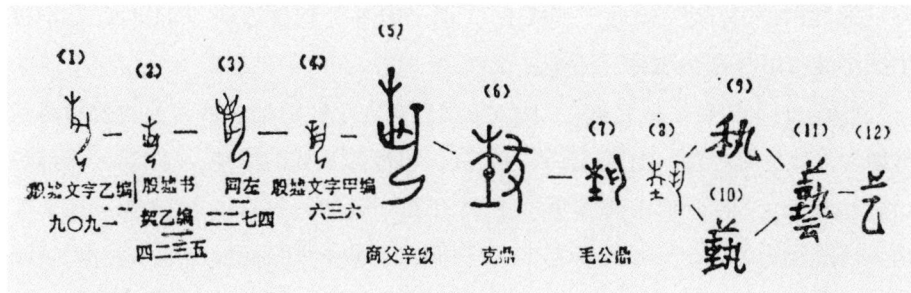

图 0-1 甲骨文中的"艺"字

时代的意义，即人类不仅兴造具有实用功效的房屋和道路，也兴造具有实用性、精神寄托意义和教育意义并具有生命的环境。这种人工再造自然的活动应被视为中国园林艺术的发端。

中国古代园林的雏形是"囿"。因为它首次在中国历史上将自然环境和人的文化游憩活动融为一体：圈起一片山林地，挖掘一池"灵沼"，以池土筑"灵台"，并在其中圈养飞禽走兽供人从事狩猎、祭天、观察天象和游憩等文化活动。

无独有偶，欧洲园林的雏形也是"狩猎园"（Hunting Park）。说明中西方园林的起源既有共同之处，又有各自的特色。古埃及尼罗河流域冲积出了大片土地需丈量，因而发明了几何学，从而奠定了西方城市规划、建筑和园林发展的基础。中国上古主要是人和洪水的矛盾，禹取"疏导法"治水奏效，用疏浚河道所挖之土堆"九州山"，先民上山得救。将此事上升到哲学层面，便有"仁者为山"的哲理。

中国灵囿中灵台、灵沼的兴造具有人工改造自然地形地貌的特殊意义，以及使地势产生高低变化和视觉俯仰差别的效果，应被视为中国自然山水园的萌芽。古人在其中因高就低，掘池筑台，自成高下之势和构图中心。此外，以种植蔬菜或瓜果为主的"圃"等，由于偏重于生产而并未结合人类的文化活动，虽不属于园林的范畴，却与园林的产生不无关联。唯将山水自然环境和人类的文化游憩活动融为一体的"囿"发展成为今日的园林。这也正是中国文化的总纲——"天人合一"理论在园林形成与发展过程中的反映。

据李嘉乐先生考证，最早关于中国园林方面的文字描述为反映公元前 11 至前 6 世纪社会生活的《诗经》，其《郑风·将仲子》中已有"无逾我园，无折我树檀"之吟唱。而"园林"一词也见于西晋的诗文中。张翰《杂诗》中有"暮春和气应，白日照园林。青条若总翠，黄花如散金"的诗句。这说明"园"的称谓早于"园林"。园林是由园发展而来的，园林是由"园"和"林"组成的复合名词，如同饮食是由饮和食两层含义所组成的一样。《园冶》中也有"林园"的称谓，"林园"接近于"Park"，而"园林"则接近于"Garden"。不过中国将城市山林称为园林，还是主流。

"园"的本质是人造自然；"林"虽然也有人工所造的林木，但主要指自然林地。计成的《园冶》主要涉及园的兴造，但也旁及林的播植。《园冶·相地》山林地论及："园地唯山林最胜。有高有凹，有曲有深；有峻而悬，有平而坦。自成天然之趣，不烦人事之工。"在此，山林指大自然的山地与林木。《园冶·屋宇》进一步谈到"园"与"林"的联系以及合为一体加以运用的奥妙。他说："槛外行云，镜中流水，洗山色之不去，送鹤声之自来。境仿瀛壶，天然图画。意尽林泉之癖，乐余园圃之闲。"

园林是由人工兴造的"园"与自然生成的"林"（山林地）融会一体而形成的景物。在此应该指出的是"林园"并非指森林（Forest），而是指林地（Park）。我曾在英国游览了一座名为"谢菲尔德林园"（Sheffield Park Garden）的园子，就是在自然山林的基础上于中心部分用人工做成花园。因此，我很赞成陈志华先生将欧洲园林概括为"林园包花园"。毕竟各国有自然环境与文化形成的差异，欧美各国在林园包花园的形式下发展壮大。

我认为将"National Park"作为中国风景名胜区的英译名是不妥的。National Park以展现大自然风景为主题；而在中国，与之相应形成的是"天人合一"，即我们称之为风景名胜区的形式：以大自然的景观为主题，辅以人为的加工，升华出文学或绘画的意境。可以说，凡"风景"（自然景观）必因"名胜"（人文景观）而成名。经写信求教于当年香港建筑署总工谢先生，他说英国书上称中国风景名胜区为"Scenic and Historical Place"。

园林和风景名胜区的共性在于都是为了满足人对自然环境在物质及精神方面综合的追求。作为拥有大自然的风景区，其自然风景资源是无比丰富的。由于与人活动居住的区域相隔较远，人们只能非经常性地、短暂性地进行游览和休憩，陶醉在大自然的怀抱，尽情享受以自然美为主、艺术美为辅的天然真趣。其所提供的生态环境和优美的自然风景是遵循"有真为假"的，是城市园林所可望而不可即的。但是，人能够长时间、经常性享受的还是人类活动和居住的周边环境。这种使人可随时随地享受自然的城市物质和精神文化设施便是城市园林。清代李渔在其所著《闲情偶寄·居室部》山石第五中精辟地揭示了中国传统文化之"有真为假"的特征与实质："幽斋垒石，原非得已。不能置身岩下与木石居，故以一卷代山，一勺代水，所谓无聊之极思也。"在此虽然论证的是假山，但也可引申为产生城市园林的根本理论。"有真为假"的另一层含义是根据自然来造园，这样才能达到"做假成真"的艺术效果。概言之，中国园林的最高境界和追求目标是"虽由人作，宛自天开"。这也是计成大师在《园冶》中提炼出来的中国园林理论的至理名言，从园林方面反映"天人合一"的宇宙观。

中国园林所强调的境界对风景名胜区可以说是"虽自天开，却有人意"。中国的宇宙观和文化总纲"天人合一"通过文学与绘画发展而来，也是中国园林形成的历史渊源。

人有双重性：一是自然性，生、老、病、死反映人的自然性；自然者，自其然也，不以人的意志为转移。二是社会性，人通过社会生产和生活创造物质和精神财富，从而区别于其他生物。自然性和社会性统一于人，因此中国人视宇宙为两元，即自然和人。人是自然的成员并臣服于自然，人的主观能动性反映在"人杰地灵"和"景物因人成胜概"等方面。人造景观、人文精神的加入，是天然之"景"成为名胜的先决条件。"天人合一"主要指自然与人合一，也是人的自然性与社会性的合一，这是从客观事实中得出的真理，所以是科学的。"天人合一"见诸中国文学，反映在对"物我交融"境界的追求上，物指天，我指人。学习方法是"读万卷书，行万里路"，前者主要是前人留下的物质财富，后者主要是指大自然。创作理法主要是"比兴"，以自然喻人而引出真意。

中国绘画追求"贵在似与不似之间"的境界，"太似则类俗，不似则欺世"。"似"代表天，"不似"代表人，二者结合即天人合一。创作方法是"外师造化，内得心源"，造化指天，心源指人。如何内得心源呢？画中有诗，诗中有画，这又回到文学上了。苏东坡评王维时说"味摩诘之诗，诗中有画；观摩诘之画，画中有诗"。王维也是造园家，经营辋川别业，当然是园中有诗画了。所以，杨鸿勋先生说中国园林是用诗画创造空间，这应被视为中华民族风景园林的特色。美学家李泽厚从美学的角度概括中国园林为"人的自然化和自然的人化"。人的自然化反映科学性，自然的人化反映艺术性。中国风景园林师是将社会美寓于自然美，创造科学、艺术融于一体的艺术美的职业。我由此产生以诗概括中国园林的想法：

> 综合效益化诗篇，景面文心人调天；
> 相地借景彰地宜，景以境出住世仙。

受中国文学和绘画千丝万缕影响的中国风景园林追求的境界是反映"天人合一"的"虽由人作，宛自天开"，学习的方法是"左图右画，开卷有益；模山范水，出户方精"。既要学习前人的经验，又要亲历自然山水，"搜尽奇峰打草稿"。设计的主要理法是从文学"比兴"演变而来的"借景"，其来源还

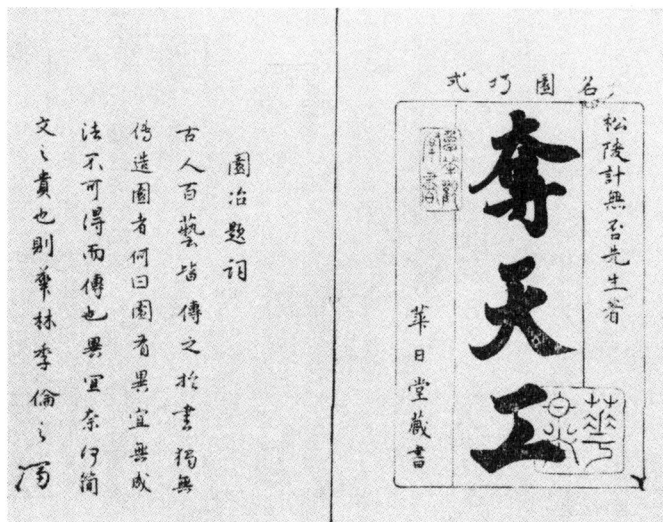

图 0-2 《园冶》传至日本后，有《夺天工》之称

可以追溯到创造中国文字之首要的"假借"理法。明代刻版的《园冶》有刘炤刻"夺天工"三字（图 0-2），既然"有真为假"，何言夺天工呢？大自然是取之不尽用之不竭的资源，但属于朴素的自然美；而作为艺术创作的中国风景园林，赋予自然以人意，从这点讲是巧夺天工的，凭借的主要理法就是借景。我们要牢牢把握住学科兴造工程的特色，如"重刊园冶序"所言："盖以人为之美入天然，故能奇；以清幽之趣药浓丽，故能雅。"以独特、优秀的民族传统特色自立于世界民族之林，故能为世界所瞩目。

中国在几千年前就有造园活动，而直到明代，计成才为我国留下了世界公认最早的园林专著《园冶》。可是，其后直到1951年我国才正式设立了造园专业。园林专业适应时代不断发展。今天，园林学研究的对象包括单体园林和风景名胜区、城市绿地系统规划，以及大地景物三个层次的范畴。园林事业已经由以往的"城市园林"发展为"园林城市"。曾经"大地园林化、建设秀美山川"的号召，就是属于大地景物范畴的内容。园林的内容虽然扩大了，但是其本质并没有发生变化，仍然是为了满足人类在物质与精神两方面对自然环境的需求，强调人与自然的协调，注重人的社会生产活动要与人居的自然环境协调发展。客观地说，中华民族的祖先很早就萌生了这种认识。"天人合一"的文化总纲决定了中国人在对待人与自然的关系方面主张"人与天调"。"天"的本质就是大自然，只不过由于受到当时科学技术发展的时代限制而掺入了一些宗教神化色彩，其本质是"人与天调，天人共荣"，这是历史文化的根基，我辈当继承发展，使之发扬光大，继往开来，与时俱进。

19世纪60年代美国著名的规划师和景观设计师弗雷德里克·劳·奥姆斯特德（Frederick Law Olmsted）创立的学科名称 Landscape Architecture 得到国际学术界的公认，从而引发了相应中文译名的学术探讨。翻译文字取决于诸多因素，首先要研讨原文原义。它是由 Architecture 一词发展而来的，中文里有"建筑"一词与之相应。而 Landscape 中的"Land"指大地、土地、地面或陆地，也包含自然山水。这说明"Land"主要指自然地面，属自然的范畴。Landscape 指风景、景色，主要指自然风景与景物；Architecture 则是兴造，属人的范畴。Landscape Architecture 指的应该是自然的兴造或建造，也就是人造自然和恩格斯所说的"第二自然"。因此，可以说与我们所谓的园林，从本质来看是一回事，是完全可以"接轨"的。此外，翻译时要结合国情来考虑。Landscape Architecture 不宜直译为"园林建筑"。在我国建筑师主要是设计建筑物或构筑物的，而园林学中尚有"园林建筑"分学科；因此，直译为"园林建筑"就不十分妥帖了。再者，我国的园林学包括"风景园林规划与设计"和"园林植物"两大分支学科，Landscape Architecture 指的是风景园林规划与设计。综上所述，我认为将 Landscape Architecure 译为"风景园林"比较合适。此见也非我首创，孙筱祥先生早有此见。我之所以不赞成将其译为"景观"或"风景"，主要考虑"园林"一词是自西晋沿用至今的，不仅形式约定俗成，且内容与时俱进；加之中国工程院的学科分类，以及《中国大百科全书》中已经统一了园林学方面的名词和概念，我是赞同者。

如何认识园林学呢？从历史的角度来说，先有园林兴造实践，继而在文学、绘画、园艺、建筑乃至哲学等作品中出现园林理论。其后，理论与实践在发展中相互影响，直至产生了专门的园林学科。从我国近代学科的发展演变来看，园林学是由园艺学中的"观赏园艺"以及建筑学中的"庭园建筑"等学科合并发展而来的。梁思成等前辈们所提出的广义建筑或大建筑的概念是正确的。兴造、营造、营建和建筑实质上是同一个概念，是由于历史时期的变迁而产生的不同称谓。建筑学的基础是工程技术、美学理念和建筑艺术。而园林学则多一个生物学的基础，即园林学是以生物学、建筑学、工程学及美学为基础的。奥姆斯特德是美国园林学科的创始人，更是将园林学与城市和大地规划融为一体的先驱。

建筑学的中心是建筑设计，作为广义建筑学中一员的风景园林规划与设计学也是以园林设计为中心的。计成大师在《园冶·兴造论》中阐述道："独不闻三分匠，七分主人之谚乎？非主人也，能主之人也。"所谓"能主之人"即今天的设计者，说明当时的理念与现在是吻合的。兴造园林的目的只有通过设计手段一步步地实现。因为设计不仅是建设的第一个环节，也是决定性环节。我国政府要求各地市的领导们首先抓好规划的方针是科学的，规划就是宏观的设计，而设计不是微观的规划。

此外，园林学的发展壮大是建立在园林综合效益的基础上的。我们在设计阶段的指导思想就是要争取最大限度地发挥园林的环境、社会和经济效益。所以，园林设计的宗旨可以归纳为一句话：从不断提高人居环境的品质着眼，使人健康长寿，为人类的长远、根本利益服务。

鉴于现代人居的自然环境资源在城市的飞速发展以及工农业污染中不断遭到侵蚀与破坏，人类逐渐认识到维护生态环境的重要性。反映在园林建设方面，就是逐步加强对生态效益的研究，并借此推动了中国现代园林的发展，取得了有目共睹的成绩。即使如此，忽视生态效益的现象仍未杜绝。

生态学家诠释：生态是生物和环境之间的关系，属于中性词，既无褒义也无贬义。但环境却因是否宜人而在人的情感方面产生好恶。如沙漠是一种生态环境，但显然不宜作褒义方面的渲染。近年来，很多专家提出了建设生态园林、生态城市的倡议。李嘉乐先生在《园林绿化小百科》中谈道："生态园林或称野景园，是为再现原野中的自然景观而在园林中人工创造自然景观并任其依生态规律自行保持或演替的造园形式。""生态园林在管理方面尽量少加养护，甚至不养护，经过一定时间后，有些植物获得发展，有些可能减少或被淘汰……生态园林对研究自然生态系统的演变和普及自然知识有较大价值。"由此可见，生态园林只是一种园林表现类型和一种重要的园林效益，而非涵盖或代表整体的园林或园林学。此外，生态效益是作为环境效益的中心部分而得以体现的，因此不可能脱离社会效益和经济效益而成为园林的核心，应强调整体性的综合效益。所以我认为"生态城市"的提法是有语病的，存在片面性；而建设生态优良，环境优美的城市的提法是科学的、正确的。

园林是具有科学性与艺术性的综合学科，这是专家们的共识。钱学森先生在《关于建立建筑科学大部门——给顾孟潮的信》（载于《杰出科学家钱学森论山水城市与建筑科学》一书）中提及："在现代科学技术体系中再加一个新的大部门，第十一个大部门：建筑科学。"钱先生在《关于园林艺术——给陈明松的信》中说道："我看我二十四年前的文章局限性太大。我现在想，园林艺术要吸取外国好的经验加以发展。似可以分成若干尺度大小不同的层次，从小的说起：第一层次是我国的盆景艺术，尺度是0.3米；第二层次是苏州的窗景，即窗外几尺空间的布置，尺度是米；第三层次是庭园园林，尺度是几十米到几百米；第四层次是像颐和园、北海那样的公园，尺度是几公里；第五层次是风景区，如太湖、黄山，尺度是几十公里。还可以有第六层次，也就是几百公里范围的大风景游览区，像美国所谓'国家公园'。从第一层次的园林到第六层次的园林，尺度跨过了六个数量级，但也有共性，那就是园林学、园林艺术的理论……陈从周教授总把他的著述寄给我读，我也很爱读，得益很多。但也深感在今日我国此道难行！陈教授那里培养研究生，但我要来教学计划一看，原来是讲建筑工程多，讲美术艺术少，讲历史少。这叫什么园林专业……园林不是科学，不是工程学，是艺术。例如舞台艺术、电影、电视等，虽然都以科学技术为基础，但都是文艺活动，不是科学技术活动。园林是艺术，不是建筑科学，也不是工程。"我是赞同这种见解的。但也要以科学技术为实现艺术目的的手段。

　　仅仅认识到园林具有科学性与艺术性的综合性还远远不够，还应进一步探讨二者之间的从属关系。园林学是艺术的科学还是科学的艺术？我认为是后者，即园林学是科学的艺术。季羡林先生发表过一篇题为《文理交融是必由之路——〈科学与艺术的交融〉读后感》的文章，其中说道："对科学与艺术的交融讲得最全面、最彻底、最系统的，还是吴全德教授的这本书。书中有很多很精彩的意见，比如强调艺术中'美'与'妙'的区别。他说：'美'的着眼是一个有限的对象，就是要把一个有限的对象刻画得很完美；而'妙'的着眼是整个人生，是整个'自然造化'，所谓'造化'就是大自然。下面一直讲到'境外之象''象外之境'，最终点到'意境'，研究中国诗歌、美术的每一个人所共知的'意境'。"

　　园林学正是这样一门文理交融的学科。这种交融在中国古代就已经产生，在今后还要不断交融下去。归纳起来就是：文理相得，以艺驭术。大到"人与天调"、生态环境质量调控、大地景物与城市建设；小到造山理水、置石掇山、种树植草，其中科学技术的支撑和推动是不可或缺的。环境质量监测、水土保持、水质改善，乃至选种、育种、人工植物群落种植等无不依靠科学技术水平的进步和发展。在园林学领域，科学与艺术是相互促进的。园林学作为环境艺术的一个门类，与文学、绘画、戏剧相比还是具有特殊性的。我们要为人类创造有利于健康长寿的生活环境，要将本来不具备人意的自然或人造自然环境注入人意，创造出将自然美与人文美融为一体的艺术美。通过我们的园林作品，不仅让人们感到生理上的满足而有益于体能；而且通过自在的游览引发人们对文化艺术的欣赏、共鸣与再创造，从而陶冶人的心灵，使之达到物我交融的境界，从精神方面玉成物质环境起不到的作用，在良好物质的基础上共铸人民健康长寿之幸福，使自然环境令人可心、为人服务。

第一章

园林理法

设计的理论与手法经常是难以分割的，可合称"理法"。纵观中国园林，长城内外、大江南北都能体现中华民族统一的理法，而且也可以大致归纳成以下内容。

中国园林设计序列与西方比较有较大的差异。西方的设计思维序列首先强调理性分析，分析空间的功能、性质和形态。有时甚至最后才确定用什么植物种类进行点缀。而中国的园林艺术与中国的文学绘画同宗同源、一脉相承，对其影响至深的首推中国的文学。文学可视为中国一切文化艺术的鼻祖或源头。书有文本、剧有剧本，景有景本。一部《诗经》不仅确立了"赋、比、兴"的文艺思维体系，而且影响到其后几千年中国文化的发展与分化。园林创作的基本理法和设计序列也基于此脉，不过另有其环境空间艺术的特殊性而已。

《园冶》中对于设计序列的问题虽未明言，但实际上已包含了主要序列的内容。在其基础之上，我想应用一些现代词汇及理念简明扼要地加以阐明，且序列每一环节的名称力求与《园冶》的文风相近。通过将中国的园林游历一番，可以明显看出：作品虽然千变万化，却有着共同遵循且万变不离其宗的设计、创作序列。

中国园林艺术从创作过程来看，设计序列有以下主要环节：明旨、相地、问名、布局、理微和余韵，而借景作为中心环节与每个环节都构成必然依赖关系（图 1-0-1）。将以上序列进一步加以归纳，可以将园林艺术创作的过程分为景意和景象两个阶段。前者属于逻辑思维，后者属于形象思维。从逻辑思维到形象思维是一种从抽象到具象的飞跃，并非一蹴而就，但终究是必须且可行的。以上提到的只是创作序列的模式，并不是一成不变的，在实践中完全可以交叉甚至互换。但客观上是有规律可循的，确实存在这么一个客观的设计序列。

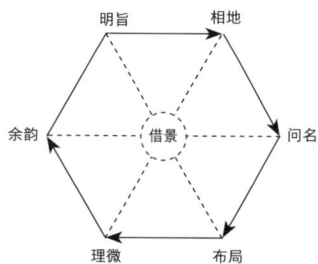

图 1-0-1 借景理法

第一节

明旨

所谓明旨，就是首先明确兴造园林的目的（图 1-1-1）。也许由于历史局限，此定义在计成的《园冶》中并未明显提及。但是，世事皆事出有因，世人做事皆应"有的放矢"，园林亦然。刘敦桢先生在分析"苏州古典园林"时，首先就分析造园目的。今日园林虽发展为单体园林和风景名胜区、城市绿地系统规划，以及大地景物三个层次，但仍然各有其兴造的目的。这就是用地的定位与定性。

兴造园林的根本目标是：不断满足人对人居环境中的自然环境在物质及精神两方面的综合需求，建设生态良好、风景优美的环境；争取最大限度地发挥园林在环境效益、社会效益，以及经济效益等多方面的综合功能；提供既有利于健康长寿，同时又可供文化休憩和游览的生态环境，并将丰富的文化内涵赋予其中，以期收到"寓教于景"的效果。明旨，就是要在明确树立根本目标的前提下，开展各项具体的园林设计活动，确定其矛盾特殊性。

现在很多地方流行兴建"主题公园"，其中有一部分由于过于强调人设定的"主题"，而忽视了人与自然这个总的、永恒的主题，不知不觉走上了与造

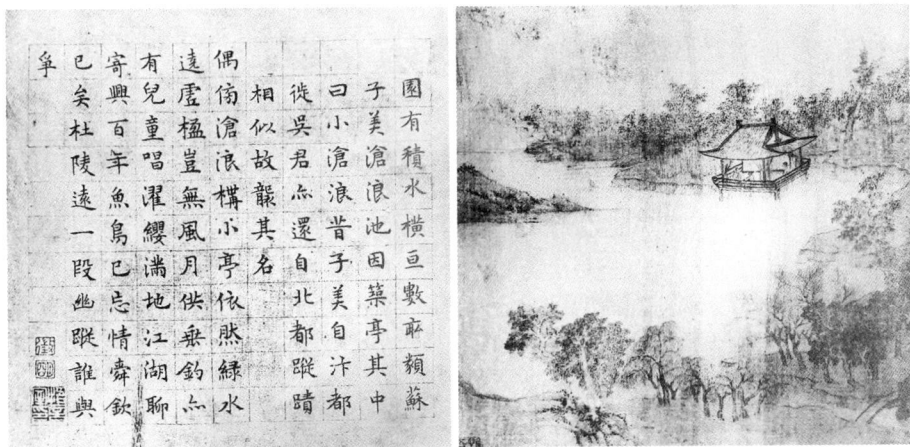

图 1-1-1　文徵明《拙政园三十一景图册》之六——小沧浪，文徵明所附小沧浪诗文明确表达了造园的主旨："偶傍沧浪构小亭，依然绿水绕虚楹；岂无风月供垂钓，亦有儿童唱濯缨；满地江湖聊寄兴，百年鱼鸟已忘情；舜钦已矣杜陵远，一段幽踪谁与争"；表明园主人心系山林，清白一生的孤傲品格，拙政园便是这种文人品格的物化形式

园宗旨背道而驰之路。大量的建筑和铺装场地显得堆砌和张扬。相形之下，一点可怜的绿地，连公园绿地用地平衡的基本指标都达不到。这就脱离了园林的范畴，而蜕变为游乐场、博物馆或其他文化娱乐设施，如人造火山爆发的景物等。

在根本目标的指导下，各类型园林又有其各自的特殊性。换句话说就是要分清园林或绿地的用地性质，明确定性和定位，务求准确。定性和定位不准确，设计思路的正确与否就无从谈起。也就是说，第一步就是要区分将要设计的园林是属于城市园林，还是风景名胜区或大地景物。如果是城市园林，下一步要分清绿地的类型，进而再细分是否属于公园绿地，属于何种性质、何种级别的公园等，必须一一调研清楚。实践中常常出现两种定性和定位不准的情况：一是诸多客观因素造成设计者难以明晰设计定位；二是设计者虽然清楚项目的定性和定位，但屈从迁就甲方意志，不敢提出有悖设计任务书的意见或观点。

要确定用地性质必须收集并研究大量的相关资料，首先是自然资源和人文资源涉及历史、地理与人文掌故等方面的资料。我很赞同"研今必习古，无古不成今"的观点。古代园林或为祭天祀地，或为皇家避暑，或为孝敬父母，或为纪念宗祠，或为饲养家畜，或为闭门思过，或为退位隐居，都明确了各自的造园、造景目的。此外，还要了解该用地所属上一层级的总体规划，就城市而言，涉及区域规划、城市群规划和城市规划乃至城市设计等，以期达到充分调动和利用当地自然资源与人文资源的效果。先经过细致周密的调查研究，再果断明确地进行定性和定位，其过程如同打造一面铜锣，讲究"千锤打锣，一锤定音"。

第二节

立意

　　兴造园林之初，除了确定用地性质所牵动的科学技术性构思以外，由于中国园林历史上长期以来受到文学与绘画的影响，与其产生了千丝万缕的联系，以"意在笔先"的观念构思作品的意境，就是园林设计的旨意。实际功能和立意是园林的一体两面。意借旨与地宜而生；旨借意而具内蕴，而发挥神形兼备之艺术效果（图1-2-1）。

　　清代文艺理论家王国维说："文学之事，其内足以抒己，外足以感人者，意与境二者而已。"西晋陆机在《文赋》中说："遵四时以叹逝，瞻万物而思纷；悲落叶于劲秋，喜柔条于芳春。"南朝宋王微说："望秋云，神飞扬，临春风，思浩荡。"南朝宋画家宗炳归纳为"应目会心""万趣融于神思"。王夫之说得更明白："情、景名为二，而实不可离。神于诗者，妙合无垠，巧者则有情中景、景中情。"前人对意境的精辟见解给了我们极大的启发。文化随时代发展，于今，我们要立与时俱进之意。

　　在园林作品中表达出来的意境可以说与文学作品一样，对设计者而言，足以言志抒怀；对游览者而言，足以触景生情。主、客体形成心灵上的共鸣，在景物以外产生出"只可意会，不可言传"的境界。

　　意境从何而来呢？

　　宗旨既定，功能亦明，要将其升华为意境就要遵循中国传统文化中"天人

图1-2-1　明代杜琼的《友松图》描绘了一个典型的文人写意自然山水园环境，主旨：与奇松、瘦竹、丑石三友为伍，恰如计成在《园冶·园说》中所云："地偏为胜""径缘三益"，园林品位即是园主的品位

合一"的总纲以及艺术理论方面"物我交融"的哲理；运用形象思维，借助文学艺术的比兴手法和绘画艺术"外师造化，内得心源"的理法，结合园主与环境特色加以融会贯通。由此，作品的意境便会从无到有，从朦胧走向明朗。思维过程中要学会寻觅、捕捉最初萌生的一些也许是一闪之念的构思，不要轻易放弃或否定。不要担心这些闪念过于细微琐碎，有时抓准就可以放大，加以衍生、渲染，此时胸中的意境就从无到有地逐步明朗了，直至达到成竹在胸的程度。被计成大师视为园林第一要法的"借景"，很大程度上要依靠意境的提炼来体现。如果说园林是文章，意境就是主题的灵魂。文章不仅要按题行文，还要以神赋形。

用地总体布局要立意；局部造景也要立意。一些古典名园甚至连室内的几案、陈设用品也要通过题刻、书画等创造的意境来表达创意。一把太师椅可以满载诗意，甚至一根扁担也可以作为诗的载体，这就是中国文化。将古迹化为现代公园景物，如骑射嘶风、妆台梳云。

园景组成的因素主要是地形地貌、植物、建筑、水体、山石、假山、园路、场地，以及小品等。除了青蛙、鸣蝉、飞鸟等小动物，以及流水、清风外，其他组成因素都属默声者。因此，设计者的立意以及意境只有借额题、楹联和摩崖石刻等形式表达，从而衍生出园林艺术微观鉴赏的三绝：文法、书法和刀法。园林要"景以境出"，除意境外，物境便是写意自然山水的地形竖向设计（图 1-2-2 ~ 图 1-2-6）。

图 1-2-2　得少佳趣

图 1-2-3　耦园楹联：耦园住佳耦；城曲筑诗城

图 1-2-4 寄畅园八音涧的意境"玉戛金枞"

图 1-2-5 罨画池

图 1-2-6 罨画池听诗观画匾及联：画境融入画美人亦美；池波寄意池深意尤深

第三节

问名

　　立意要通过"问名"来表达。中国古人很重视问名，孔子说："名不正则言不顺，言不顺则事不成。"把正名提到成败之关键。

　　问名，就是思度、揣摩景物的名称，对设计者而言是构想名称；对游览者而言是望文生义，见景生情，求名解景的过程。二者的碰撞与统一就是设计的艺术效果达成的过程。

　　西方绘画和园林的基础是建筑学，是以理性和数理、美学为特征；中国园林是以文学为基础的，尤其强调诗性的思维，问名在此显得尤为重要。中国园林的内核是"文"，是"景面文心"的园林。在"天人合一"的审美体系中，"景"的核心是天然之境，"人"的核心是"文心"，依托的是诗意，凡造园构思和欣赏园林皆不越此藩篱。

　　名，引申为名目、名义，强调要师出有名。名不仅是符号，现代人往往把姓名看作简单的符号，无艺术性可言。殊不知艺术由此而生。而古人用姓、名、字、号等多种称谓来构成一个人的名称，不仅不易雷同，而且意蕴深邃。京剧里有一出著名的三国戏《失街亭·空城计》斩马谡，主要角色诸葛亮上台以后自报家门："复姓诸葛，名亮，字孔明，道号卧龙。"其中"亮"与"孔明"同义，表示以谋士为志者必须是心明眼亮之士。"卧龙"表示是生长在卧龙岗的人，同时意含藏龙卧虎，不求虚名之志。寥寥数字勾勒出一个古代智者的形象。再以《园冶》作者计成的名字为例，姓计，名成，字无否（pǐ），计既成，当然没有什么欠缺与毛病。《闲情偶寄》作者李渔，姓李，名渔，字笠翁。人们心目中的渔翁形象不正是蓑衣笠帽吗？我国著名的林学家、造园学家和教育家陈植先生，姓陈，名植，字养材，正体现其有志于树木与树人，再贴切不过。

　　因名解意的过程称为"问名心晓"。人名如此，园名、景名的基本道理也是一致的。但景名较之于人名是通过更多人的思考和策划而得来的，有一些还要在实践中长期磨合，经过"优胜劣汰"的筛选过程才能最终形成理想而永恒的景名。例如，杭州西湖历史上最早称为"武林水"，又有"明圣湖""金牛湖""钱塘湖"等别名，无不有其一定的道理。直至唐代，因西湖位于杭州城西部，按地理方位的关系始命名为西湖。白居易在《余杭形胜》中有诗赞曰："余杭形胜四方无，州傍青山县枕湖。"这说明地方形胜的重要性，反映天人合一的理念。到北宋以后，"西湖"被公认为其正名，开始在官方文件中统一使用。文学家的诗文也已经以"西湖"代替"钱塘湖"。其中最广为流传的是苏东坡的名句："欲把西湖比西子，淡妆浓抹总相宜。"这就是自然的人化，将一个地理景致与古代的美女西施联系在一起，二者皆为天生丽质，且气韵优雅，再恰当不过。由此也阐明了中国文学与风景园林相辅相成、相互依存、相得益彰的关系，即"文因景成，景借文传"的道理。而今，西湖是中国风景园林的地标。游览者留下难以磨灭美好的印象，未游者也闻名生羡，憧憬未来一游。

问名的过程，可以说是将地理景观文学化的过程。文学中的诗是言志的，因此，问名也反映设计者的世界观和人生观。古代文人崇尚"读万卷书，行万里路"，前者即汲取前人对世间事物的认识，将其作为文学创作的间接经验；后者即跻身于大自然和社会中，将其作为取之不尽，用之不竭的素材源泉。中国园林将自然美和社会哲理结合为艺术美，没有文学的升华是不可能产生"寓教于景"的艺术效果的。

问名，相当于文学创作中的命题。作文要按题行文，纲举目张。园林造景犹如文学创作，是讲求章法与理法的，要按题造景。赋予景名的题材很广，难以一概而论，总的来说是赋予自然以人格化去构思立意。一般来说，问名主要是阐明造园的目的，点出造园的特色；或表明地域所在，或借名抒情。从"问名心晓"的认识过程可以了解到颐和园是取"颐养冲和"之意，"颐养"即休养之意，"冲和"取自《道德经》"冲气以为和"，意为和谐之气，引申为真气、元气。不言而喻，颐和园是皇帝为孝敬慈禧太后，为其在此颐养天年所建。同一主题可以用不同的方式表达，上海建于明代的豫园也是为了让老父亲安享晚年而建，园名却取自"豫悦老亲"的寓意。

园名与园中的各处景名常形成一个抒情的序列，相当于行文的各个章节。苏州近郊的同里镇有一处著名的江南私家园林"退思园"，问名心晓，其意为"进思尽忠，退思补过"。园主人任兰生是清光绪年间负责两府两州十八县的兵备道，享受万斤俸禄。他被弹劾解职后挂甲归里，延请袁龙为他设计了退思园。园门背后上方砖雕额题"云烟锁钥"，既反映出江南水乡烟云缭绕的地理之宜，也映射出园主人遭谪贬后的处境与心态，一语双关。园内主体建筑名曰"退思草堂"，正是中国传统文人"达则兼济天下，穷则独善其身"思想的写照。园内其他体现中国文化"物我交融""托物言志"的景名更是不胜枚举。为寄托失意的凄悲情感，"天香秋满"又称桂花厅，院内遍植金桂，生成暗香浮动、盈月可赏的景致，以暗合其外"清风明月不须一钱买"。院内建筑的延展仿效八股文"起、承、转、合"的章法：以"水香榭"为"起"景，九曲廊起到衔接承继的作用。九为至高之数，人生坎坷之途依托九曲廊表达心态，使人感受到主人愁肠百转的郁闷心情。九曲廊上有九面廊墙，一墙一透窗，一窗篆一字，九字合成一句话，正是"清风明月不须一钱买"。其意与苏州沧浪亭之山亭所镌刻的景联"清风明月本无价，近水远山皆有情"还有所别。这里的潜台词是："将我免职又能怎样？还能剥夺我沉湎于大自然的权利吗？"清风明月，世人可赏，无需一钱。园主也必有"虽无功劳，但有苦劳"之想，因而高筑"辛台"，廊也成为楼廊。"一失足成千古恨"，犯错误后官职和生活陡降，这才产生从辛台楼廊陡降为"菰雨生凉厅"硬山顶单层的建筑。园中假山，下穿洞上安亭，景名"眠云亭"，意在"欲知花乳清泠味，须是眠云卧石人"，反倒显出高枕无忧了。值得指出的是，建园之时园主人并非看破红尘，对世事与官场还暗存眷恋。园内有一小石舫，自九曲廊尽端斜出水面，取名"闹红一舸"，表面意在欣赏水中红鱼与红荷，却不经意间流露出盼望有朝一日再走鸿运的内心独白。后来，果真在园子建成后园主又官复原职了。

人生的春天不是仕途功名，而是笔墨纸砚。清代朴学大师俞樾在苏州建有"曲园"（图1-3-1）。曲园是一座书斋园林，园中仅一亭一廊，一水一石，构图至简，一如作者简淡闲雅的个性。园址平面形如曲尺，本不十分理想，一般人会极力回避。但园主反向思维，因势利导，取意《老子》（又称《道德经》）中"曲则全"之句，将园子命名为"曲园"，于曲折中生出新意，于至简中导出深情，寥寥几笔，人生的意蕴尽含其中。曲园之中，俞樾讲学和会客之处，名曰"春在堂"，大师俞樾早年科举，凭一句"花落春仍在"，打动了主考官（曾国藩）的爱国情结，得以高中，"春在"一词伴随着园主一生最为辉煌的记忆。而垂垂暮年之时，俞樾已经明白了人生的春天不是仕途功名，而是笔砚春秋。"生无补乎时，死无关乎数，辛辛苦苦，著二百五十余卷书，流播四方，是亦足矣；仰不愧于天，俯不作于人，浩浩荡荡，数半生三十多年事，放怀一笑，吾其归欤？""春在堂"上的楹联恰恰是曲园主人造园、修身、立德的最佳体现（图1-3-2）。

对现实生活加以大胆的艺术夸张，往往能收到奇效。苏州有占地仅约140平方米的文人写意自然山水园，园名"残粒园"。颗粒本来就小，残而不全就更见其微了。然而，园虽紧凑窄小而尤精致，有亭、有山、有水，曲折深邃，

图 1-3-1 （左）曲园图：
"曲园者，一曲而已，强
被园名，聊以自娱者也"
（《曲园记》）

图 1-3-2 （右）清代朴学
大师俞樾亲笔题曲园楹联
"忍屈伸，去细碎，广咨
问，除嫌客；勤学行，守
基业，治闺庭，尚闲素"；
以"曲"名园，表明了园主
人"曲则全"的道家思想和
处世之道

图 1-3-3　锦窠

　　起伏高低，错落有致。故园门内额题"锦窠"。窠为治印时在石面上勾画的控线，点明此园有藏万千气象于方寸之内的精妙（图 1-3-3）。

　　江苏常州"近园"内有一室，为言其小，取名"容膝居"。既夸张地表达了"室小才容膝"之意，又给人以"促膝谈心"的亲切感。承德避暑山庄山区有一道曲折而狭长的山谷，谷之尽端风景独好，于是依山傍水布置精舍数间。题名为"食蔗居"。借吃甘蔗越啃到根部越甜的生活常理，形象地暗示出优美的景点藏于谷端。"食蔗末益甘"是尽人皆知的，而用以言景却很少有人想到。

四川省是文化底蕴十分深厚的地方，使我在园林问名方面增长了很多知识。自贡市有一座盐业行会的会馆建筑，其会客室取名为"胜读十年"。自然是取自"听君一席话，胜读十年书"。待客如此尊重，实际能收到主客相互受益的效果。川西平原的崇庆县（今崇州市）有一座古园林名曰"罨画池"，其中一景题为"风送花香入酒卮"，显得雅俗相宜，无拘无束。同样的意思，如果照搬西湖十景的"曲院风荷"就令人兴味索然了。一次，我在成都逛街，偶见一饭馆的招牌为"口叩品"，因不识其中一字，念都念不成句，更别提理解其意了。回来后查了《康熙字典》，总算明白了招牌的含义。吃饭用口，因而三个字都带"口"。总要吃第一口，一口尝鲜，所以第一个字是一个口；第二个字念"宣"，意为赞赏、夸奖，即客人吃第二口时已经赞不绝口；再往下吃第三口就是细品其中的滋味了。一个饭馆的名称都起得如此贴切、讲究、饶有风趣。反观我们有一些公园、景点、桥梁的取名却很浅显，甚至变成汉字、数字的罗列，岂不乏味？

这说明从问名开始就已经是园林艺术的范畴了。如何取一个令人怦然心动、余韵悠长的名称是值得下一番工夫去推敲的。园名可长可短，词性、句型不拘一格，正所谓"嬉笑怒骂皆文章"。如苏州拙政园"与谁同坐轩"，是一句问话；留园一水景名曰"活泼泼地"，是一个副词。

园林中所蕴含的文学艺术不仅表现在问名上。由于自然景物自身不能用有声的语言表达意境，往往要借助于额题、匾额、楹联和摩崖石刻等多种方式来表达。于是衍生出号称"园林三绝"的综合文化艺术：撰文的文法一绝，书写的书法一绝，镌刻的刀法一绝。这种综合手段创造的微观景物往往令人玩味无穷。

额题具有多方面的作用，既可点出园林艺术的特色，又可作为无声的导游，给游人以提升欣赏水平的启示。额题往往是两字一句，精湛、扼要之至。颐和园东宫门的东面设置有一座精美的木牌坊，作为入园的前奏。正面额题"涵虚"，背面额题"罨秀"，用以迎来送往（图1-3-4）。首先，从字面意思来看，让人知晓园中涵蓄有大水面，水有同镜之虚。就其功能而言，可作为西北郊农田水利设施以及京城用水的蓄水库，同时点出了昆明湖的水景特色。如果说"涵虚"是在自然水面基础上的加深和扩大，那么作为主景的万寿山则是将自然的西山余脉捕捉到园中来。"罨"是张网捕鱼的动作，引申为捕捉风景；

图 1-3-4　涵虚、罨秀

"秀"为突出的事物，在此指山，即万寿山。此第一层意思可以比较直观地了解到颐和园是一座自然山水园。第二层意思是由表象升华到精神世界加以思度和理解。封建皇帝高高在上，自称孤家、寡人，但是，君以庄严必须有贤臣相佐。周文王渭水河访姜尚，创下了明君访贤的范例。只有胸怀坦荡、虚怀若谷，才能做到礼贤下士。此外，水如虚镜，能反映客观事物的真伪，令人及时省察自身。就君主而言，只有"涵虚"才能"罨秀"。在此，"罨秀"就是招贤纳士，网罗突出的人才。

导游并提升游览者欣赏水平的题额很多，诸如苏州拙政园腰门里面的"左通""右达"（图 1-3-5），狮子林入口内的"读画""听香"等（图 1-3-6）。从一般的观画提升到"读画"，使人联想到苏东坡对王维诗画的那段著名评价："味摩诘之诗，诗中有画；观摩诘之画，画中有诗。"可见，"读画"使画面有了丰富的内涵，较观画有所提升。以"听香"提升"闻香"或"嗅香"，在于

图 1-3-5　拙政园"左通""右达"

图1-3-6　狮子林"读画""听香"

香味必以风为传媒，风有声，故可听。这里道出了中国传统二十四番花信风循时令传播花信息的真谛。

　　楹联较之额题有更大的篇幅可以抒发胸臆。我去壶口瀑布考察时，路过山西省某县境内的一座小庙。寺庙不大，建在大山谷壑中突起的绝巘上。山上有一片葱茏的树林格外醒目，令人暗叹这人工养护之功。走上前但见山门悬挂一副引人注目的楹联，上联是"砍吾树木吾不语"。这是一句铺垫，我就纳闷，怎么会任人破坏树木而不言不语呢？再看下联吓了一跳"伤汝性命汝难逃"。谁不知禅林武功的厉害，难怪林木保养得如此丰美。这也是我仅见的以植物保护为内容的楹联，因此印象至深。扬州瘦西湖和其中的小金山皆借用了别地名景之名，加之自身立地环境优越，创造了独具特色的风景园林艺术，成为中国园林艺术中"借鸡下蛋"的典范。这个特点被创作者以楹联的形式表达了出来："借得西湖一角，堪夸其瘦；移来金山半点，何惜乎小"。京口古城以三山依傍长江的美景著称，金、焦二山居于江上，北固山虎踞江岸，三山之上古刹环宇，林深水渺，是相互借景的极则。乾隆帝南巡时，曾留诗一首"长江好似砚池波，提起金焦当墨磨；铁塔（北固山铁塔）一支堪作笔，青天够写几行多？"乾隆帝以一个问句点出三山名胜，将比兴、借代等文学化手法，运用到极致，让天人之境、人文名胜相互交融，极富天人合一的韵味。学而不仿，学中有创，才能创造出风景的特色。

　　从来多古意，可以赋新诗。传统的问名、额题以及楹联等手法同样可以运用在今天的园林设计活动中。我在构思北京海关内的庭园主景时，为了表明海关廉洁奉公、执法严明的立意，将其中一间半壁亭命名为"清风皓月亭"，两厢亭柱悬联曰："一轮皓月秋毫明察锁钥固；两袖清风丹心可鉴社稷安"。又在承担国家体育总局龙潭湖居住小区中心绿地设计时，立意"睦邻"，作联曰："无私报国苦为乐；有缘睦邻和是福"。这又是现代人活学传统，蕴生新意的佳例。园博会、花博会可用"人非过客，花是主人""偕友无间，与花有约"。

　　总之，问名在于托物言志，在于点明主题。既要恰如其分，让人与天合，更要突出人的情趣。其中的夸张、比兴既是"寓教于景"和"诗礼教化"的需要，更是天然景物得以人格化的必然历程，此即问名之旨。

第四节

相地

相，即审察、思考。相地就是对用地进行观察和审度。

人们对于相面、相亲等事务大多耳熟能详，其实相地也一样，不过所相的对象和内容不同。相地的含义有两个方面：首先是选择用地，所谓择址；其次是对用地基址进行全面踏勘和构思。选址之工有事半功倍之效，明地之宜和不宜方能发挥地宜。

清康熙帝为了选定避暑山庄的地址，曾先后用数年时间跑遍大半江山，最后才钦定在现河北省承德市地域兴建。他对用地的认识是通过反复踏察，从感性直觉升华到理性判断。最初只是因为常为头晕所扰，偶然来溜达一下。后来发现了可医治头晕等痼疾的热河泉，想来此地必是对养生有益之处。他曾说："朕少时始患头晕，渐觉消瘦。至秋，塞外行围。蒙古地方，水土甚佳，精神日健……"此后，他又进一步遍考碑碣，亲访村老，终于获得了对用地比较深入全面的认识。避暑山庄的用地用现代语言来说就是生态环境优越、景色优美、山水壮丽，且多奇峰异石。地理上距离政治中心的北京较近，当天可往返。由于海拔比北京高很多，因高得爽，六月无暑，中秋赏荷（此地物候期晚于他处，中原中秋时节，荷花败落，但此处荷花正盛，故而中秋赏荷成山庄一大特色）。从康熙的一首诗中我们可以了解他对于相地的体会，及对当时用地分析的高度概括。

芝径云堤

万机少暇出丹阙，乐水乐山好难歇。

避暑漠北土脉肥，访问村老寻石碣。

又说当地"草木茂，绝蚊蝎，泉水佳，人少疾""热河，地既高敞，气亦清朗，无蒙雾霾氛"。

关于避暑山庄的水质，乾隆曾给予很高评价。他说："水以轻为贵，尝制银斗较之。玉泉水重一两。唯塞上伊逊水尚可相埒。济南珍珠、扬子中泠，皆较重二三厘。惠山、虎跑、平山堂更重。轻于玉泉者，唯雪水及荷露云。"此处"雪水"即指木兰围场的雪水，"荷露"指避暑山庄荷叶上结的露水。足见山庄水质优良。

如果单纯是生态环境好也未必选作造园之址。山庄兼得山水之天然形胜，又具备风景优美的品质。揆叙等人在《恭注御制避暑山庄三十六景诗跋》中描述道："自京师东北行，群峰回合，清流萦绕。至热河而形势融结，蔚然深秀。古称西北山川多雄奇，东南多幽曲，兹地实兼美焉。"山庄造园要达到"合内外之心，成巩固之业"，反映清初"普天之下莫非王土"的盛世，以及"四方朝揖，众象所归""括天下之美，藏古今之胜"的帝王之心。

"形势融结"是最称帝王之心的。山庄居于群山环抱之中，偎武烈河川流之湄，是一片山区中的"Y"字形河谷，旁又崛起一片山林地。《尔雅·释山》说："大山，宫；小山，霍。"宫，即有所环绕、包含之意。避暑山庄的山林地可谓宫中之霍：北有金山层崖叠翠；东有磬锤峰及诸山环带为屏；南有僧冠峰及诸峰交错合拥，仅留一谷口向南逶迤而去；西有广仁岭耸峙，阻挡西北风。武烈河自东北方向流入，经山庄东侧后南折。狮子沟自西而东横亘，与山庄北缘相邻。以上环境因素使这片山林地既有大山重重相围以为天然屏障，而本身又具有"独立端严"之气魄。此外，环周诸山有拱揖、奔趋、朝拜之势，如群臣从旁辅弼君王，也为日后布局成"众星拱月"之势的外八庙建筑群提供了优越的环境依托与启迪（图1-4-1～图1-4-7）。

"形势融结"的山水环境也是构成山庄具备避暑小气候的主要因素。山庄虽距北京不过二百多公里，但植物的物候期却比北京要晚一个多月。其中，最凉爽的首推"松云峡"。"万壑松风"自西北向东南递降，随之下滑流动的冷空气又为平原区和湖区起到降温作用。在首受其益的"如意洲"布置下寝宫——"无暑清凉"，西邻"金莲映日"，意味何其深远。因为金莲花只有在清冷的气候中才能成活，为凉爽气温的指示性植物，足证山庄兴造过程中单体相地之精妙绝伦。

现场实地分析的另一个重要性在于得出一个重要估算：用地现状与建设目标之差，就是我们的设计内容。兴造园林的目的和用地实际现状是"因"，设计任务是借因成果。在设计任务书中，现场分析相当于设计手法的伏笔。不要简单罗列、堆砌用地的一般材料，而要将其视为设计先声的组成部分，着重分析有利和不利的条件。有了周密的现状分析，设计的凭借也就在其中了。

相地的重要性，最早是由计成大师在《园冶·兴造论》中提出的："故凡造作，必先相地立基"。足见相地是广义建筑学具有普遍性的设计环节。他在"兴造论"中将相地的要领归结为"妙于得体合宜"，即要做到"相地合宜，构园得体"。可见，他已明确指出了相地与设计成果之间的必然联系。有宜就

图1-4-1　清·冷枚《避暑山庄图》

有不宜，因此"宜"是建立在对有利条件和不利条件综合分析基础之上的。"构园得体"犹如量体裁衣，必须合体才相宜。而兴造园林的关键就在于准确估量用地之异宜，生发出最适宜的构园之思，这样才能达到得体的艺术效果。体，既包含宏观环境，也包括微观景象；得体，则偏重于总体的设计思路。有如文学创作，本来是小品题材的内容，却硬拉成一个长篇小说，自然不会得体。古人云："人之本在地，地之本在宜"。

异宜，指用地环境的差异。差异本是客观存在的，也是创造园林艺术特色的依据之一，所以设计者要根据客观条件，从主观方面加以强调。用地之宜可分为自然资源与人文资源两方面。就自然资源来讲，主要是天时地利，包括地带性气候特征，如降雨量、风向、气温、日照，以及形成这些大气候条件的地形、地势特征。在此基础上，园林创造出了人工微地形的变化，借地形与植物种植改善、形成更宜人的小气候条件，这是园林设计首当其冲需要解决的问题。其中的重点是寻找出有利和不利的生态条件。

相地一是要有经验积累，二是集中进行，在有限的时间里要争取对用地的整体情况了然于胸。现代科技手段和工具比古代先进多了，我辈在相地方面亦需借助现代科技而有所发展。

图 1-4-3　磬锤峰西面远观

图 1-4-2　磬锤峰东面近观

图 1-4-4　蛤蟆石

图1-4-5　罗汉山

图1-4-6　僧冠峰

图1-4-7　双塔山

第五节

借景

先探讨一下借景的含义。回忆我们大学时授课老师教我们的，从园内借园外之景称为借景，如从颐和园借玉泉山的塔景等。当时有所不解，如园外无景可借又当如何，那就没有借景了吗？可是《园冶》有专篇论借景，并论证说："夫借景，林园之最要者也"。联系到前面所讲"巧于因借，精在体宜""相地合宜，构园得体""园有异宜"以及"因借随机""因借无由，触情俱是"等理论看来，我还是没有找到借景的真谛，只把它作为平行于设计理法之一的理法，而不是现在视为传统设计理法中心的借景，其间处于不明晰状态有五十余年。我有疑问先查《辞海》等辞书，得知古时"借"与"藉"为同义词，逐渐领悟借景并非借贷之借，而是凭借之借，一念之差失之千里。词义明确，疑虑便迎刃而解，一通百通。颐和园借园外的玉泉山是借景中之"邻借"，是借景中的一类，而并非普遍性的借景，有如"白马非马"的道理。

首先，借景秉承了中国文学"比兴"手法的传统，也传承了中国文化"物我交融""托物言志"等优秀传统观念。借景的理论从造园、造景等实践中来，并再三被实践证明是造园艺术的真理。这又从一个方面证明了中国园林与中国文化艺术一脉相承的特色所在。其二，借景主宰了中国园林设计的所有环节。虽然从序列来看，分为明旨、问名、相地、布局、理微和余韵 6 个环节，但无一不是以借景贯穿始终的。

按《辞海》解释，比兴为传统文学创作中的两种手法。"比"是比喻，朱熹说："以彼物比此物也。""兴"是寄托，即托物言志，朱熹说："先言他物，以引起所咏之词也。"魏时曹植面临兄长要杀他之际，按其走七步作一首诗的要求作了一首五言诗：

煮豆燃豆萁，豆在釜中泣。

本是同根生，相煎何太急。

他以豆萁与豆子的关系为比喻，引出兄弟关系从而打动了他的兄长，免于一死，可见比兴手法之感染穿透力。借景是文学艺术的比兴手法在园林艺术中衍生的新葩。借因造景、借因成景，其二元因素的根本代表就是物、我，也就是自然与人。借景的托物言志，体现在将自然拟人化的过程中。

借景作为统率园林全局的理法必然是很概括的，只能表达言简意赅的内容，计成最终归纳出借景的诀窍在于"巧于因借，精在体宜"。计成有一位朋友的弟弟叫郑元勋，在其著《园冶·题词》中提到："园有异宜，无成法，不可得而传也。"又说道："此人之有异宜"。因此可以把园林中的"巧于因借"具体落实到人与地之"异宜"。指巧于因地制宜地加以借景，精在体验和体现园之异宜。借景凭借的是用地在自然资源和历史人文资源方面的优势，精深之处在于体现出该用地的地宜。"因借随机"指要慧眼识地宜，而且要随机应变地抓住地宜中的因，觅因成果。事物都有因果关系，设计成果要从因找起，找出因来借以成果。因此，借景首先强调的就是对用地环境的认识、评价和利用，避其不宜，借其有宜。中国造园所谓"景以境出""景因境成"都可视为借景的同义语。

人杰地灵的杭州西湖借湖在城西而名，又借苏东坡诗句"欲把西湖比西子，淡妆浓抹总相宜"而更肯定了这名称，湖借西子而人化了。西湖原为海湾演变形成的潟湖，又得武林水东流而成为淡水。不但据"三面湖山一面城"之胜，而且山水兼得"三远"，比例恰如人意，而成为古代的公共游览地（图1-5-1）。但全凭朴素的自然还不足以形成今日"谁能识其全"的天人交融的风景名胜区。它是历代先贤们借疏浚湖道造山水景致近千年累积而成的，没有人工治理，西湖就不会有今天。孤山为西湖北山余脉，自湖中上升为绝巘，形势融结而孤立在湖中。唐代便利用浚湖之土兴修白堤，使山与西湖东岸连为一体；西以西泠桥贯通东西。同时，化整为零，划分出里西湖和外西湖的山水空间，这就有层次了，并形成"断桥残雪"之景。宋代苏轼借沟通南北的交通而兴建了苏堤。成为"苏堤春晓"景区。苏堤设六桥为使西来之水畅通并分隔西里湖。宋代还用清淤的湖泥堆出主岛"小瀛洲"，主岛体量大而疏浚的湖泥不足，岛内做田字形堤垅，形成"湖中有岛，岛中有湖"的山水格局和复层水面。为了防止葑草在淤泥处蔓生，以石灯塔三点控制一片水域的水深，又创造了"三潭印月"之景（图1-5-2）。宋明之时，用浚湖的湖泥堆了辅弼主岛的客岛"湖心亭"，清代用湖泥堆了"配岛"，借纪念阮公（浙江巡抚阮元）和其圆墩状岛形，称该岛为"阮公墩"。1949年以后也浚湖，但以"吹泥"的施工方法兴建了太子湾公园（图1-5-3）。这是明智之举，决不能再堆新岛而画蛇添足了。纵观西湖之建设，自唐、宋、元、明、清至今，千年来世代接力，共同书写了一篇山水文章，共同之处就在于借宜成景。

西湖是举世闻名的风景名胜区，其中我更偏爱灵隐和西泠印社。

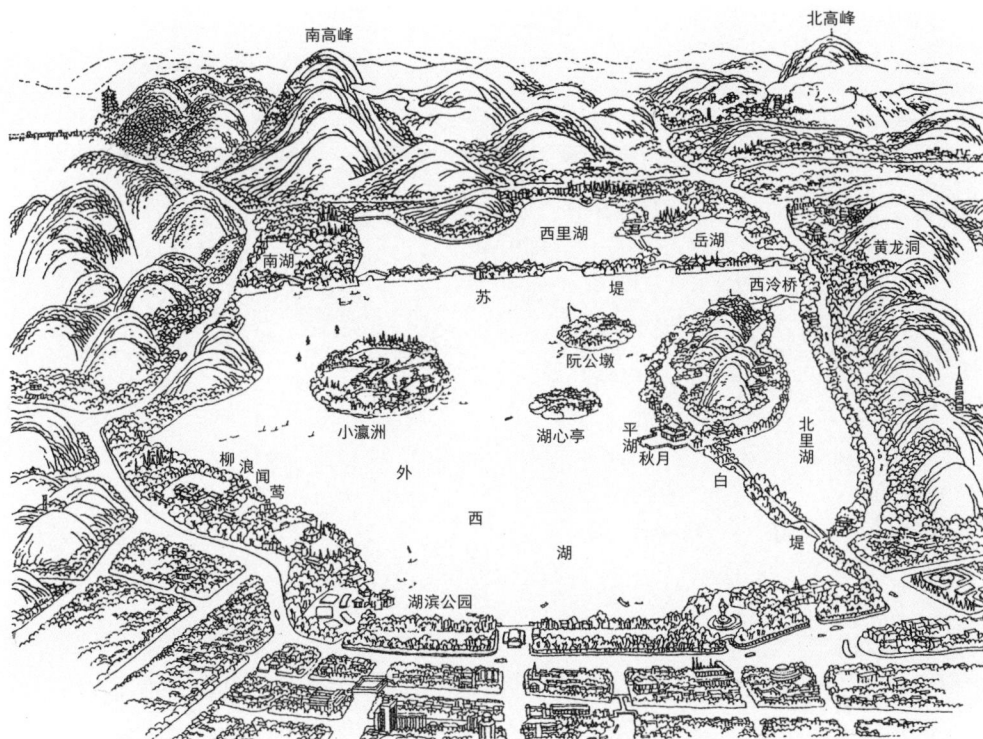

图 1-5-1 西湖胜景

1. 我心相印亭
2. "三潭印月"御碑亭
3. 迎翠轩
4. 鱼沼秋蓉
5. 漏花墙（竹径通幽）

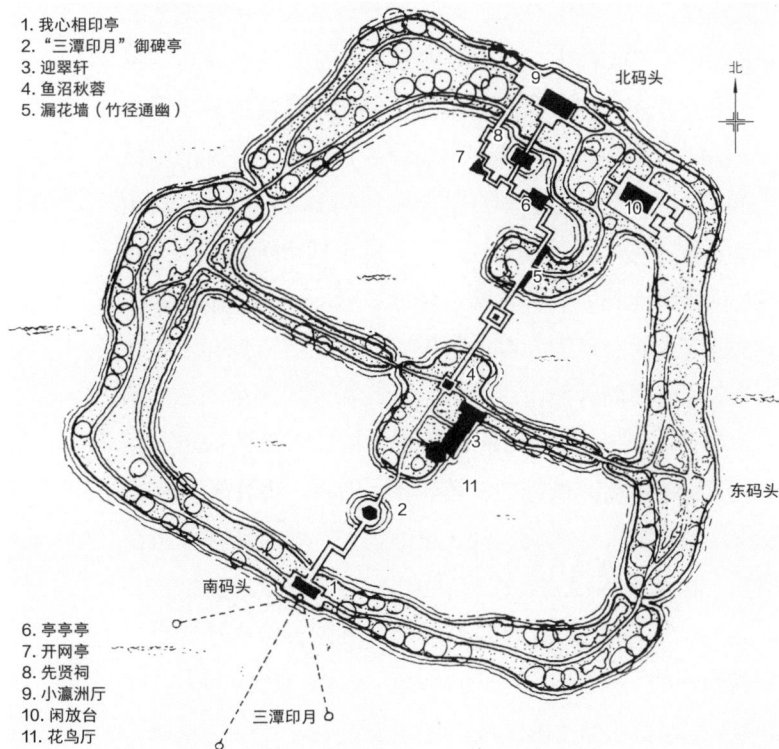

北码头

北

东码头

南码头

三潭印月

6. 亭亭亭
7. 开网亭
8. 先贤祠
9. 小瀛洲厅
10. 闲放台
11. 花鸟厅

图 1-5-2 小瀛洲岛与三潭印月平面图

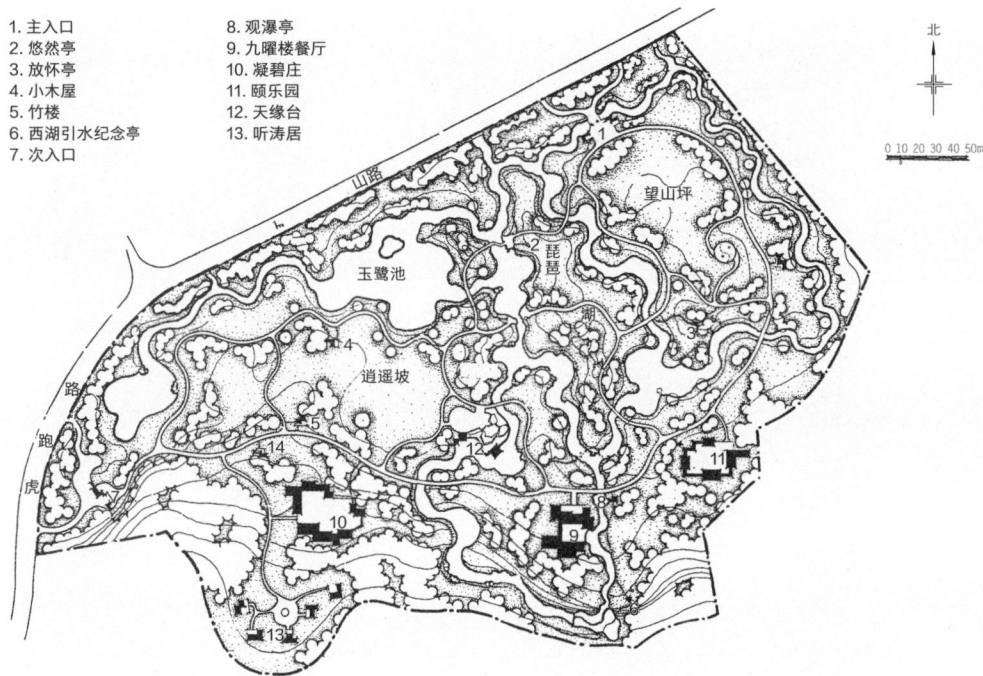

1. 主入口
2. 悠然亭
3. 放怀亭
4. 小木屋
5. 竹楼
6. 西湖引水纪念亭
7. 次入口
8. 观瀑亭
9. 九曜楼餐厅
10. 凝碧庄
11. 颐乐园
12. 天缘台
13. 听涛居

图 1-5-3   太子湾公园平面图

　　灵隐论其地宜的主要特点，是地处武林山后北高峰下，水态清灵而地势幽隐，山和水都具有特殊的性格。"武林山，武林水所出"，盖古杭州淡水的发源地，水流自西而东。其山原名天竺山，表层砂岩业已风化，裸露的石表系石灰岩构成，因此与周围表层尚为砂岩的岩石地貌形象迥异。这本是平常的自然地理现象，却被灵隐寺开山鼻祖印度名僧慧理法师利用为问名之由，戏称此山自天竺（即印度）飞来，故名"飞来峰"（图 1-5-4）。由于借景于地宜十分巧妙、贴切，加之山中多由石灰岩地貌形成的奇峰、怪洞、异石，以及次生杂木树林，营造出佛界精灵时隐现其间、来去无踪的氛围，从此声名大振。

　　灵隐最吸引人的是飞来峰山麓的天然石灰洞群，洞穴潜藏，洞洞相通，因借成景，堪称鬼斧神工（图 1-5-5）。在裸露的石灰岩上施以人工造像也是因地制宜，随石成像。日久年深，弥显光洁圆熟，尊尊耐人寻味。其中给人印象最深的当属弥勒佛石造像，袒胸腆肚，满面慈爱，笑意盈盈，加之题在附近寓教于乐的楹联"大腹能容，容天下难容之事；佛颜常笑，笑世间可笑之人"，令人读罢忍俊不禁（图 1-5-6）。灵隐的溶洞群虽然是自然的，但在作为风景区开辟时显然是有人意相辅弼的。山洞主次分明、大小相间、明暗相衔。"龙泓洞"洞壁两厢随势凿就十六尊罗汉像（图 1-5-7）。洞内有"一线天"景观，

图 1-5-4　飞来峰

图 1-5-5　天然岩溶洞群

图 1-5-6　飞来峰弥勒佛大石像

图 1-5-7　龙泓洞洞口罗汉像

形似"蛟龙吐泓"（图 1-5-8）。"玉乳洞"得名于洞中洁白如玉的钟乳石，并可与"射旭洞"暗度陈仓、婉转通明。"青林洞"与"龙泓洞""玉乳洞"均有暗洞相通，洞口岩扉深杳，洞内清寒侵肌、无暑清凉。冷泉山洞、飞来峰、摩崖石刻、怪石嶙峋，砥柱中流的"枕流"石，再伴以玄机四伏的灵隐古刹，构成了蕴含丰富的灵隐风景名胜区。

　　"西泠印社"是中国台地造园的经典之作。中国金石印学博大精深，而西泠印社为清末民初兴起的研究篆刻艺术的学术团体。此景点占地虽不过五亩有余，由于地近沟通内外湖的西泠桥，具有清旷俊逸的地宜，同时又可心、可人，因山构室而得永恒的佳趣。兴造时由于有大量文人的参与，可谓得天独厚又匠心独运，形成性格鲜明、景色独特的人文园林。不仅书卷气十足，而且俯仰之处皆具有金石的风韵。孤山西南麓原建有"柏堂"及"数峰阁"，今已不存。

图 1-5-8　一线天

柏堂经改建，昔日印社同人每集会于此探讨印学，成为印社的开创之地。后逐渐形成隶属浙派的"西泠八家"，将其精品拓印成谱，供后人研习。1905 年在"数峰阁"西建"仰闲亭"，并造立印人先贤吴昌硕石像，嵌于壁上以表敬仰。

　　西泠印社依山而起，大致可分为山麓、山腰、山顶三层台地以及后山四大景区（图 1-5-9）。山麓南向辟圆洞门与西湖景色相互渗透，可纳湖中岛景。西亦辟便门与纪念欧阳修的"六一泉"为邻。山麓于"柏堂"南就低凿池一方，其东构筑水渠导山泉水入池。"柏堂"东西各添置了廊宇，原与邻舍屋面交线颇有印章"破边角"处理的韵味。穿过以柏堂为主体的山麓庭院，便有古拙简朴的石牌坊于西面山口蹬道处将游人引导至山腰。牌坊有联曰"石藏东汉名三老；社结西泠纪廿年"（图 1-5-10），其意不言自明。山腰建筑沿等高线依山形递进，屋宇体量虽不大，却与山形熨帖有致。缘路而上，迎面可见作为对景的"山川雨露图书室"，东有"仰贤亭"。此处原有"石交亭""宝印山房"、印社藏书处"福连精舍"等建筑，现多已不存。穿"仰贤亭"西门洞而出，即可见对景"印泉"（图 1-5-11）。杭州地处江南腹地，潮润多雨，林木荫翳，尤其春夏苦湿闷，因而线装书和宣纸都需防潮。将高处分散四流的水汇集成池，可以很好地起到收敛水湿气的作用。水既有源，便可称泉。西泠印社开辟了多处泉池：山腰有"印泉"，山顶辟"文泉""闲泉"（图 1-5-12），

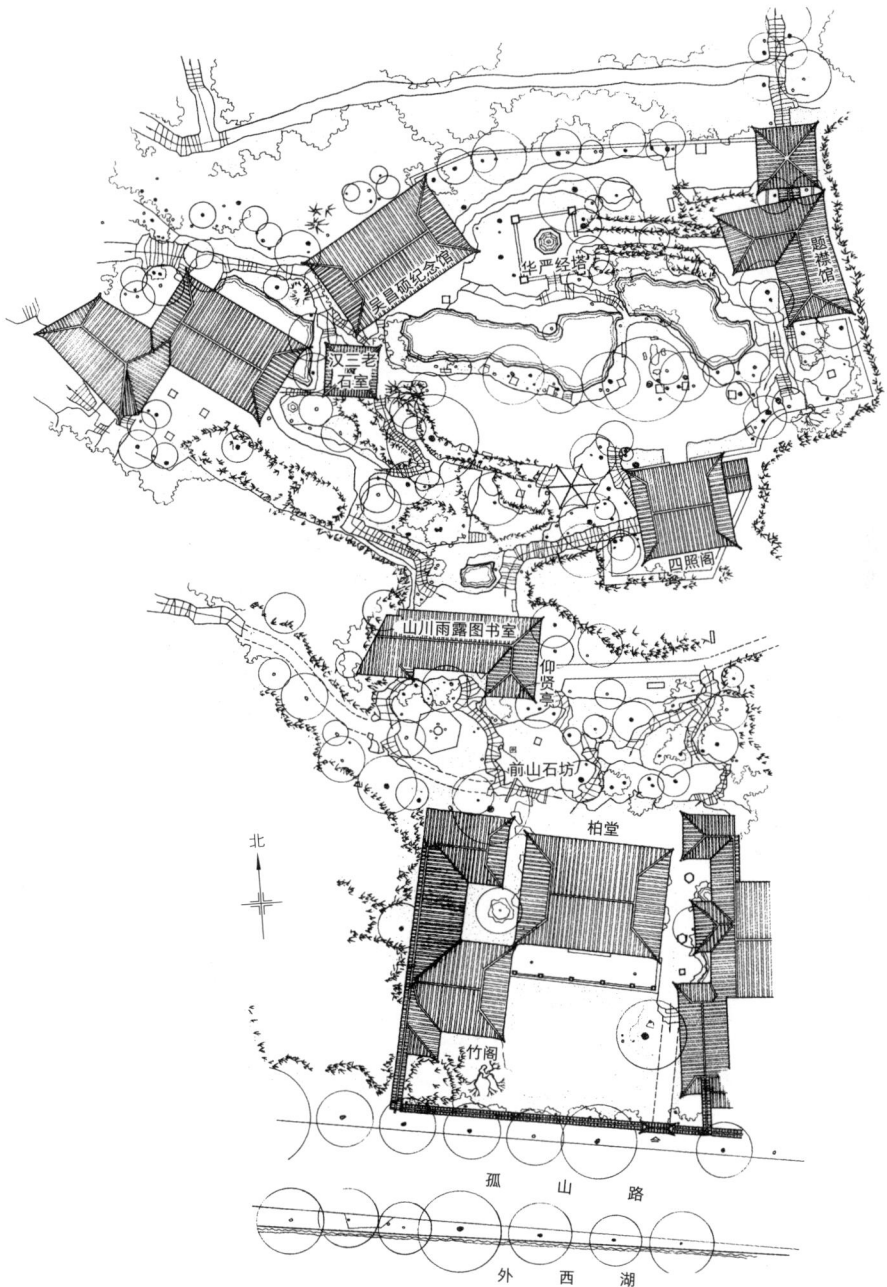

图 1-5-9　西泠印社平面图

自西而下还有"潜泉"（图 1-5-13）。这些泉池尺寸、形态各异，高下分布各适其境，皆配有镌刻和铭文。值得一提的是泉池多为凿石而成，刀法饶有金石味。其中"小龙泓洞"（图 1-5-14）假山群都是人工雕凿出来的，所展现的大手笔刀法古朴浑拙，自立假山造景一派新风。1922 年有浙江人从上海将流传

图 1-5-10　上山入口牌坊

图 1-5-11　印泉

图 1-5-12　闲泉

图 1-5-13　潜泉

图 1-5-14　小龙泓洞颇有金石意

海外的"（东汉）三老讳字忌日碑"捐资购回，建石室永藏于印社，并以此为联"印传东汉；社结西泠"（图 1-5-15、图 1-5-16）。山顶除石室外还建有一塔、一阁、一馆、一楼，多占周边地，各得其所，随遇而安。精瘦小巧的"华严经塔"为标志性主景，面临文、闲二泉，文泉石壁上镌刻有"西泠印社"四字，引人注目（图 1-5-17）。"四照阁"与"柏堂"构成下堂上阁的建筑结构。四照阁的楹联诠释了其得景成韵的借景手法："合内湖外湖风景奇观都归一览；

图 1-5-15　汉三老石室底层据岩铭刻

图 1-5-16　汉三老石室挂崖架柱

图 1-5-17　"西泠印社"石刻

图 1-5-18　四照阁北面观

图 1-5-19　题襟馆

图 1-5-20　西泠印社北出入口

萃东浙西浙人文秀气独有千秋"（图 1-5-18）。现此联有时移至"吴昌硕纪念馆"。循洞北出东折，即可达"题襟馆"（图 1-5-19）北端，此地高踞分水岭，势若关隘。顺北坡直下，至石牌坊便可出社。而回首望去，西泠印社据巅而立，上层挂崖架柱，底层据岩铭刻，方寸之间，气象万千，这不正是金石学精髓的体现吗？印社北门如城堞高挑，有联曰："高风振千古；印学话西泠"，为全章之"合"（图 1-5-20）。

苏州名胜虎丘原为水下岛屿，随地壳运动上升而成，多石少土，植物生长困难。因吴王治冢相中此地，于是疏水推土使山形有若伏虎状，故名"虎丘"。后世有人慕吴王生前拥有名剑，遂开山破石以寻宝觅剑。剑未曾寻到反而利用开掘出的石坑蓄水为池，取名"剑池"，将石隙开裂的岩石称为"试剑石"（图1-5-21），不仅巧妙，也算是变废为宝。由此可见这些风景名胜区的景点都是从借景而来的，可以说无借不成景。

绍兴的东湖和柯岩两景区都曾是古代的采石场，古人借采石材剩下的空间创建自然山水风景名胜区（图1-5-22）。而今采石多是破坏自然环境的，狂轰滥炸，留下一片狼藉。两相对比，反差之大发人深省。"研今必习古，无古不成今。"土石方工程都有局部保留原地面以计算工程量的做法。柯岩（图1-5-23）在隋唐采石时对保留的石柱进行艺术加工，形成独立石峰，硕大颀长、节理嶙峋、步移景异。时而上小下大沉稳自持，时而上大下小（高约28米，底部最狭处仅80厘米）飞舞入云而重心稳定，貌险神夷，峰顶古木参天，顶上小塔矗立，石脉横竖交融，上横下竖。借石乃山骨，孤峰凌空之因，清光绪二年（1876年），竖刻"云骨"二字（图1-5-24），而成为名实相副的"一炷烛天"。大尺

图1-5-21　试剑石

图1-5-22　绍兴东湖

图1-5-23　绍兴柯岩

图1-5-24　绍兴柯岩的"云骨"石峰

度影壁，屋盖跌落有序，石栏水池相映于前，墙面大字"一炷烛天"引人注目，意谓云骨若一炷天烛照亮世界。又含"削峻剑阜磐石烛"之意，愿江山永固之吉祥象征也。其相邻之石却加工成石窟，壁龛中雕大佛像供人瞻仰。水平如镜的鉴湖内外，二石峰高高耸立，相得益彰。

绍兴东湖两水夹长堤，自隋代开始采石，采出五分之四，从山上放线往下采，大块面开采有若大手笔的雕塑，经陶渊明后嗣经营，留有仙桃洞，联曰"洞五百尺不见底；桃三千年一开花"，不仅科学，而且浪漫。

城市园林无论私家宅园或皇家宫苑也都由借景而来，皇家园林要表达"普天之下莫非王土"和"一池三山"的仙境也都是从"巧于因借"而来的。圆明园的用地"丹棱沜"的原址是零星水面的沼泽地，故疏通、合并一些水面，形成水岛组合的自然山水空间。因这种地宜就用"九州清晏"来反映王土安宁，以"相去方丈"把仙岛放在福海的中央。而承德避暑山庄五分之四的面积是山区。便以山区、草原区、水乡区来反映"王土"。仙岛从"芝径云堤"衍生出状若灵芝的三仙岛。北京的北海、中海和南海由旧河床改造而成，是"长河如绳"的水形，故三仙岛分布成带状（图1-5-25）。

上海嘉定"古猗园"有一亭，名"补阙亭"（又名"缺角亭"），设计者有意将亭东北方向的翼角去掉，以表达对日本帝国主义在"九一八"事变中侵占我国东北三省，祖国痛失东北隅的悲愤之情。四川崇庆县（今崇州市）"罨画池"用两边的云墙相卷、扣合，而成"山重水复疑无路，柳暗花明又一村"之奇想（图1-5-26）。

以山石而论，并非一定是太湖石的"透、漏、皱、瘦、丑"才能入流。石秀天成，但并非是石皆美。天然之美还要结合人的审美观。这又归于天人合一了。所论为湖石之美，人以体形高挑、颀长、瘦劲为美；反之，矮胖、臃肿则不美。古有"人比黄花瘦"之喻，今有追求骨感美。湖石成岩因受含二氧化碳湖水的长期溶蚀而形成透、漏等鬼斧神工的自

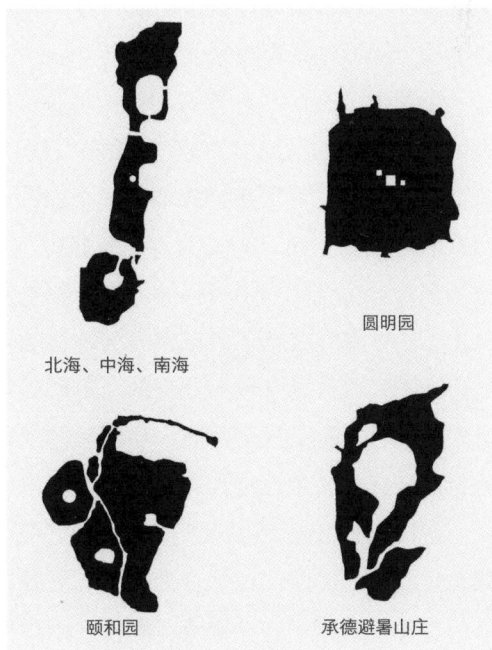

北海、中海、南海　圆明园　颐和园　承德避暑山庄

图1-5-25　一池三山"一法多式"

然美，这与人追求空灵之美是吻合的。但对山石特有之性状，一般就较难认识了。古杭州有人选用芦笛构造的钟乳石，利用其鼓风作响的天然管乐效果，将其置于山上逆风处，令山石闻风奏乐，并问其名曰"天籁"，名实相副。

　　曾见西安清真寺有一石置于屋檐之下，既无可取之轮廓外形，也谈不上什么质地和色泽。石形竖高，满身乳状突起而带灰白色，犹如被蚊子咬得满身包，看似老玉米又不整齐，又像是受寒风所侵浑身起的鸡皮疙瘩，何美之有，借景因何？这只是说明自己一时没看出石之所宜。原来，每逢大雨倾盆，雨水沿屋檐滴洒而下，水自上而下从乳状突起的沟纹间流过。由于视觉上相对运动的错觉，山石上的乳状突起物像一群小白鼠往上你追我赶、蹿跃不息，直至雨霁方休。这就形成了我所谓的"银鼠竞攀"的罕见动态奇景。一块"满身是包"的山石顿显灵动，令人叫绝。足见置石之人捕捉机遇之功力了（图1-5-27）。

　　计成说："物情所逗，目寄心期"，目寄心期的统一必然动之以情。"因借无由，触情俱是"说明借景理法并非因主观臆想而奏效，唯一的成功之路是主客观的统一，触动游人的情感。只要能让游人动情，皆可谓借景，这是借景理法唯一的标准。常见不少园林作品以很简单或不符合风景园林艺术特色的手法来表达设计意图，无法令游人为之动心，这就是失败的。广州白天鹅宾馆的室内山水借广州为国家边陲之境的地宜，刻了"故乡水"，我并非侨胞，看过都为之感动，那么真是久别故土的同胞一见这三个字岂不激起久别重逢之情，一语牵动千头万绪的思乡情（图1-5-28）。

　　扬州的"个园"以置石和掇山著称。清代李渔说"有此君不可无此丈"，说明竹与石不可分。"竹"字按篆书写法，由两个"个"字组成，而按国画画法，竹叶如同"个"字，故取名"个园"。个园造景中最值得大书特书的是以山石塑造四季景色，被誉为"四季假山"，这在全国也是孤例。从自然资源的角度来看，主要凭借山石形体、色泽和质感等特性而用之；从人文资源的角度分析，主要基于各代名人以四时为题材的诗咏。这样做的好处是文人对于四时的诗咏都是以人之常情为依据的，借用到园林艺术中，能够让游人心领神会，宜于发挥借景的效果。同时，将文学艺术运用于园林艺术中，由于表现形式和素材的变化，艺术性得以突破，而得到出人意料的效果。

　　中国地处欧亚大陆的东部，属北寒带季风性气候，四季冷暖干湿分明。中国文化将对四时的认识概括为春生，夏长，秋收，冬藏。

　　春季是植物萌生的季节。画家石涛在《苦瓜和尚画语录·四时章第十四》中引述古人对春季的描述："每同莎草发，长共云水连"，即春天野草相继破

图 1-5-26　四川崇州市"罨画池"云墙

图 1-5-27　银鼠竞攀

图 1-5-28　白天鹅宾馆庭山"故乡水"

图 1-5-29　春山

土而出，由于地面空旷，视野开阔，目及云水相连的地平线。江南人熟知的"春生"的典型形象是"雨后春笋"。春季的雨后竹笋生长极快，例如毛竹一夜能蹿起一米多高，夜深人静时甚至可以发出生长拔节的声音。这便是园林艺术因借的生活依据。但现实生活中竹笋不可能呈凝固状态长存，以供人欣赏。设计者很巧妙地想到山石材料中有一种"石笋"，由于外形像笋而得名。于是首先使用低花台将一片竹林托起，在竹林间有疏有密、高低参差地伫立数株石笋，一幅不着笔墨的"春山图"宛然而现（图 1-5-29）。

古人对夏季的描写为："树下地常荫，水边风最凉"，由此可以确定夏山凭借的主要造景因子是云、水和林荫。园林艺术中山石别名"云根"，有云："置石看云起，移石动云根"，说明掇山叠石可参考云形的变化。石品中的太湖石既有云的形态，又洁白如夏积云，因此个园的夏景掇山的石料选用了白色的太湖石。为表现有山有水的景致，山形便取负阴抱阳之势，将形如夏云之山置于园的西北隅，湖石山之南掘水池，这样游人入门后的观赏视点恰好可以体味春诗末句"长共云水连"的意境。池山之间的联系沟通有曲折的石板桥紧贴水面，迂回宛转引入洞口，再循洞而上可登山顶。同时，这个爬山洞可产生烟囱般的拔风作用，水面带有荷香的凉风便自然地由洞道一直抽拔到山顶小亭石桌之下。即使在酷暑时节，人坐亭中仍可享受到凉风习习、荷香薰衣的美意。加之山下浓荫乔木覆盖所形成的亭山背景，不是正合"树下地长荫，水边风最凉"的诗意吗？所以，意境虽然有时看起来玄妙无比，只可意会，不可言传，但如果设计者和欣赏者同时具有深厚的文化底蕴，就可以通过对作品的欣赏而产生共鸣，以达到赏心悦目的艺术境界（图1-5-30）。

　　古人对秋日的描写为："寒城一以眺，平楚正苍然"，人皆知秋天是收获的季节、金色的季节，因而色彩上应以黄色为主。秋高气爽，万里无云，天朗气清，因而中国人有"九九登高"的习俗。设计者根据这些因素，将秋山定型为色彩金黄、山高宜于攀眺、气质明净清朗，进一步将逻辑思维转化为形象思维。石材选用黄石，布局上将秋山定位为全园的制高点，不仅在高度上制胜，而且在掇山单元组合方面出奇制胜，令人叹服。从结构而言，取下洞上亭之式；洞叠三层，亭作曲尺形，远观有挺拔凌空之势，近赏则因视距小而效果更突出。其西侧奇谷盘旋、飞梁横空，甚是险绝。而南侧扩谷为壑，壑间石冈起伏。洞分三层，自下而上，合凑结顶。首层相对宽绰，石门石榻，若有仙迹。山洞内外景色迥异。由外观内，则层次深远，由明窥暗，莫知几许；由内观外，洞口框景由暗渐明，对比强烈（图1-5-31）。山洞盘旋而上，至亭处，全园尽收眼底。黄石颜色由浅至深，与石缝间地锦叶的秋黄以及乔木的沧桑秋色融为一体，令游人赏心悦目，深切体验到"秋山明净而如妆"的意境（图1-5-32）。

　　秋山与冬山相衔于园的东南隅。园墙以内、门东建筑以南，仅一窄狭之地，却布置得独具匠心。隆冬季节在人们心目中的印象是北风呼啸、滴水成冰、大雪封山，而蜡梅飘香、傲雪凌霜、独有花枝俏。借此情理，设计者选用了安徽宣城所出产的宣石，上白下灰，恰如皑雪覆盖石顶，且终年不化。借相邻南园墙做成山石花台，于其中散植蜡梅，点缀出冬意。古人对冬景的描述为："路渺笔先到，池寒墨更圆"。冬山北邻水池，颇有画意，而最值得赞扬的是借墙造景：利用南墙面高处开凿了多个圆孔形透窗，穿堂风所到之处呼啸作响，不仅从视觉上渲染冬山，而且利用听觉效果的感染完善对冬山的塑造。更有意思的是冬山与春山东西相隔的一小段墙，以透窗沟通冬与春

图 1-5-30　夏山

图 1-5-31　秋山由洞内向外观

图 1-5-32　秋山

图 1-5-33　冬山

图 1-5-34　从冬山边漏窗望春山

的景致，可以让人感受到四季循环往复，周而复始，冬去春来，气象更新。框景中翠竹数竿，竹下依旧是石笋嶙峋，入园时的情景油然而现（图 1-5-33、图 1-5-34）。

借景的最高境界应达到阮大铖在《园冶·冶叙》中提到的"臆绝灵奇"的境界。前两字是构想的境界，后两字是效果的境界。《园冶注释》对"臆绝"的解释为"臆通意，绝与极通，含有性格非常之意"，不无道理，但我更倾向于将"臆"理解为冥思苦想，以至精神虚幻；研精覃思，以求不同于人。所谓异想天开，就是幻想到了近乎病态的地步。据说古人练习书法不仅在纸上书写，饮茶时蘸茶水在桌面书写，临睡前用手指在被子上练字，走路时把手揣在衣兜里晃来晃去。不理解的人看了怀疑有疯病。其实他的精神正常，只是陷入了深度创作的思维状态。"臆绝"就是思考到如醉如痴的高绝境界，以至为一般人所不能理解，从而得到绝处逢生的艺术效果，令人啧啧称奇。能够达到这种境界的借景作品虽有，但不多，很值得我们从中汲取其高超的手法。

位居五岳之首的泰山，因"一览众山小"的高大气势而声名远播。泰山地处近海，自东南海面吹来的暖湿气团遇山而升高，随着高度的变化而降温。暖湿气团的温度降到一定程度，便会凝结为雨水。这本是自然界的地理气候现象，而有识之士借此将该地带附近矗立的山石命名为"斩云剑"，意谓：云雾至此被山石斩云为雨，巧妙地将自然拟人化（图1-5-35）。20世纪60年代在泰山山麓唐代普照寺大雄宝殿后发现了布局与破格。原来有一株古油松昂然挺立，由于寺内养护精细，形体硕长高大、枝繁叶茂、苍古虬曲。每值皓月当空，月光被浓密的枝叶分隔为无数放射状的光束洒满地面，煞是好看（图1-5-36、图1-5-37）。大家都有感于自然美之博大永恒。仅止于此，还不能算是发掘出了它的潜在美，即创造出以社会美融入自然美的风景园林艺术美。有道是"玉不琢不成器"，何况中国文化传统可以赋予自然美景以人意。巧取名目便可使自然之美升华到艺术美，而不需丝毫地更动自然景物。例如黄山以云、松、石著称，借石为猴、借云为海，便创造了"猴子观海"的景点（图1-5-38）。对自然无为，却赋予了人意，这就是天人合一。大自然是我们的老师，有取之不尽，用之不竭的自然风景资源，却并无人意。只有从这一点来说可以"夺天工"，实际上是夺天工之无人意。在此，设计者以"长松筛月"名景并把"筛月"镌刻于松下之石。关键的一个字"筛"，一石激起千层浪，这一下便满足了中国人"赏心悦目"的审美要求。绝也有绝的道理，电影艺术家谢添总结的电影艺术理论具有普遍的指导意义。他说要在"情理之中，意料之外"。首先要符合情理，不符合情理就不科学、不客观，人们不会信服。但仅仅在情理之中，只有科学性，没有艺术性，也是不够的，还必须要在意料之外。这是创造"绝"的主要方面。用筛子筛选粉粒状物体是人人皆知的道理，而过筛的是月光，这是出人意料的。引用的比喻这么熨帖、这么突破出格，而具有了对心灵的冲击力。于是，进一步发挥，后人又在古松之侧设置了一座正方形攒尖顶的"筛月亭"，四柱无墙，翼角高高翘起，每边都有对联与环境联系。其中正面的一副对联曰"高筑两椽为得月；不安四壁怕遮山"，把为何在此安亭，亭的立面构图为什么将两椽高翘都交代得很清楚。把造景和借景的道理都表现出来了。可惜我到了21世纪再访时，长松已经倒伏在地上，生长仍旺，借景的道理却长存流芳。山门外路旁尚存一石，上刻"三笑石"，相传古时有三老交流长寿秘诀留下的风韵。

福建武夷山作为道教圣地以仙山著称。在现实生活中创造出令人动情的仙

图 1-5-35　斩云剑

图 1-5-36　泰山普照寺"长松筛月"

图 1-5-37　泰山普照寺筛月亭

图 1-5-38　猴子观海

意也是很高雅的。借景者凭借山势起伏、峭壁摩天、云缠雾绕、孤峙无依的石峰挖掘和渲染了一些仙意。首先，从人流集中的主干道分辟出小山道，将游人引入谷壑之中，使之与现实生活环境产生空间隔离。山口处有半扇石门镶嵌在石壁之中，循石阶过石门辗转而上，可见有一座小庙安置于山顶上。山峰壁立千仞、高耸入云，陡峭得几乎与地面垂直。站在山脚下仰面而望，见壁顶与白云齐飞，青山共蓝天一色，迷蒙之中可窥见一摩崖石刻，曰"仙凡界"（图 1-5-39）。看样子除非羽化成仙，不然真是"难于上青天"。好在发现峭壁上凿有可容半足的石蹬坑权作天梯，时值壮年的我踩坑攀缘而上，发现上面别有一番洞天：但见一峰高踞，下有曲岭横陈，名曰"飞龙岭"，尽端山势骤断，形成山崖，隔崖约两米远却有另一石峰拔地而起，高可数十米，其势孤峙无依，横空耸立。于是设计者以飞石为梁与之相连。石峰上安置一尺度小而精致的亭子，额曰"仙弈亭"。至此就令人更感到有一点仙意了。亭若凭空而起的空中楼阁，四下云遮雾罩，弈者能够在这渺无人烟之地专注于黑白世界，不是掌握了腾云驾雾之术的仙人又是何人呢？

图1-5-39　武夷山"仙凡界"

　　以上列举了各地借景的佳作，还有一座古庙给我们的启示不得不提及。这是在北齐时兴建的一座娲皇宫，俗称"娘娘庙"，是用以供奉女娲的，在相地、布局和理微方面都体现了"巧于因借，精在体宜"的要理（图1-5-40）。

　　女娲按《山海经》的描写："炼五色石以补苍天，积芦灰以止淫水"。补天之神理应居高绝之境。此庙位于河北省邯郸市附近的涉县境内，太行古岳在此盘亘逶迤，山间有漳水穿流。由于地处河北、河南、山东交界处，邻近古代交通要冲，却又隐居山林险绝之境，故此山名曰"中皇山"。

　　山体在唐朝时就有局部开发，借高山绝壁开凿了两座小型石窟，窟内现仍保存有石佛。然而，用尽地宜特殊效果的当推娲皇宫（图1-5-41）。

　　如平面图所示，上层的庙宇比山麓地面平地拔起约180米，有山道回转盘旋而上。中皇山顶第一层有自然生长的树木参差有致地勾勒出天际线。娲皇宫选用了第二层台地，由于以取山势险绝为主，不惜采用坐东朝西的反常规方位。用地南北长约180米，东西向最宽处18米，最窄处仅3~4米，呈狭长的枣核形。为了取得凌空奇崛的形胜，不惜将方位和其他因素置于次要地位。早年梨园界走江湖的有句行话"一招鲜，吃遍天"，异曲同工地说明了设计者"独立端严，次相辅弼"，即先主后宾的设计理念。作为庙宇建筑，在此它不可能按照"伽蓝七堂"的程式布置，即山门，钟楼，鼓楼，金刚殿，大雄宝殿和东、西配殿，却于穷困之境因山构室，独辟蹊径，以至取得了出奇制胜

1. 照　壁　　10. 眼光洞
2. 皮疡庙　　11. 迎客楼
3. 山　门　　12. 娲皇阁
4. 牌　楼　　13. 碑　亭
5. 檐　阁　　14. 灵官庙
6. 鼓　楼　　15. 梳妆楼
7. 水池房　　16. 功德祠
8. 六角亭　　17. 伙　房
9. 蚕姑洞　　18. 钟　楼

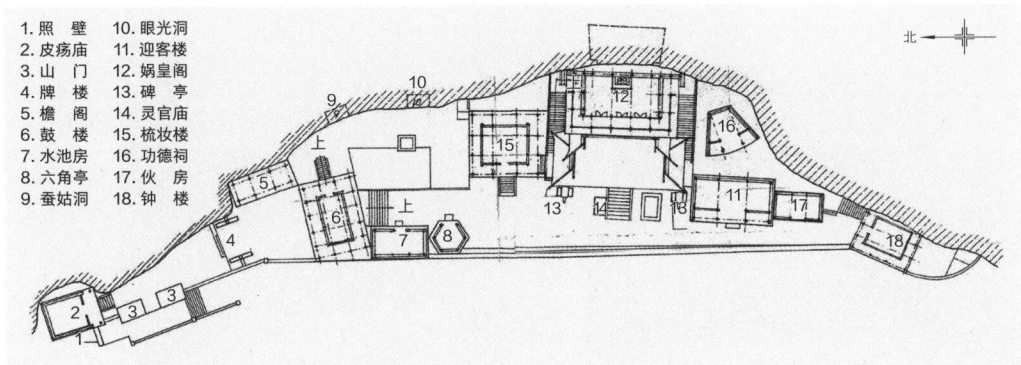

图 1-5-40　娲皇宫平面图

图 1-5-41　娲皇宫全景鸟瞰

图 1-5-42　山门

图 1-5-43　"娲皇古迹"木牌坊

的艺术效果。山门（图 1-5-42）起于北端悬崖之下，为小型砖木结构，小而精巧，仅 1 米多宽、2 米多高的砖雕影壁居山门外北端。一来正对上山盘道；二来将向西、有居高远望之利的一面作为扶手栏杆，可凭栏远眺。进山门后左侧为山岩下数平方米的隙地，安置有面南的"皮疡庙"，供奉皮疡王和鲁班。入山门右转，但见"娲皇古迹"木牌坊以及矗立于其后、势若城楼的鼓楼（图 1-5-43）。鼓楼与进香道立体交叉，使道穿鼓楼下而过后，上台阶即抵达主层地面（图 1-5-44）。鼓楼前空间不大，北侧东向有嵌入岩壁的屋盖挑出，以保护其中的摩崖石刻；再往北则见"古中皇山"的镌刻。庙的主体建筑坐落在进深最大的中部，为三层结构的"娲皇阁"，楼阁由下至上依次为清虚阁、造化阁、补天阁（图 1-5-45）。由于供奉的是女神，阁北有梳妆台，以石拱旱桥相连。阁前有小型神庙以及石碑相佐，以小衬大，更显高阁气势如虹。楼阁采用传统"高台明堂"的做法，石台两旁皆有石阶从室外接通阁的第二层。从结构

图1-5-44　鼓楼与进香道立体交叉

图1-5-45　娲皇宫的主体建筑"娲皇阁"

方面分析，由于高厚的石台和两边包夹的石台，使处于危地的高阁稳定性得以加强。阁靠山一面的后壁有铁链与岩壁连接。据说阁中人流量大时，可将铁链绷直。实际上阁靠自身重心稳定，铁链只是一种夸张险象的手法，有惊无险。最南端的钟楼依山而立，若自山岩进出。钟楼尺度也因地制宜，比鼓楼略小。然而，在山下自西东望，仍然是阁居中，而钟、鼓楼对称地布置在两厢。纵观其总体布局，成功之诀在于既有宏观的总体效果，又善于利用山门而转变游览进深的方向，充分利用了高山台地南北长的优势，而避开了东西狭窄的弊病，可视为巧于因借地形、地势的佳例。

　　称"臆绝灵奇"为借景的最高境界，说明这种水平的作品不是很多，但确实有，也不是个别的，值得深入研究和永续发展。重点在于如何依据用地定性的造景目的和独特的地宜借景，如何把塑造的意境化为景物和景象。

　　杭州西湖边的岳坟给我很大的启示。中国墓园的做法独特、优秀。墓园轴线与岳庙的主轴线正交且延展。而岳坟是以山为轴的。入口高墙开南北两门，两门中间从墙出半壁亭，亭中有台，台上置柏树（已风化为石），名曰"精忠柏"。传说岳飞在风波亭遇害时，近旁的古柏感慨之至，寻思"这么好的忠臣都被害死了，我也不活了"，于是风化为石。木化石由木变成化石是在情理之中的，精忠柏则是自然的人化，其目的是点出岳飞作为英雄的特色俱在"精忠"二字，既有浪漫色彩又不荒诞。入门后为第一进院落，东端借墙背若人背之"因"，将岳母在儿子背上刺的"尽忠报国"四个大字刻在墙上，让人们注目于中国母亲爱国主义的母训和家训（现在京剧《岳母刺字》用"精忠报国"是讹传）。轴线向西发展为水池和西端的石作雉堞城墙（图1-5-46、图1-5-47）。岳飞是抵御外侮的民族英雄，借中国古代的城池以"金城汤池"为比喻而采用此式。似对敌人说："我这里是铜墙铁壁，碰得你头破血流；护城河的水是开水，烫死你。"南北两边的边廊用碑刻展示岳飞的诗词和名人赞颂的诗咏。最令我赞叹的是墓园不仅表达了对英雄的敬仰，而且还表达了对奸佞的憎恨，巧借秦桧之名是一种树，设计者深谙中国人痛恨敌人之情理"恨不得将你碎尸万段，方消心头之恨"，于是设计了一株"分尸桧"（图1-5-48）。寻觅被雷电劈开了的桧柏，树身虽被劈开，但形成层尚在，而可以存活。可惜今非原树，但从苏州光福由东汉大司徒邓禹手植的"清、奇、古、怪"四株遭雷击的柏树，可以想见分尸桧借景之臆绝灵奇（图1-5-49）。

　　绍兴明代的徐渭宅园，虽难以知晓其历史变迁，但凭借现存宅邸包含狭长

图1-5-46　"汤池"

图1-5-47　西端金城的石作雉堞城墙

图1-5-48　岳庙的对联和分尸桧

图1-5-49　"清、奇、古、怪"四株柏树之一

精小的天井庭院一点，便足以令人赞叹。室外假山无所存，但横额"自在岩"可揣摩主人"与石为伍"之心思（图1-5-50）。书房前布置低石栏、方池、勺水。水向书房室内地下延展少许，池中立小石柱撑住室内地坪，上刻"砥柱中流"，水位高时仅见"砥柱"二字（图1-5-51）。园主立志作国家栋梁的高尚品德借水中砥柱表达无余。徐渭不仅是文学家、书画家，而且在反对奸臣严嵩的斗争中表现了护国忠心。狭长天井终端以高墙封闭，墙前起高台，台上植藤，横额"漱藤阿"（图1-5-52）。徐渭幼时在家宅附近的小溪旁发现了这株小青藤，惜藤之孤苦伶仃，喜爱藤的生机勃勃与清纯无拘的风貌，故移植家中并自号"青藤居士"。以青藤作为自己追求的人格之外在形象，青藤即徐渭，徐渭即青藤。徐渭作古后，留下青藤迎风拂动，有如徐渭向来宾们招手致意。将以上两景收之满月圆洞门，门上额题为徐渭手书（图1-5-53）。这仅是一所民居，借景却如此精到，不仅触动了我的情感，而且犹如清风朗月，熏陶我以终生。

说借景是中国风景园林传统设计理法的核心，是因为借景贯穿着明旨、相地、布局、理微和余韵等序列，并作为轴心向这些理法放射不尽之光芒（见图1-0-1）。

图1-5-50　徐渭宅园"自在岩"

图1-5-51　徐渭宅园"砥柱中流"

图1-5-52　徐渭宅园"漱藤阿"

图1-5-53 "天汉分源"内院

明旨是造园和造景的目的并因此定位、定性。哪有无缘无故的造景呢？或告老还乡，或造园以孝敬父母，或官场失意，或闭门思过，或隐逸自闲，或夫妇双隐，或为子孙创造清静的读书环境，或饲养禽畜，或专植花木，或避暑越冬，或以诗、书、歌会友，或同乡集聚，或敬神拜佛，或祭天祀地，或山居养性。有的放矢，借因成果，古今皆然。只不过明旨因时代的变迁而变化发展，却又万变不离其宗，无非是保护、利用和延续自然环境和人造环境。

相地犹如相面，是观察和思度所相对象之优劣。比如清代皇家来自关外凉爽地带，不习惯北京之暑热，便要寻求避暑行宫，把日常理政和避暑融为一体。因此既要有造成凉爽气候的自然且优美的环境，又要近京师而易于控制政局。康熙花了六七年时间，跑了大半个中国，最后才选定承德建避暑山庄，"相地合宜，构园得体"，事半而功倍。

立意不仅和问名密切相关，而且可以延展到整个与风景园林密切相关的文学、绘画领域，包括景名、题额、楹联、摩崖石刻等。名为意的外在表现，必须是具象的；意为名之内在含蓄。因境问名，要达到"问名心晓"，一看这个名称，便能明白含义。当然问名者也必须具有相应的文化水平。例如，颐和园取自"颐养冲和"，一看便知是为老人颐养天年而造的园子。这和原称"清漪园"就不同了。进一步琢磨，皇宫中的老人当时不就是太后吗，园中山为太行山余脉，因传说山中发现瓮而名，故称瓮山，水称瓮山泊。因山水尺度不相应，山大水小，为了作为北京的蓄水库和令山水相映，而将水面向东扩展，原在东堤上的龙王庙就形成水中岛了（今南湖岛）。山因"仁者乐山"和"仁者寿"改称万寿山；水因仿汉武帝修筑昆明池练水师而名昆明湖，以适应清代水师学堂之需。又仁寿为殿，乐寿为寝，东宫门外木牌坊的东、西额题分别为"涵虚""罨秀"。首先就宣称园中有大水面，水若镜，镜是虚的，有像则映真；同时，也知园中有山，秀即突出之山，罨为网罗、捕捉。进而可悟出只有称孤道寡之人才要涵虚，只有涵虚才能广纳贤士，这也是罨秀的人化比喻。龙王庙东岸有 16 米进深的"廊如亭"，借"廓然大公"而来。

承德避暑山庄"小许庵"的草舍就牵涉一些典故。"许"指许由，尧帝欲让位给他，许不允而逃避居于箕山下，农耕而食，尧又请他做九州长官，他到颍水边洗耳，表示不愿听并洗污洁身，故中国传统戏曲中有曲目名《洗耳记》。景点亦然，因跨山溪而建，故名之为"净练溪楼"；因建于松壑内而名"松壑间楼"。

借景之于布局也十分重要，因景区、景点的名目皆因借景而生。中国园林传统布局的原则是"景以境出"，境指用地环境和立意之意境。首先是山水地形骨架，一般是"负阴抱阳，藏风聚气"。阴为山，因山高而虚；阳为水。我国总体地势西北高、东南低，冬季西北干冷之风要屏障阻挡，而令水面充分接受阳光，以保持水质清澈。当代有些建筑置于水的南岸，结果建筑的阴影令水面得不到必要的日照而发臭。藏"风"可指阴霾之风，以山藏水，以水聚生息之气。布局章法——起、承、转、合，犹如一篇文章。要在因地制宜，如堂是向阳、坐北朝南。但遇到采用"倒座"式布局，堂亦可坐南向北，如避暑山庄松云峡中的"碧静堂"。楼阁一般是布置在北面坐北朝南的，但如果园子入口旁原为城墙高地，那么楼也可安置在南面。

"一池三山"或"一池五山"是中国流传的一种仙山仙海的制式。具体应用就必须因地制宜、借景而生。圆明园的福海追求"相去方丈"，把岛置于福海中央。颐和园西堤划分南湖、西湖，三岛便在各自湖中。北海和中南海是在旧河床和辽代瑶屿的基础上兴建的，故三岛成折带形分布。避暑山庄由"芝径云堤"而衍生为三岛。

所谓余韵，指风景名胜区或城市园林基本建成后衍生之余音。余韵适可而止而又可再发。比如杭州的灵隐胜境，所借自然资源一是山，二是水。山之特殊性在于表层砂岩风化后，露出的纯净石灰岩被含碳酸的水溶蚀成千变万化的溶岩景观。而从景观上讲，与周边尚以砂岩为表层的山迥然不同。印度和尚慧理借此而戏说此山是从印度飞来的，而首创"飞来峰"的山景。人问何以为证，他说我养的猿猴招之即来，于是山上有了"呼猿洞"。此地两水抱山，其中一水还汇合了从地下涌出的泉水。泉水的水温较低，借此名之为"冷泉"，并衍生出冷泉亭。"天下名山僧占多"，在山滨水之处兴造了灵隐寺，天人合一的灵隐胜境基本建成。又有人借苏东坡描写春天雪融化后山洪下泻的诗句"春淙如壑雷"，在山溪中建了"壑雷亭"。由于难挡山洪冲击，被冲毁数次而将亭改建于岸上，与冷泉亭相伴。后有人提问："泉自几时冷起，峰从何处飞来?"这本是难以作答的,但借"以其人之道还治其人之身",便可回答"泉自冷时冷起,峰从飞处飞来",并成为楹联流传下来,这都是借景产生的余韵。

通过以上的论证,就足以说明借景为什么是中国风景园林传统设计理法的中心环节了。书中以下的内容也无处不以借景为中心,一定要把握这一点,打好借景理法的基础,因为道理虽然懂了,却不见得能得心应手地运用借景理法。因借随机、触情俱是、臆绝灵奇谈何容易,唯一的途径是挖掘、学习、研究,积少成多,并密切联系设计实践,加以运用。若能汇滴水成川,借景是不仅可以学到手,而且可以创新发展的。

第六节

布局

清代文学家张潮说："文章是案头之山水，山水是地上之文章"。足见中国文学与中国园林艺术之间有着千丝万缕的渊源关系。设计园林作品和做文章一样讲究章法，园林之总体布局相当于文学之"谋篇"。设计园林首先是要章法不乱，更求严谨。由字造句，连句成段，结段成章，构章成篇。只不过园林有其专业的语言，而且谋篇和相地是紧密联系在一起的。传统章回小说结构的影响反映在中国园林"各景"的空间划分和组合上，表现为渐次展开，分层展示。于是，便有了起、承、转、合的章法序列。

园有园名，景有景题，按题行文，逐一开展。"起"之所以重要，如同人之初识，是一见钟情、相见恨晚，还是熟视无睹、无动于衷。所以有人夸张地说："好的开始是成功的一半"。"起"，又仅仅是开始，给读者或游客一个最初的亮相而已，并不是大量堆砌、一览无余地展现，而应多从诱导方面考虑，导人入游。后面的大量景致还是要藏起来，若隐若现，引人深求。这一个"起"字不但要忠实于园之定位与定性，而且要以园林艺术形象点出其定性的特色。江南私家园林都有"园日涉以成趣"的要求，这首先体现在"涉门成趣"。

以"出污泥而不染""拙者之为政"为喻的苏州拙政园，以腰门为起。两厢廊道"左通""右达"虽然交拥，却因廊内光线较暗而显得有些晦涩。由两边廊交拥的室外空间正对腰门，显露出一片天空，明亮而引人注目。一卷黄石假山当门，作为对景而立，与天空背景虚实对比强烈。又有石洞半掩，穿洞而出，便见隔小荷池的点题主景"远香堂"和其北面更虚的朦胧远景。自腰门北进后，尚可翻山或沿东、西廊与山间小路和自廊内一共 6 条不同的路线入园，所历之景因路径而异，这便是涉门成趣的佳例（图 3-1-23）。

再看今日有些园子，入门后两边"分道扬镳"，可成之趣自然减少。颐和园东起仁寿门，门框内特置竖石成景、对景，兼作障景（图 1-6-1）。过仁寿殿又进入压缩空间的假山谷，峰回路转，而出谷则见一片大明的昆明湖豁然展现于眼前。仁寿殿后的假山主要使其与耶律楚材祠的基地有所隔离。而借隔离之山开辟了引人入胜的峡谷，玉成了"起"景的变化（图 1-6-2）。

起景贵在得宜，与周围环境取得合宜的关系。就造景而言，以适度为

图1-6-1　观仁寿门内的寿星石

图1-6-2　仁寿殿西侧山谷

图1-6-3　颐和园佛香阁远眺

宜，引领游兴而已。切忌大量堆砌，而贵在精湛。"起"是有度的，不能起个没完，起完一段就要另起一景来承接，这就是"承"。园林是景观空间的承接，凡空间皆有功能、性格与特色。如一味地承接同一性格的空间，就会给游人造成千景一面的厌烦心理，因此需要"转"，转即空间的转换。概括而言，景观可归纳为两大类，即旷观与幽观。根据不同的空间功能和性格，可以用不同大小、地形和造景要素来组合成性格各异的空间。地形的幽观可运用沟、谷、壑、洞、岩，地面造景因素可用山石、植物、建筑和水景等。旷观地形则为坡、岗、峰、岭和辽阔的平原、水面等，也可用不同的造景要素作不同的组合。所以概括起来无非是幽、旷的变化，但旷观和幽观的空间是变化无穷的。因此，一个"转"字反映了园林空间的划分与联系，这也是章法的主要内容所在。转来转去总要有一个相对的了结，这就是"合"，合相当于对景观的总结。总结可以是终结，但在大多数情况下又不一定是终结。颐和园以牌坊和东宫门为"起"，仁寿殿西侧山谷为"承"，出谷各条游览路线都有所"转"，最后是登佛香阁尽收眼底的一"合"（图1-6-3、图1-6-4）。

　　与起、承、转、合融于一体的章法序列中还有序幕、高潮和尾声。景观之

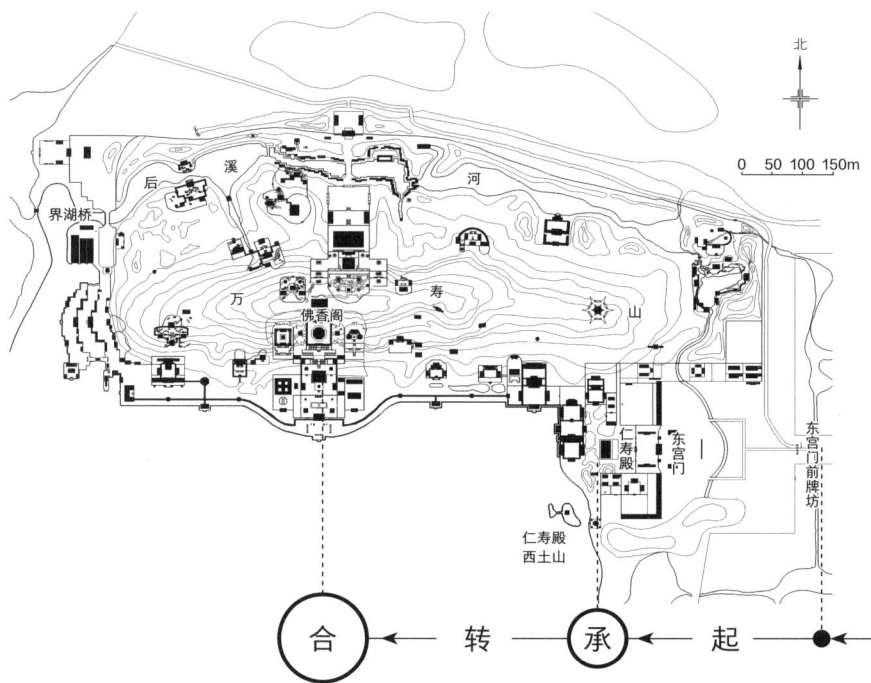

图1-6-4　颐和园起、承、转、合示意图

开展也有如戏剧的开展。序幕可视为处于比"起"略靠前的位置，亦可以序幕为"起"。例如苏州市吴江区同里镇的"退思园"，进园以前有中庭的设施，布置有船厅、周围廊和山石树台等作为后花园的前奏，亦起序幕的作用，从中庭引入后花园。高潮可以在起、承、转、合的任何一个环节上因地宜而定。一般不常将高潮置于"起"的环节，但宜者亦可。

　　川西名园新繁东湖，因旧城墙之门楼正值入园后的景观焦点，高耸挺拔，可谓引人突入高潮。高潮也可不仅一次，稍加平铺过渡后，又可转入另一高潮。高潮与"起"结为一体的还有扬州"卷石洞天"的假山景，进门即令人应接不暇。尾声相当于余韵的位置（图1-6-5）。

　　园林的布局通常分为主景突出式布局和集锦式布局两大类。主景突出式布局拥有控制全园的主景，令人一见难忘。诸如北京颐和园的佛香阁（图1-6-6）、北海的白塔（图1-6-7）和镇江金山寺慈寿塔（图1-6-8）等。集锦式布局则没有控制全园的主景，如圆明园、承德避暑山庄等皆属此类。此类布局可以有控制某一景区的主景，如避暑山庄湖区东部主景是金山岛的"上帝阁"，湖区北部主景是"烟雨楼"（图1-6-9），而湖区南部主景是"水心榭"（图1-6-10）。以上景点各主一方，而纵观全园，并无可控制整体的主景。集锦式布局能适应分区主景，即多高潮的景区布置；而主景突出式布局则适宜纪念性

图 1-6-5　扬州"卷石洞天"假山

图 1-6-6　颐和园佛香阁

图 1-6-7　北海白塔

图 1-6-8　镇江金山寺慈寿塔

图 1-6-9 湖区北部主景"烟雨楼"

图 1-6-10 湖区南部主景"水心榭"

内容的景观。

　　布局是景区和景点在总体上的组织与整合。景点因地宜而起，造园目的要付诸景点，而景点又要与用地的实际情况联系起来。相邻且联系性较强的景点便可组成景区。布局的重点在于把这些相当于文句、文段的景区和景点巧妙地整合为一篇可言志而又令人回味无穷的文章。

　　城市园林有章法，风景名胜区有没有章法可循呢？也是有的，但不同于城市园林以人造为主，布局的关键在于人作。风景名胜区以自然风景为载体，通过对历史人物的开发，"景物因人成胜概"，布局的因素也就在其中了。譬如，五岳之首的东岳泰山，是古代封禅之地。封为祭天，禅为祀地。人间帝王借天上帝王之"君权神授"来宣扬自己，以求安邦。其中又有对自然的崇拜与尊重。将这些内容与游赏自然山水风景相结合，便形成了中国的风景名胜区。可以说是借自然风景来体现当时人的自然观和宇宙观。山下的岱庙是人间祭祀的起点。因山而设"一天门""中天门"和"南天门"（图1-6-11）。设在何处，则是根据自然形胜以及各级天门的人意相近者而为之。

　　作为高潮的"南天门"建在飞龙岩与翔凤岭之间的低坳处，双峰夹峙，仿佛天门自开。建筑坐落于高处天际线交会的尽端，人以虫视的视觉关系仰望南天门，显得天宫高居云天（图1-6-12）。以山间瀑布低处架桥，桥前设石亭，暂作休息，再渡石桥，经"五大夫松"而上天门。全借自然而生人意，正所谓"门辟九霄仰步三天胜迹；阶崇万级俯临千嶂奇观"（南天门楹联）。当然有布局，却又不同于城市园林在布局的自由度上有那么大的空间。风景名胜区之起、承、转、合，主在自然而辅以人为。

　　难以布局的用地多为500亩以上的大型园林，或100多平方米左右的小型园林，或在特别狭长的地段内做文章。欲使大者不令人感到空旷，微者不令人感到局促，狭长者不令人感到冗长、单调，就要在布局方面下特别的功夫。

图1-6-11　泰山"一天门""中天门"和"南天门"

图 1-6-12　泰山南天门登山蹬道

图 1-6-13　苏州残粒园"栝苍亭"

　　欲使大者不空，就要取中国传统园林园中有园的结构，大园中组织自成空间的小园，化整为零，再聚零为整。占地 5200 亩的圆明园先建居西之圆明园，再扩建其东的长春园和居东南的万春园。合三园为一园，故有"园明三园"之称。各园中园内还有小园里的园中园以及景区。以圆明园的九州景区而论，环"后湖"有九个岛，象征小九州，而各岛又有其各自的景名、意境和完整的空间布局。九岛之间又构成整个景区的布局。这样各景分不同层次展开，便不会产生因大而空的感觉。由于历史的特殊原因，中国古代园林建筑的占地很大，但这并不影响其化整为零、集零为整的理法应用。古代园林可以以山水地形和植物材料为主，以建筑为辅；也可以运用园中有园的传统。"大中见小"是大园布局的主要理法。

　　"小中见大"则是小园布局的主要理法。现存苏州的"残粒园"便是占地仅 140 平方米的写意自然山水园。其主要手法就是周边式布置，以水为中心，地狭借天，并利用"下洞上亭""借壁安亭"架道引下，特别是运用了假山在架道柱间作洞，以扩大空间感的手法（图 1-6-13）。"掇石须知占天"意为在占有较小地面面积的前提下，利用假山组织多层次、富于"三远"的空间。残粒园由圆形地穴引入，当门径安置竖立的湖石以为对景。围墙内辟水池及自然山石驳岸，令水深邃。池水如镜，对扩大空间起到了决定性作用。小路曲折起伏，抱池蜿蜒。围墙内隔以山石"镶隅"作为种植植物的花台，并结合嶙峋多变的特置山石。山石和墙面有薜荔附生。主景"栝苍亭"借宅邸高楼的山墙而起半壁方亭。亭坐落在园门北侧的假山洞上。循爬山洞自然式踏跺而上，进入栝苍亭。亭居高临池，位置和造型都十分突出，而尺度又与环境相称。亭虽小而犹划分为里外两层空间。内层借壁置博古架，外层则可向园内俯瞰全园，成为全园成景、得景的最佳视点。布局以圆洞门及特置山石对景为"起"，假山洞为"承"，栝苍亭兼作"转"及"合"。亭下则以山石为支墩，架空踏跺引人缓转下行。妙于在此置坡状天桥于墙前，山石支墩间掇为洞状，这又增加了墙前的层次和景深。仅百余平方米的面积却自成写意自然山水园，有山、水、洞、亭之胜。园内空间不仅没有局促感，反而令人感到疏朗有致、绰绰有余。游人闻"残粒"之名而来，却不曾想感受到的是小中见大的空间，此园真可谓小园布局的典范。

园地的面积和形状不能完全凭主观想象而定。《园冶·兴造论》中说："假如基地偏缺，邻嵌何必欲求其齐"。四川成都附近的新都有"桂湖"，因邻嵌而成狭长形水面（图1-6-14）。用地长宽比悬殊，但利用半岛、全岛分隔水面，水空间由于有了相宜的横向分隔和渗透，基本上消除了过于狭长之弊，甚至化弊为利，变狭长为深远。因此，恰当的横向分隔是改善狭长布局的手段。

南京"煦园"以整型式水池作狭长形处理，与桂湖有异曲同工之妙。采取以竖线条作横隔断来划分水面。一端建造石舫，两岸石板铁栏贴水面连接石

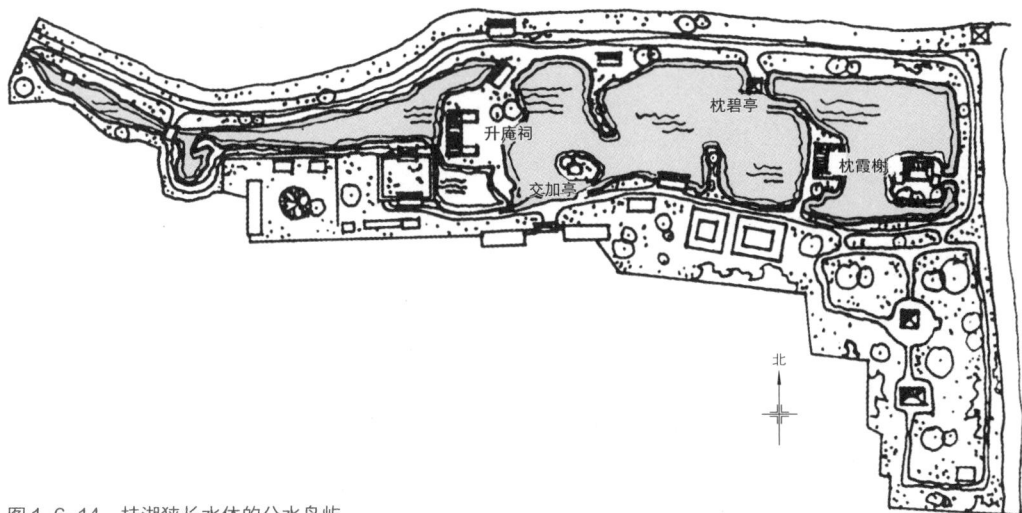

图1-6-14　桂湖狭长水体的分水岛屿

舫，以划分水面。水池呈宝瓶状。与石舫相对的另一端放开，而作尽端处理。两岸亭榭参差，化冗长为深远（图1-6-15）。扬州瘦西湖基于城壕改造，却瘦水中夹洲，使之更瘦。宽处在五亭桥放开，曲折幽邃，并不冗长（图1-6-16）。

因地制宜的布局主要体现在胸中明旨、随遇而安。相地、借景、布局是一个连续、交叉和互相渗透的创造过程，相地中亦含布局之设想。随遇而安指因该地段的地宜而安置。如承德避暑山庄按避暑离宫别苑的宗旨，需安排可供上朝的宫殿区和游览休息的宫苑区。南偏西的地段为高而平的台地，加以与北京交通联系方便，宜作为建筑密度大的宫殿和寝宫的用地。宫苑区又据地形划分为山林区、平原区和湖区。山林区以"因山构室"的理法构筑园中园；湖区以堤岛划分，创意出北国江南，并借镇江金山和嘉兴烟雨楼据正衍变，变地形为仿中有创的水景。山湖间的冲积平原则作为稀树草地的万树园和草原风光，布局的间架由此得以确立（图1-6-17）。

布局的具体内容主要有山水间架、园林建筑、园路、场地、假山、小品等的布局安置，以及植物种植。

（一）山水间架布局

首先谈谈山的内涵和精神。

中华民族崇尚山水的历史相当久远。"江山"可以指代国家，"高山流水"亦可指至高无上的艺术境界。这是我国的自然和人文因素综合作用的体现。我国国土面积的三分之二是山地，有山就有水，自西而东，奔流不息。三山五岳，五湖四海形成古代中国九州的版图。"国必依山川"，治水从来就是国家大事。据《史记·夏

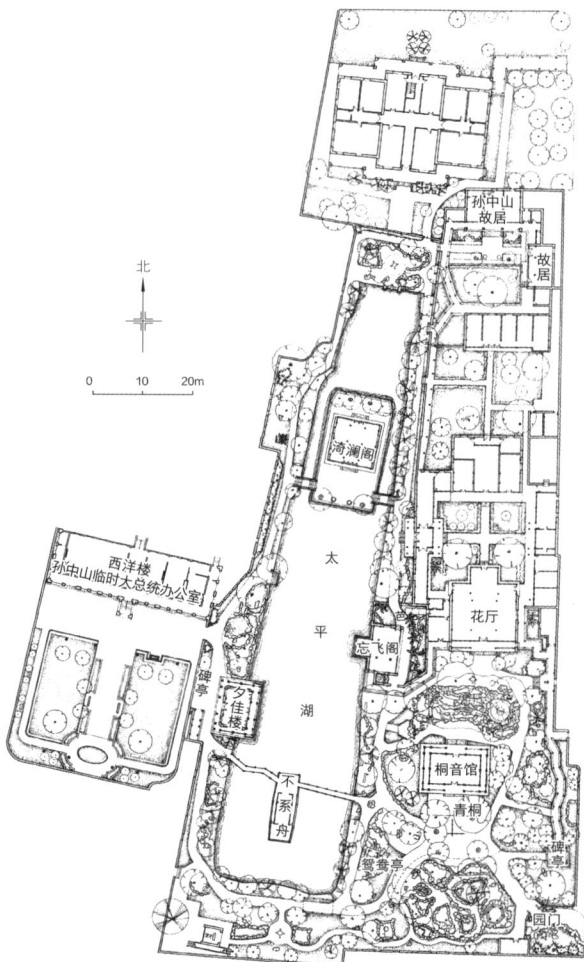

图1-6-15 南京煦园中纵分水体的岛屿

图 1-6-16　扬州瘦西湖在狭窄的湖面中夹入洲岛、吹台，使平面布局更为幽邃

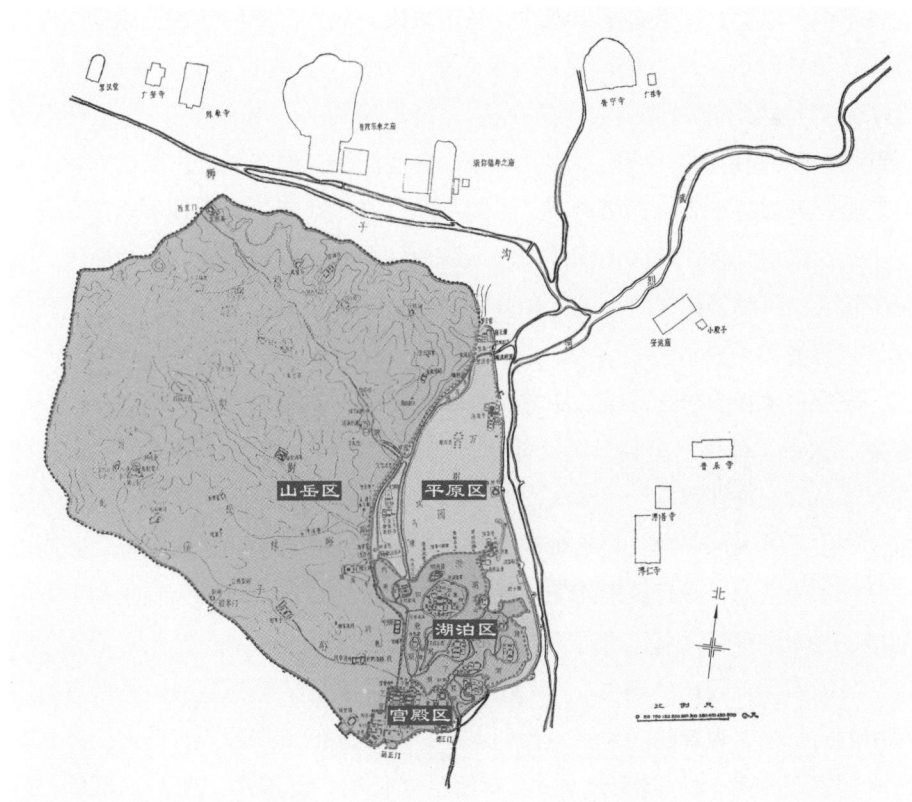

图 1-6-17　承德避暑山庄平面分区

本纪》记载，上古时期，洪水滔天。鲧用堵截治洪水失败，禹用疏导治洪水成功。由此才有了《尚书》中"禹敷土，随山刊木，奠高山大川"和"禹别九州，随山浚川，任土作贡"的记载。

早在春秋时期，孔子便有"仁者乐山，智者乐水""仁者寿"等儒家哲理。孔子的重要思想君子比德于山水，在我国产生了广泛而深入的影响。

《诗经》云："节彼南山，维石岩岩。赫赫师尹，民具尔瞻。"中国古代帝王以山为冢。山绝不仅是地面突起之物，而是中国人崇尚的一种精神。儒学的创始人孔子在回答弟子子张所问"仁者何乐于山也"时说："（山）出云气以通乎天地之间，阴阳和合，雨露之泽，万物以成，百姓以飧，此仁者之所以乐于山者也。"还说："山水神祇立，宝藏殖，器用资，曲直合。大者可以为宫室台榭，小者可以为舟舆浮楫。大者无不中，小者无不入。持斧则斫，折镰则艾。生人立，禽兽伏；死人入，多其功而不言，是以君子取譬也。"《荀子·宥坐》记载孔子观于东流之水。子贡问于孔子曰："君子之所以见大水必观焉者，是何？"孔子答曰："夫水大，遍与诸生而无为也，似德；其流也埤下，裾拘必循其理，似义；其洸洸乎不淈尽，似道；若有决行之，其应佚若声响，其赴百仞之谷不惧，似勇；主量必平，似法；盈不求概，似正；淖约微达，似察；以出以入，以就鲜洁，似善化；其万折也必东，似志。是故君子见大水必观焉。"孔子在河岸边对着湍急的河水感叹说："逝者如斯夫，不舍昼夜"。董仲舒在《春秋繁露·山川颂》中说："水则源泉，混混沄沄；昼夜不竭，既似力者；盈科后行，既似持平者；循微赴下，不遗小间，既似察者；循溪谷不迷，或奏万里必至，既似知者；障防山而能清净，既似知命者；不清而入，洁清而出，既似善化者……物皆困于火，而水独胜之，既似武者；咸得之而生，失之而死，既似有德者。"

儒家将水视为包含品德、正义、道德、正统、志向、力量、持平、洞察、智慧、知命、善化、勇猛、英武等诸多美德的化身，体现并涵盖了儒家理想的君子品行。这些哲学、美学观念对中国文化（文学、绘画、建筑、园林等领域）产生了重大的影响。吴良镛院士在曲阜成功地设计了孔子研究院，其周边园林以水为主题，我建议引用上述孔子对水的论述造景，得到吴院士和甲方的支持，并由朱育帆君落实设计。

我国西周出现的"灵囿"，其基本地形和骨架是灵台与灵沼。灵台有与山岳相似的祭祀、观景的功能；灵沼即水体，都是挖低填高的人工营造，且具有山水的高下之势。《三秦记》载："秦始皇作长池，引渭水，东西二百里，南北二十里。筑土为蓬莱……"这是迄今所知我国园林造土山记载之始。汉武帝因循历代传统形成"一池三山"之制。汉武帝建元四年（公元前137年）建于长安西郊的"建章宫太液池"中出现了因循秦制的仙山，即蓬莱、方丈、瀛洲（参见《史记》）。关于这些传说中的东海仙岛可以从《列子·汤问》中略见其端倪："渤海之东……其中有五山焉：一曰岱舆，二曰员峤，三曰方壶，四曰瀛洲，五曰蓬莱……其上台观皆金玉，其上禽兽皆纯缟。珠玕之树皆丛生，华实皆有滋味……所居之人皆仙圣之种……"由于传说后来发生大陆漂移，其中岱舆、员峤两岛漂走，故一般称蓬莱、方丈、瀛洲为三座神山，并成为中国皇家园林传承发展"一池三山"的基本山水框架（图1-6-18）。

东晋陶渊明的田园诗也是山水诗，其《桃花源记》中先抑后扬、世外桃源等手法与意境屡次被应用在各地的造园实践中。魏晋南北朝时期，中国的山水画逐渐摆脱人物画背景的地位，发展为独立的画种，出现文人对自然山水风景的提炼、升华。王维主持设计、施工的"辋川别业"则是凝诗入画的文人写意自然山水园（图1-6-19）。宋徽宗的寿山"艮岳"又将文人写意自然山水园推向登峰造极的高度（图1-6-20）。至元、明、清三朝，中国的造园艺术手法趋于圆熟。至康熙、乾隆的盛清出现古代造园的最后一个高潮。至此，文人写意自然山水园形成了中国园林的民族特色，而自立于世界园林之林。

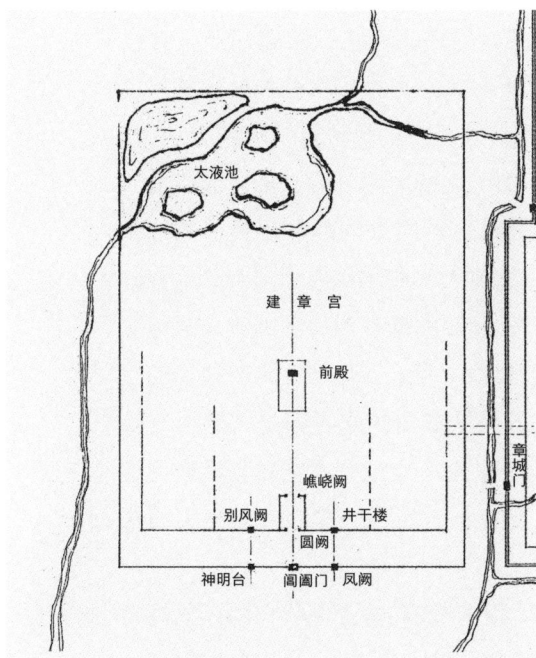

图1-6-18　汉代建章宫太液池"一池三山"的基本山水框架平面示意图

图1-6-19　辋川别业

世界上有山有水的国家何其多，但仅有自然资源而没有人文资源与其相结合的历史，就不会产生写意自然山水园。"天人合一"的文化总纲因所处的自然环境而创造出的适应环境的文化。中国园林艺术"虽由人作，宛自天开"的境界、准则和"寓教于景"的理法，均由此产生并继往开来、与时俱进、不断发展完善。

"有真为假，做假成真"是园林艺术总法则的另一种表达形式，对于利用自然山水和人造山水都至关重要。这几乎是"外师造化，内得心源"的同义语。作为园林工作者，要"读万卷书，行万里路"，不仅要徒步仔细观察自然山水细部之奥妙，即使是乘坐飞机旅行时，也要充分利用时机，从空中观察大地风貌、山川形势、山体组合以及自然造山运动中形成的多种多样的大地景观。何为山势，何为脉络；何谓脉络贯通；如何嶙峋起伏，逶迤回环。结合理论学习，好好看一看山，观一观水。水体本身无形，根据水往低处流的物理特性，可以得地成形。为什么前人说"水因山秀，山因水活"，为什么山水相映才成趣。水遇山之阻挡，如何宛转而行；山受水的冲刷溶蚀，如何形成窝、沟、洞。沿途看到的山水景观用照相机拍摄成自然山水的素材资料，细细品味，是可以从中感受到自然山水之神韵的。以前人在地质构造、山水画论和游记、小说，乃至专著中总结的理论，结合身临其境的踏察和空中鸟瞰，便可慢慢悟出道理来。大千世界磅礴广大，人造自然卷山勺水，如何在相对狭小的空间里运用总体概括、提炼和局部夸张的艺术手法造山理水。通过"搜尽奇峰打草稿"，师法自然，积累经验，人造自然山水便不会是一片空白。根据用地对造园目的进行定性、定位，再结合用地的地宜，便可一挥而就地写出山水文章。

无论自然还是人造景观无不以山水结合、相映成趣为上。将自然风景视为优美的自然环境，所谓"养鹿堪游，种鱼可捕"，是将动物也看作自然景观的组成部分。山水是我国典型的自然景观表现和组合形式。清代《苦瓜和尚画语录·山川章第八》中说："得乾坤之理者，山水之质也"，道出了山水相互依存，相得益彰的关系。古人云："水得地而流，地得水而柔""山无水泉则不活"。以布局而言，山水之密切关系正如笪重光在《画筌》中所论证的"山脉之通，按其水境。水道之达，理其山形"。喻山为骨骼，水为血脉，建筑为眼睛，道路为经络，树木花草为毛发的说法，也是对自然拟人化的一种理解。凡于有真山的环境中造山者，就要运用"混假于真"的手法。"目中有山，始可作树；意中有水，方许作山"的画理生动地说明山水相映的不可分割性。

在具体设计行为中，则应先拟定是以山为主，以水辅山；还是以水为主，

艮嶽圖想

乙丑年
冬月
蜀眉

图1-6-20 北宋徽宗的寿山"艮岳"（续）

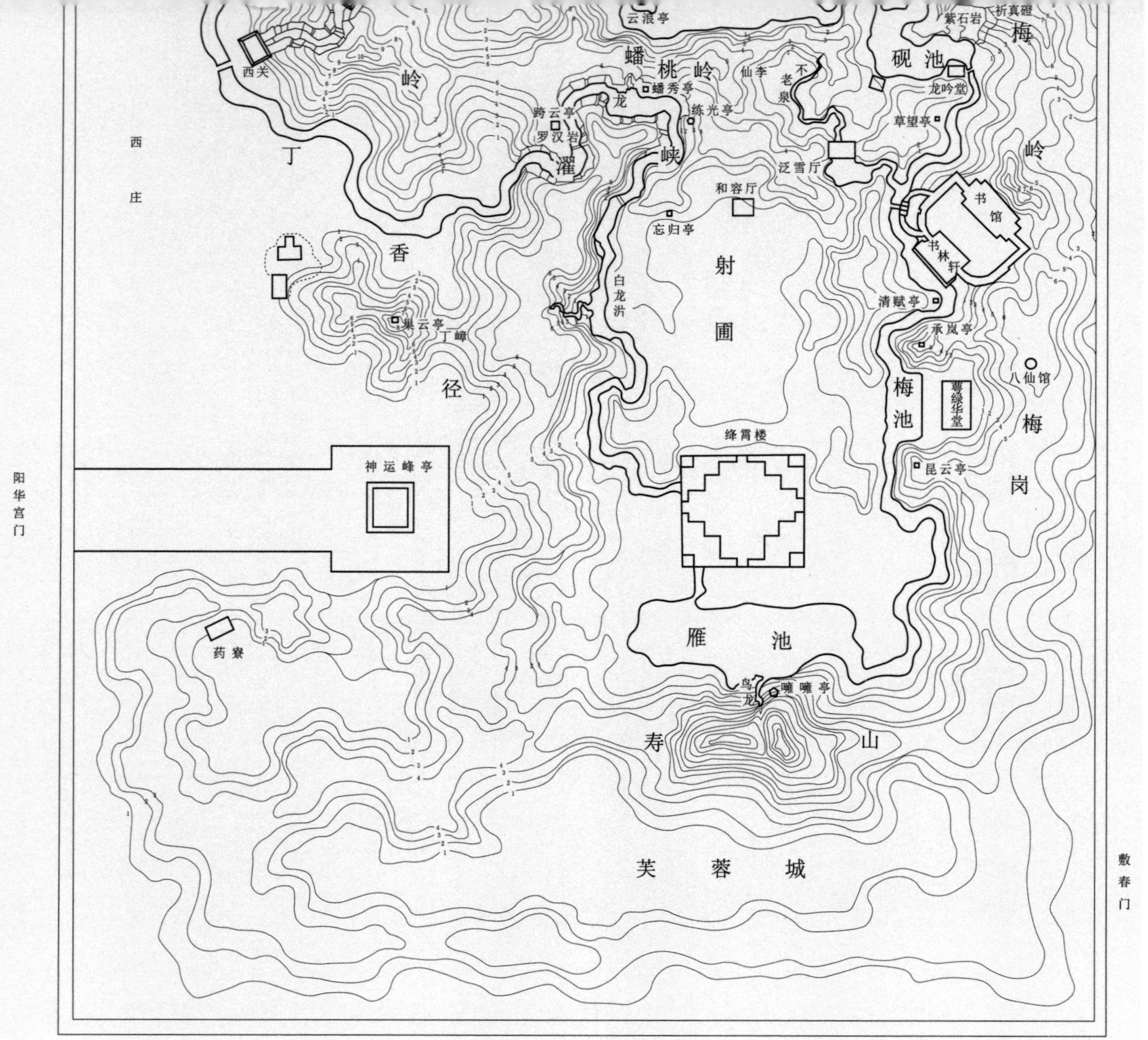

梅岗

八仙馆

书馆

翠林轩

草望亭

绿缘堂　昆云亭

承风亭

清赋亭

泛雪斤

和容厅

射圃

绪霄楼

雁池

龙城　喷嘴亭

寿山

芙蓉城

不老泉

仙李岭

砚池

云溪亭

桃岭

秀春亭　练光亭

忘归亭

白龙浙

蟠龙

跨云亭　罗双岩

耀灌

岭

西关

丁

香径

簇云亭　丁蘭

神运峰亭

药粱

西庄

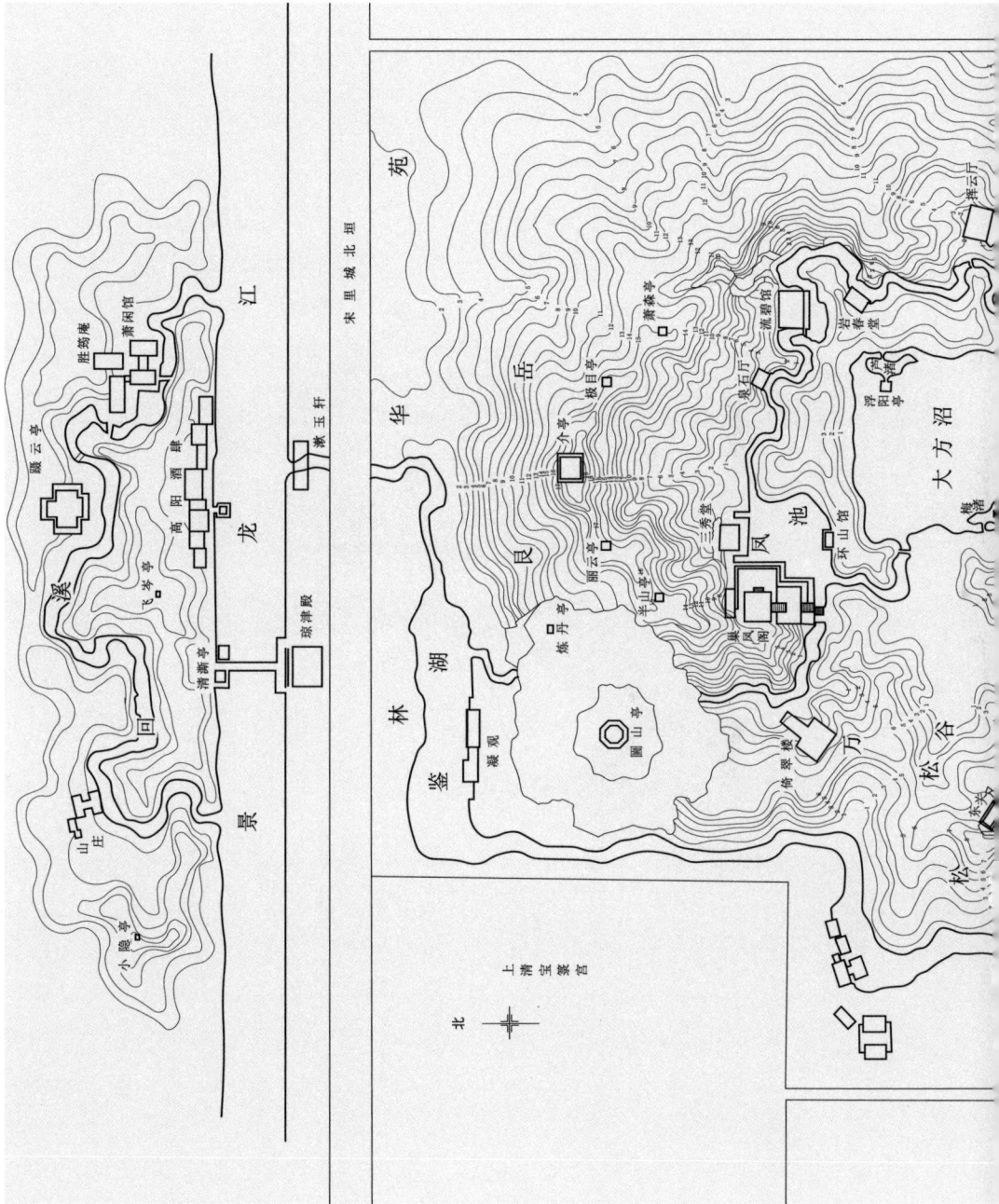

图 1-6-20 北宋徽宗的寿山"艮岳"

以山傍水。要先立主体，因主体之形势而决定所需之辅弼。

造山可分筑山、掇山、凿山、剔山和塑山等多种手法，不同的手法也可穿插使用。筑山指夯筑土山和土山戴石的人造山体。掇山指以自然山石为材料，按自然山石的成山之理，积零为整地掇成山体，也包括石山戴土的山（图1-6-21）。凿山是利用开采石材留下的负空间形成其自然形态的山，或将自然山的局部开凿为人造自然的石山（图1-6-22）。剔山是将被泥土覆盖的自然山石用剔削的方法使之露出山石的面貌。塑山指以人工材料，包括灰

图1-6-21　八音洞（无锡寄畅园）

土、钢筋混凝土或玻璃钢等材料，用模压或注塑、雕塑而形成的仿自然山石。

应用最普遍的是堆筑土山的方法，该方法业已成为园林地形设计的主要方法。合理利用以土山营造地形的手法，可以为某一地带内不同生态习性的植物创造不同的小气候生态条件，也可以为创造地面上景物高低起伏的视觉变化，更可以作为划分空间和组织空间的手段。茂名市以炼油后的矿渣堆山，表层覆以土壤，植以树木。通过化验其果实证明有害物质随时间的推移而递减。

掇山多用于大园局部空间的处理或将小园做成假山园。石山戴土则可作为岩生植物的种植床（图1-6-23）。

塑山宜用于荷载有限的屋顶花园或室内园林等。塑山是有一定使用寿命的，一般人造石的寿命为数十年，钢筋混凝土塑山由于表面不均匀，热胀冷缩，易产生裂纹。加之雨水由裂缝渗入而进一步腐蚀钢筋，导致坍塌。模压玻

图1-6-22　人为开凿的山（绍兴东湖）

图1-6-23　岩生植物园（高山植物园）

图 1-6-24　大空间观赏的视距约为 1∶8 至 1∶11

璃钢选自然山石模压成型，具有重量轻，观感逼真等优点。但造型不够丰富且造价昂贵，适宜在屋顶花园项目中使用。

　　造山必须有明确的目的，是作为全园构图中心的主山，还是作为分隔空间的山体，还是作为增加微地形变化和组织游览路线的土阜。明确土山的功能以后，土山的高度和体量也就随之可定了。主山的高度感与视距有一定关系。以山的高度为单位，视点与土山的平面距离与之相等则视距比为 1∶1，此时给人以局促、压抑的感觉。一般小空间观赏的视距比宜为 1∶2 至 1∶3，大空间观赏的视距约为 1∶8 至 1∶11（图 1-6-24）。视距再远就难以起到主山的突出作用了。从绝对高度而言，古代圆明园的土山最高者亦不超过 11 米。金代作为金中都镇山的北海塔山约为 30 米，作为北京紫禁城屏扆的景山约为 43 米。现代园林中的主山约为 30 米。如在 600 公顷的用地上造主山，则因空间尺度扩大而山的高度要相应增加。

　　造土山自古至今经历了从"以真山为准"到"以真山为师"两个发展阶段。所谓"起土山以准嵩霍"，反映仿真山阶段（嵩、霍指嵩山、霍山）。《汉官典职》载："宫内苑聚土为山，十里九坂"。《后汉书》载东汉时"梁冀园中聚土为山，以象二崤"。二崤即今河南省洛宁县西北的崤山，崤山分为东崤和西崤。说明早期的土山处于单纯的仿真阶段，所以土山堆成后连绵十多里。后来逐渐转变为偏向写意的手法，以小写大。具体高度和体量只能因地制宜地确定，因土壤有工程技术方面的限制，一般陡坡的坡度宜控制在 1∶2.5 以内，再陡则会因水土冲刷导致严重的水土流失，进而产生滑坡、坍塌等危险。就工程技术而言，土山一定要保持持久的稳定性。主山形体一般呈有变化的块状。作为分隔空间的山应至少比常人的视线要高，一般在 2 米左右，其中升高部多为 3~5 米。形体多呈曲带状，随分隔空间而呈自然变化。土阜的高度则因增加微地形变化、组织游览路线和配合植物造型而定。一般高度约为 1 米。在左右分道的路口，以陡坡正对行人，缓坡向绿地延伸，人便自然循分道游览，而不会径直穿过。孙筱祥先生当年在设计杭州"花港观鱼"公园时成功地将自然起伏的草坪率先用于发展中国自然山水园（图 1-6-25）。其中使用的阜障，在组织游览路线和结合雪松基部造型方面起到了很好的作用。

　　阚铎在为《园冶》写的"园冶识语"中说："盖画家以笔墨为丘壑，掇山以土石为皴擦。虚实虽殊，理致则一。"中国古代造园由绘事而来是史实，反映了中国园林涵诗、画的特殊性。山水画论总结了很多山水自然美的规律，值得借鉴。《园冶·掇山》中提到："未山先麓，自然地势之嶙峋"。陈从周先生曾提出："屋看顶，山看脚"，这就说明内行看门道，因为一般人容易着眼于"山看峰"。以人看山，山可分为山脚、山腰及山顶三部分。而"未山先麓"反映了自然造山的规律。山腰以下均为山麓，是山与平地或水面衔接的部分。平地演变为山麓，总的趋势是由缓转陡（图 1-6-26）。不要一味追求山的高度和主峰的造型，而忽略了山的底盘面阔、进深与山的高度之间的比例关系，这一点牵涉到土山的稳定和自然面貌。清代画家笪重光在《画筌》中所说的"山巍脚远"反映了相同的认识（图 1-6-27）。土山的底部承受的压力较大，则坡度宜小才稳定，坡长相对就拉远了。山腰部分承压较山麓小，坡度就可以相对大一些，山头则更陡无妨。其坡度应在土壤安息角的范围内，但不是一个固定值。显然不宜将整座山的山麓做成相同坡度的坡脚，而应随地宜并结合造景需要变通。

图 1-6-25　花港观鱼藏山阁

图 1-6-26　自然真山的山麓石

图 1-6-27　假山艺术中的"山巅脚远"实例——
南京瞻园北假山山脚处理

图 1-6-28　花港观鱼牡丹亭

其一，山脚一般缓起缓升，亦可缓起陡升或陡起缓升；当然，陡起山脚必以山石为藩篱。山麓亦可做成岫或洞，加以平面的凹凸变化，完全可以做出多样的山麓，以适应各种不同的环境。如延麓接草地（图 1-6-28）、延麓临湖泊、延麓接另一山麓、延麓临溪涧、延麓临堑、延麓临溪间栈道等。如此，山麓的变化就丰富了。

其二，应注意"左急右缓，莫为两翼"（图 1-6-29），即笪重光在《画筌》中所说的"山面陡面斜，莫为两翼"，意思是山坡的陡缓变化要避免像鸟的翅膀那样左右对称。对称的山坡自然界也是有的，如北京近郊十渡风景区的"鸟山"等，但人们不以其为自然美的代表。人从某一视点观山，两边的山坡最好陡缓相间而具有对比。左急则右缓，右急则左缓，特别是入口处的视点，非左急右缓、层次参差而不能得到自然之真意。与此相关的还有"两山交夹，石为牙齿"（图 1-6-30），意即面对两山交夹的山口，视线基本与山垂直，这时的山景有若剪影效果。因此，在山坡上以嶙峋山石构成起伏而富于节奏变化的天际线，在天空的衬托下，形成天然图画的剪影效果。在山坡上种植树木花草，也可起到同样的观赏效果。

城市道路经常把山炸开一个豁口穿行而过，留下的豁口用挡土墙做成直墙，分层跌落台地或形成单面斜坡。以呆板的人工硬质材料取代山林之自然美是很煞风景的。因城市建设而被破坏了的自然环境景观，如加以适当修补是可以回归自然面貌的。可使道旁豁口稍向外移，以左急右缓之法修补两旁的山坡，宜土则土，宜石则石。然后利用两山交夹的山势营造自然山林之景，以此作为城市人工道路的自然调剂。如穿过石山，则两旁以凿山之法抹去开山的人工痕迹，加以适当绿化，则可泯然无痕。

其三，遵循"山有三远，面面观、步步移"的理法（图 1-6-31）。

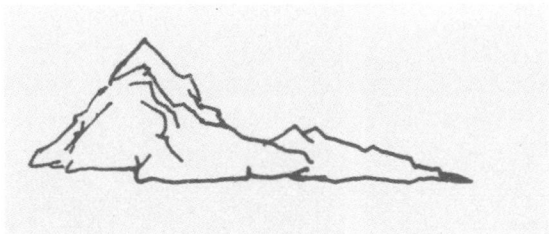

图1-6-29 "左急右缓，莫为两翼"

图1-6-30 两山交夹，石为牙齿

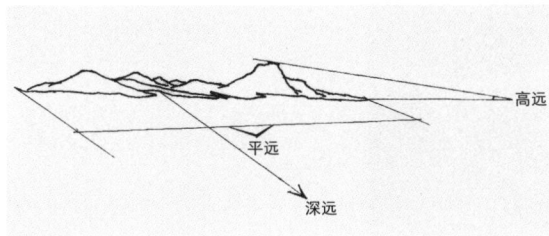

图1-6-31 山之"三远"

宋代郭熙在《林泉高致》中说："山有三远。自山下而仰山巅，谓之高远；自山前而窥山后，谓之深远；自近山而望远山，谓之平远。"又说："山近看如此，远数里看又如此，远十数里看又如此，每远每异，所谓山形步步移也。山正面如此，侧面又如此，背面又如此，每看每异，所谓山形面面看也。如此，是一山而兼数十百山之形状，可得不悉乎？"讲的是山的空间造型与变化。高远相当于山的立面处理（图1-6-32），深远即山的进深与交覆、拱伏变化，平远就是山的面阔与曲折逶迤的变化（图1-6-33）。一般高远、平远较易得，而深远难求。深远反映山的厚度和层次变化，因而非常重要。由外师造化而得两山交覆、子山拱伏、虚实并举和树木掩映等，都是创造山之深远的切实可行之法。高远主要是布置峰峦。山高而尖谓峰，山高而圆谓峦，山高而平谓顶，峰峦起伏相连成岭。峰峦忌等距对称，笔架山的山形不宜作为自然山形之师。峰峦宜平面错置、高低起伏、疏密合宜。

"三远"与视点的位置相关，因此也与山道的布置相关。山道与等高线垂直穿过山脊者，人居高而两旁俱下，具有险峻感，如黄山之"鲫鱼背"。山道贯穿山之谷线，则人居下而仰观山，给人以投入大山怀抱之感，如避暑山庄松云峡（图1-6-34）。山道应主要选谷线，同时也以边沟或蹬道解决了以谷线汇水和排水的问题。山道与等高线平行多用于山麓或山腰带状布置，多为上岩下坡而居中的平坦道路。

山之"三远"是结为一体的，在组织山形山势时要加以组合运用，"一收复一放，山渐开而势转；一起又一伏，山欲动而势长"。山之"面面看"意即应面面俱到而非面面并重，其余的面也因相应的观景视线而应逐级布置。山之"步步移"是说游览路线与山体间的视觉关系。山路基本都是蜿蜒的，路弯即

图 1-6-32　假山"三远"之高远——北海琼华岛陡坡爬山廊以近求高

图 1-6-34　避暑山庄松云峡御道

图 1-6-33　假山"三远"之平远——网师园"云岗"假山

视线转折所在。山景结合双向流动的视线布置，以步移山异为所追求的境界。或高或下，或偏或正，或险或夷，或陡或缓，或丘或壑，或树或石，或花或草，寻求富于变化的步移景异效果。

其四，"胸有丘壑，虚实相生"。

一般造土山的通病是有丘无壑、多丘少壑、浅丘浅壑或接丘成壑。不仅排水泛漫而下，而且山形僵硬呆滞。所谓胸有丘壑指二者相依相生，凸出为坡冈，凹进成谷壑。《园冶·相地》山林地中说："有高有凹，有曲有深，有峻而悬，有平而坦，自成天然之趣"，这是真实的写照，是有真为假的依据。用等高线把山的真意概括出来并密切结合现代社会生活的功能需要，以丘壑为山的主要组合单元来设计土山，犹如做文章一样，由字造句，连句成段，结段为章，构章成篇。等高线在平面上的走势既有大弯，也有中弯、小弯。弯的面向也要有变化，弯间距离不一。弯之大而浅者可延展而环抱山麓以下的地面，如草地或水面等。一般而言，阳面的土山谷壑较平阔，而阴面的土山谷壑则较深邃，具有所谓"半寂半喧""北寂南喧"的空间性格。坡、谷皆可分叉，支垄又可分级。主谷分出次谷、小谷，逐级派分，可二分至多分，且呈不对称地分派。两边山高、中间谷宽，明显较山的高度为小，且两山间夹水者称峡。因此，峡是一种相对空间的比例差，而并不是绝对的尺度。长江三峡因山高夹江，显得江面狭窄，但从江中船上观岸上的人却极小。峡是封闭性极强的，可直可曲，常有急弯。山间之谷，如两边山高与谷宽之比值趋小，谷的封闭性相对减弱，则称峪；两边山高与谷底的比值再降低，封闭性也随之降低，则谷衍生为沟。不同的封闭程度因光照、湿度、土层厚度、肥力的生态差别，而形成与之相适应的植物群落。

承德避暑山庄的山区自北向南分别称为"松云峡""梨树峪"和"榛子峪"，就反映了生态景观的衍变特色。中国文字中带山、石、水偏旁的字很多，可查阅《尔雅·释山》和《尔雅·释水》等词义，一般从《辞海》中可找到解释。这可以丰富设计者对山、水、石组合单元的认识，结合身历自然山水的踏察，则可相互印证，加深印象。

其五，"独立端严，次相辅弼"。

这是《园冶·掇山》中的一句话。山的拟人化还表现在有主次、尊卑的区别。有爷爷、儿子、孙子之分，故最重要的山也被人称作"祖山"。堆山的首要原则是宾主之位必须分明，从高度、体量、形势等各方面都要分明。次山在体量和高度方面略大于主山之半，以下类推。从动势来分析，"主峰最宜高耸，客山须是奔趋"，客山向主山奔趋，主从之情谊就有所反映了（图1-6-35～图1-6-38）。

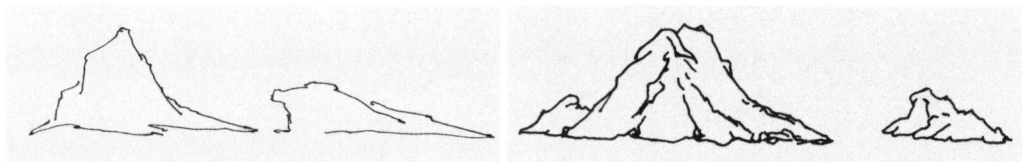

图 1-6-35 "主峰最宜高耸，客山须是奔趋"

宾主朝揖法

宾主朝揖法

主山自为环抱法

图 1-6-36 《芥子园画谱》所录主、客山的山水布局

图 1-6-37 自然山水中的"主峰高耸，客山奔趋"——黄山

图 1-6-38 假山艺术中的"主峰高耸，客山奔趋"——环秀山庄大假山

其六，"冈连阜属，脉络贯通"。

山依高度大致可划分为峰峦、山冈和土阜三个等级。所谓"冈连阜属"也就是"脉络贯通"的具体化。支脉走向多与山之主脉垂直或成一定夹角，主脉派生支脉，支脉再衍生下一级的支脉，都要有连贯、有归属。连贯也不是绝对不断，山可断而势必连。自然山也反映一脉既毕，余脉又起的脉络规律。

其七，"逶迤环抱，幽旷交呈"。

人喜欢投入自然山水的怀抱。山之坡冈犹如人的臂膀，可围合成敞开或封闭、半封闭等各种性格的空间。人入山怀即置人于深谷大壑之中。由此得幽观之感受。于山穷水尽之际骤然将如臂膀的坡冈敞开，豁然开朗，则出现"柳暗花明又一村"的旷观景色。

我曾经在邯郸赵苑公园中设计了一座树坛，坛的地面就是一座土山，基本可以印证以上造山理法。因为用地为30米直径的圆形，我只能在圆的范围内做变化（图1-6-39）。除却自限，当更容易做出变化。而今有些土山的设计者片面追求大，却忽视了层次变化，这是值得深思的。

土山的单体与组合主要有以上几点理法。

掇山从布局来说，除了与土山相同的理法外，由于可坚壁直立，便可以创造出更多属于石山或石山戴土的性格。宋代郭熙在《林泉高致》中说："山，

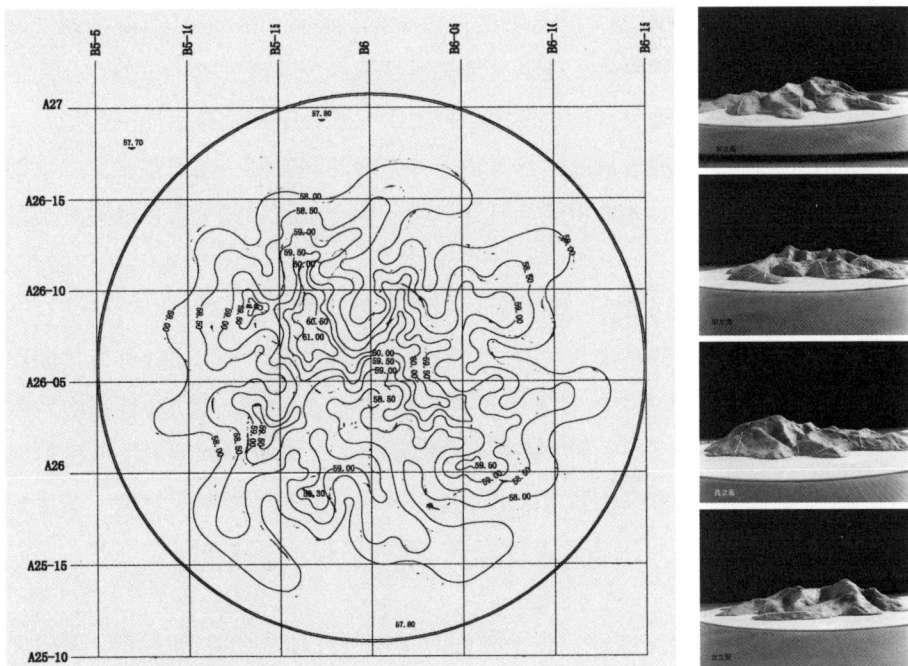

图1-6-39　邯郸赵苑公园树坛平面图及模型

大物也。其形欲耸拔，欲偃蹇，欲轩豁，欲箕踞，欲盘礴，欲浑厚，欲雄豪，欲精神，欲严重，欲顾盼，欲朝揖，欲上有盖，欲下有乘，欲前有据，欲后有倚，欲上瞰而若临观，欲下游而若能麾。此山之大体也。"以上概括了山体性格的多面性。

理水与造山是相辅相成的两个环节。作为水景序列而言，由源至流大体分为泉、池、瀑、潭、溪、涧、湖、江及海。园林中的水景往往仅是截取其中某一段。水陆交叉的景观有湄、岸、滩、汀、岛、洲、堤及桥等。

水，作为生命的源泉是孕育生命及生物生存的重要生态因子。中国从来把治水作为国家大事，涉及生态、水运、农田灌溉和造景等多方面的综合治理。历史上不少名园都是在综合开发水利资源的过程中，因水成园的。

其一，"疏源之去由，察水之来历"。

世界上的水都是水自然循环系统的组成部分，园林中的水是城市水系的一部分，水景又是城市绿地系统规划的重要组成部分。城市水系是随历史时期而发生变迁的。北京在建金中都时，是金代的水系；建元大都时，由郭守敬主持建立了元大都的水系。明清以降，虽然也沿用了元大都的水系，却屡有调整和修改。到今天，实施"南水北调"后，北京的水系又有了新的调整。无论单体园林内的水系或城市水系都要"疏源之去由，察水之来历"。后一句话是传承历史水系，前一句话是组织新的水系。乾隆建"清漪园"时，就对相关的历史水系作了相当仔细的调查，从昌平的白浮泉到沿途流经的地带都作了调查研究。除了考察文献、碑碣外，还认真地测量从泉源到清漪园的水位差。在此基础上，成倍地扩展前湖，开辟后溪河，使之不仅承担了北京城水库的作用、灌溉了周围的农田，还通过后溪河将水输送到东面的圆明园。在宏观水系的基础上，作清漪园的理水，才取得了今日颐和园的综合水利和优美水景的观赏效果（图1-6-40）。

其二，"随曲合方，以水为心"。

水的形态是水景的基础。大海、湖泊虽难窥其全貌，触目之处亦有水的形态问题。对于城市园林中体量不是很大的水体而言，水形态的景观影响就更大了。水景亦有整型式、自然式之分。"随曲合方"是随自然地形、地貌的地宜，结合人工建筑布置来探索水体的平面形式和空间造型。水无定形，落地成形。但人有能动性，可以在"人与天调"理念的指导下随遇而安地理水之形（图1-6-41）。

杭州西湖虽说得天独厚，却也不能靠天吃饭。纯朴的自然不可能满足人的全部所需，还必须借"三面湖山"优越的天然资源，辅以顺承自然之人为

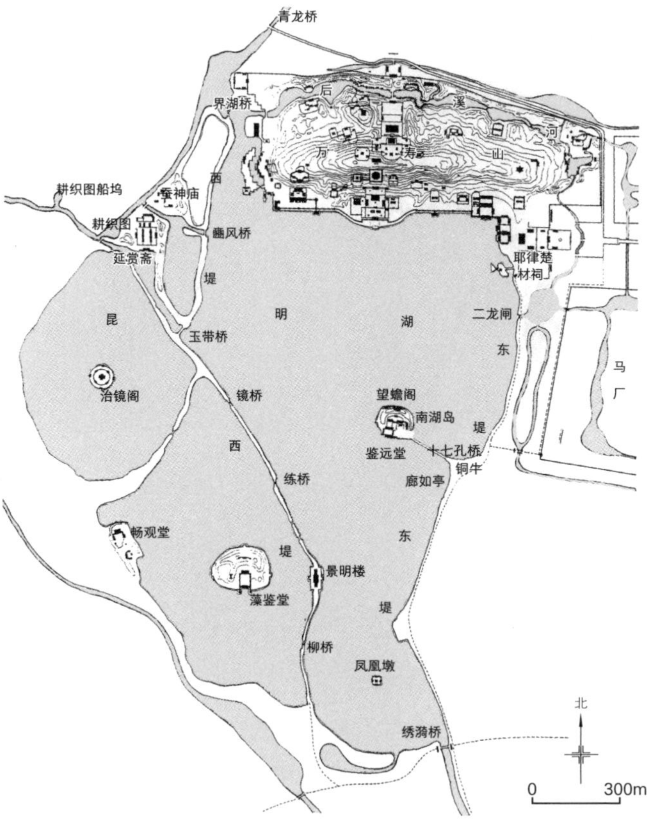

图1-6-40　乾隆时期清漪园总平面图

艺术加工。三面环抱之山加以北山脉出孤巘——孤山，负阴抱阳，体量不大而位置显赫，自然成为湖山之焦点。山成为理水之依托，孤山更成为理水之心。理水之"三远"——"阔远、深远、迷远"与"聚则辽阔，散则潆洄"是同一理法。而西湖自然所赐乃一片汪洋的阔远，缺乏水空间的深远和层次的划分。如加以"散"之潆洄，则深远就有依托了。如结合游览交通，首先是要将孤山和东岸的一面城联系起来，因"道莫便于捷"和距离远而采用堤来衔接和划分。堤可分隔水

面，又不至于阻挡两侧视线的贯通，从工程量而言，又可节省土方；联系到堤过长而无间断，便于堤中安桥。石桥是低平的，中间略拱起而下设桥洞沟通南北之舟游。这是唐代兴建的白堤，合"疏水无尽，断处安桥"之理，故名"断桥"，由此衍生"断桥残雪"之景，借断与残同一情景而奏效。在解决游览交通的同时，又划分出里、外西湖的水空间，层次也显得深远了。

　　到宋代，西湖南北的游览交通日趋紧要，时值州官的苏东坡又传承传统而兴建了苏堤。西湖水源由天竺山循金沙溪自西向东流。为了水流畅通无阻，苏堤与西面杨公堤六桥贯通，而设置了因境问名的六桥，并衍生出"苏堤春晓"景区。水空间又出现西里湖的东西向层次划分，从而构成"苏堤横亘，白堤纵"的大格局，并传承"一池三山"之制。于宋、明、清三代，借疏浚湖泥之机，先后兴造了小瀛洲、湖中亭、阮公墩三座主、客、配岛屿。理水之章至此收笔，后世疏湖之泥当在西湖水域以外做文章了。西湖不愧为巧借地宜理水、天人合一理水和世代积累理水的典范。

　　由潟湖经人为加工形成的西湖创造了杭州的风景特色，可活学而不能死

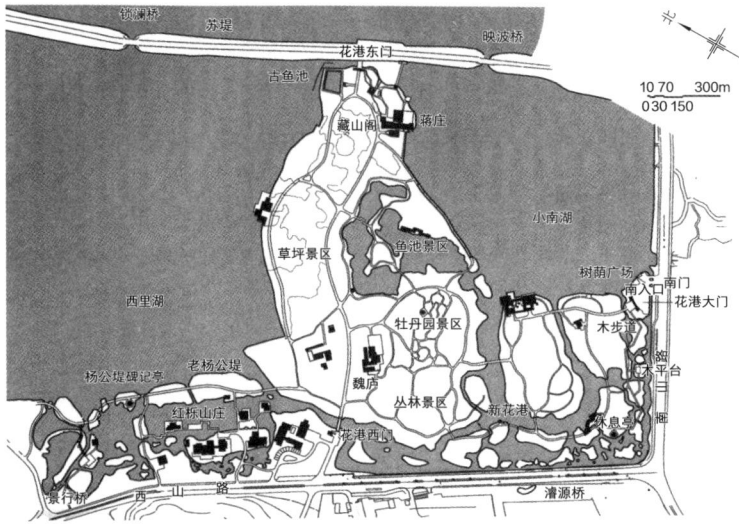

图 1-6-41　花港观鱼"随曲合方"平面图

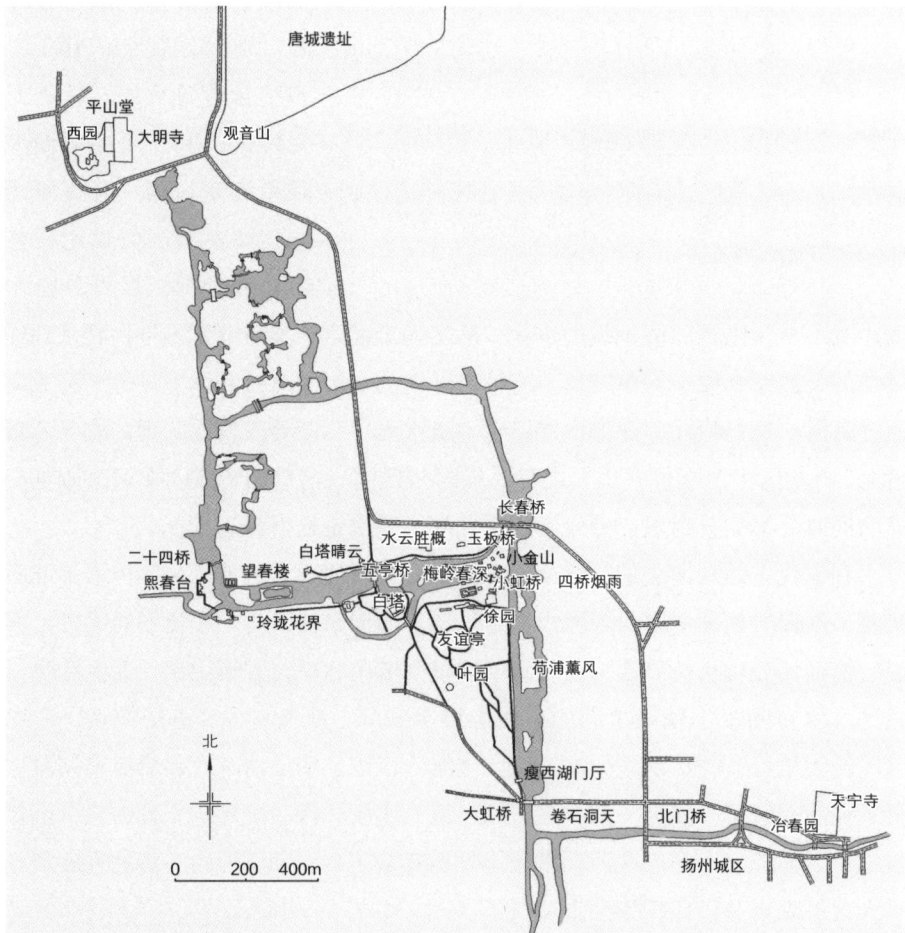

图 1-6-42　扬州瘦西湖平面图

仿。扬州学习西湖，同时根据本地实际情况，利用地宜造水景，取得了异曲同工的效果。扬州的瘦西湖紧紧抓住一个"瘦"字做文章。因为这里原来是扬州的护城河所在，长长的带状水系呈曲尺形直角转折，不可能做出杭州西湖那样以山环水、丰盈广阔、长堤纵横、三岛点缀的块状湖（图1-6-42）。认识到将护城河发展为长河如绳的瘦形水系同样可以取得上等水景效果，于是就捕捉了一个"瘦"字。自南而北穿过大虹桥后，根据自然地形，在长带形水体中又以狭长的岛屿纵分水面，形成瘦中益瘦的特色。并且在曲尺形转弯处重点布置"小金山""廿四桥"（今二十四桥）等景点。出于游览、交通及营造水景的需要，又在小金山和廿四桥之间架设了饶具特色且有地标作用的五亭桥（图1-6-43）。

方与圆乃图形之基本。我国古代有"天圆地方"之说，故取圆形的天坛祭天，挖方形的方泽祭地。圆明园以战国末期哲学家邹衍的"大九州说"为依据设计了九州景区，中国的别称为"神州"；小九州以水分隔，外有"裨海"环绕，呈圆形。其东的"福海"依据"相去方丈"之说成型，故福海的造型为方。苏州"网师园"以渔隐为师，故水池取法渔网之形，有纲有目，所谓纲举目张。网之目近方形，而纲作为收网之口，其形窄长而多曲。从网师园水池的平面图可以看出这种由意境而决定的水形。如单纯从造型而论，可启发我们由方之隅变方为曲，也是随曲合方的一种延伸和变异。

与建筑相衔接的水池或湖面往往先"合方"，以后再随地形加以曲折变化。以水为心，说明了一般山水的结合体是以山环绕水，水在园中的位置也多为中部（图1-6-44）。诸如江南私家园林、北京皇家园林，不论全园还是园中园，多是以水为心、构室向心。若利用天然水体，亦有置于园边的先例，如苏州之"沧浪亭"（图1-6-45）。

图1-6-43 扬州瘦西湖五亭桥

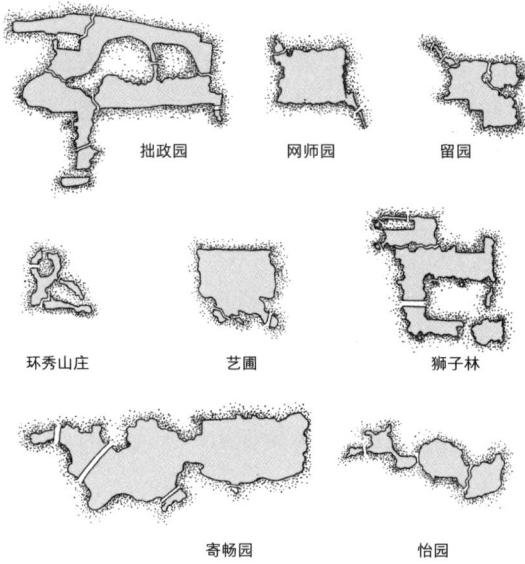

图 1-6-44　江南私家
园林的水体平面图

图 1-6-45　苏州沧浪亭平面图

图1-6-46　太液秋风

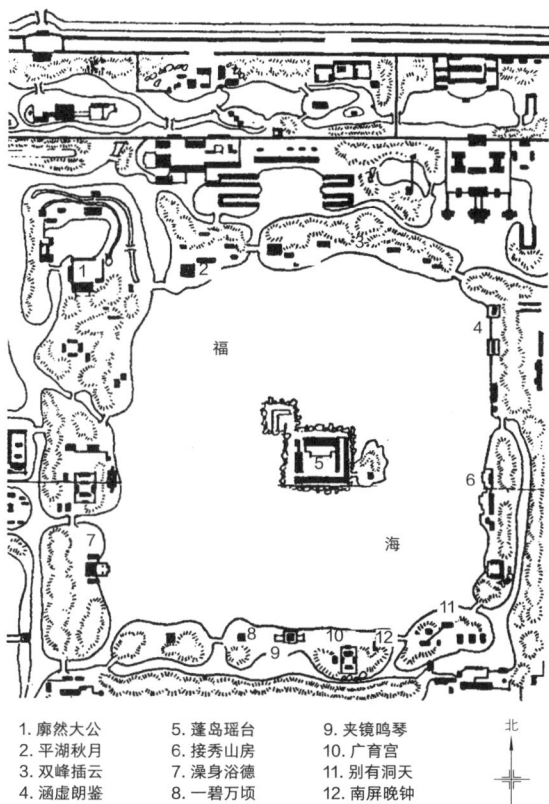

1. 廓然大公　　5. 蓬岛瑶台　　9. 夹镜鸣琴
2. 平湖秋月　　6. 接秀山房　　10. 广育宫
3. 双峰插云　　7. 澡身浴德　　11. 别有洞天
4. 涵虚朗鉴　　8. 一碧万顷　　12. 南屏晚钟

北

图1-6-47　福海平面图

其三，"水有三远，动静交呈"。

水之"三远"为阔远、深远和迷远。阔远，说明要有聚散的变化统一，所谓"聚则辽阔，散则潆洄"。水之聚散是相对、相辅相成的。在符合使用功能的前提下，水的性格宜兼具辽阔与潆洄。仅以北京皇家园林而论，水多以聚为主，散为辅。北海"太液池"与镇山"琼华岛"组合而成"太液秋风"之壮阔水景（图1-6-46），在其东南却以潆洄之水湾相辅。圆明园在沼泽地的基础上，将自然水面并联，以求其阔；九州清晏、福海和园中园的中心大多布置于以聚为主的水面（图1-6-47），但以曲折水道联系辽阔水面。颐和园前湖汪洋浩渺、堤岛分隔，而后溪河却以长河如绳之势极尽宛转潆洄之能事。

阔远关乎聚散，深远关乎景深的厚度与层次；迷远指水景布置若入迷津，两山或两岸的树木、水草交伏其中，令人莫知水径前景。待循水湾转折迂回，才一片大明,强调明晦的变化和水影、水雾的营造(图1-6-48)。

"动静交呈"指尽可能兼有流动的水景和静止的水景。圆明园、颐和园都以静止的水景为主,但局部也利用地形高差做跌宕的水体,如谐趣园的"玉琴峡"(图1-6-49)和霁清轩的"清琴峡"(图1-6-50)等。圆明园亦有瀑布和跌水设计。有动水才有高山流水的山水清音;所谓"水乐洞"(图1-6-51、图1-6-52)、"八音洞"(图1-6-53~图1-6-56)等都是动水造成的效果。

其四,"深柳疏芦之写照,堤岛洲滩之俨是"。

水景空间划分与组合的手段主要是筑堤、布岛、留洲和露滩。要着重观察自然水景的组成单元、组合规律以及富于变化的组合形式,追求"宛自天开"之俨是。如带状水体——江、河、溪、涧,其中有纵分水体的分水岛屿。其基本形状为朝上游方向的岛头钝,而朝下游方向的岛尾相对尖锐。因朝上游方向

图1-6-48 颐和园后溪河"看云起时"的曲折水道

图1-6-49 谐趣园的"玉琴峡"

图1-6-50 霁清轩的"清琴峡"

图1-6-51 水乐洞

图 1-6-52　水乐洞内石刻

图 1-6-53　八音涧步石分流

图 1-6-54　八音涧之动水

图 1-6-55　八音涧谷口之字形石桥

分水的同时，不断受流水冲击，故而钝；下游方向水流由分流变为合流，于是岛尾水流交汇之处因水流的冲刷作用而呈尖形。

　　就分水带的宽度而言有主次、内外之分。一般主水道居外侧且宽，次水道贴近水湾内侧且窄。岛有块状和带状之别，设计时应因地制宜，而不应盲目效法。大面积的块状岛宜在避风处设置水港，岛、水之际的曲线应有变化。若需尺度大而又堆土不足，可考虑以岛围水而成其阔。带状岛则应避免线条几何化，即人工的痕迹太重。岛的形态可模拟动物造型，为使其形象生动，可有头、腹、尾的意象，大头、收腹、延尾。岛的平面可作收放、广狭、曲直、深浅之变化，随遇而安，贵在自然（图 1-6-57）。

图 1-6-56　八音涧高层泉源与源下石潭

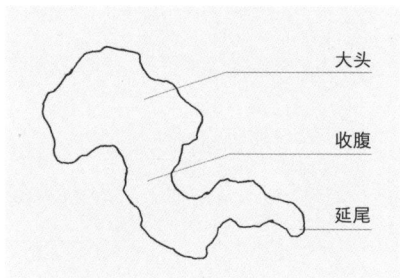

图 1-6-57　岛的拟人化——大头、收腹、延尾

堤有直曲之分，和"径莫便于捷，而又莫妙于迂"是同理。又当因形就势，宜直则伸，宜迂则曲。堤的宽度应富于变化；窄者可仅容交通之需，宽者可布置亭榭建筑和山石、树木。最忌"中间一条路，两边两行树"的呆板布置。堤的主要作用是贯通水空间和增添水景层次。堤可以与岛结合布置。承德避暑山庄的"芝径云堤"是一种堤、岛结合的范例（图 1-6-58）。

《园冶·相地》江湖地谈道："江干湖畔，深柳疏芦之际，略成小筑，足征大观也。"其中，"深柳疏芦"一词概括性地点出了适应岸边水际的两种主要植物。可以延伸为水生植物和湿生植物与水景的处理关系。实际上，湿生的乔、灌木和草本花卉的品种很丰富，它们对水岸造景有很重要的作用，工程方面还可起到固土护岸的作用。

重庆市园林局曾用数年的实践研究了乔木根系护岸的作用。试验前大家都把握不准块石护岸和岸壁直墙内侧能否种树的课题。树的根系如果过于扩张，将护岸的块石挤开，破坏了岸壁怎么办？课题研究过程中尝试种植了大叶榕（当地称黄桷树）。两三年后，将护岸壁石拆开观察，发现其根系形成一层很密的网，紧紧地包贴于岸壁内侧。由此证明了大叶榕根系可以固土护岸的论点（图 1-6-59）。

其五，"疏水若为无尽，断处通桥"。

理水不仅与水岸景观紧密联系，而且也与水上建筑息息相关。《园冶·相地》江湖地中提及："漏层阴而藏阁，迎先月以登台"。中国传统文化讲究"莫穷"。古人写文章讲究意味深长、反复缠绵，不得一语道破。绘画讲究意到笔不到，笔有限而意无穷。园林理水也追求有不尽之意。桥固然因交通需求而设置，从水景而言，要在疏水若为无尽之处，即断处通桥（图 1-6-60）。

水边若需建筑，则必向水，以水为心，但求远近明晦之别。近者迎先月以

图 1-6-58　承德避暑山庄的"芝径云堤"

图 1-6-59　大叶榕根系可固土护坡

登台，所谓"近水楼台先得月"。杭州西湖之"平湖秋月"典型地体现了"迎先月以登台"的理水之法，而像"望湖楼"那样的"漏层阴而藏阁"的做法就很普遍了（图 1-6-61）。至于"引蔓通津"之理法，为水岸之一边或两边种植攀缘植物，沿桥栏或桥壁攀缘覆盖，由此岸而达彼岸。苏州环秀山庄由池之西南角引出的平石桥尚可见安栏或搭铁架之石孔，其桥名"紫藤桥"，可以想见曾为"引蔓通津"之作（图 1-6-62～图 1-6-64）。

《林泉高致》中谈水的性情有如下一段文字："水，活物也。其形欲深静，欲柔滑，欲汪洋，欲回环，欲肥腻，欲喷薄，欲激射，欲多泉，欲远流，欲瀑布插天，欲溅扑入地；欲渔钓怡怡，欲草木欣欣；欲挟烟云而秀媚，欲照溪谷而生辉。此水之活体也。"

文人自然山水园的布局，山水尤为重要。实际上就是阴阳或黑白的布局，要点是和谐。

（二）园林建筑布局

很难给园林建筑下一个定义。是否可以说，在成景和得景方面能够显示与自然环境之间不可分割的密切关系，并以文化欣赏、游览休憩为主要使用功能的建筑通称为园林建筑。因此，在风景名胜区或城市园林用地范围内的建筑不一定都是园林建筑；而具有上述性质的建筑，虽不在风景园林之中，却可称为具有风景园林特色的建筑。

中国传统园林建筑的主要类型有牌坊、影壁、堂、厅、馆、亭、台、楼、阁、廊、舫等。建筑的创作之源是环境，以居住或公共活动为实用功能的建

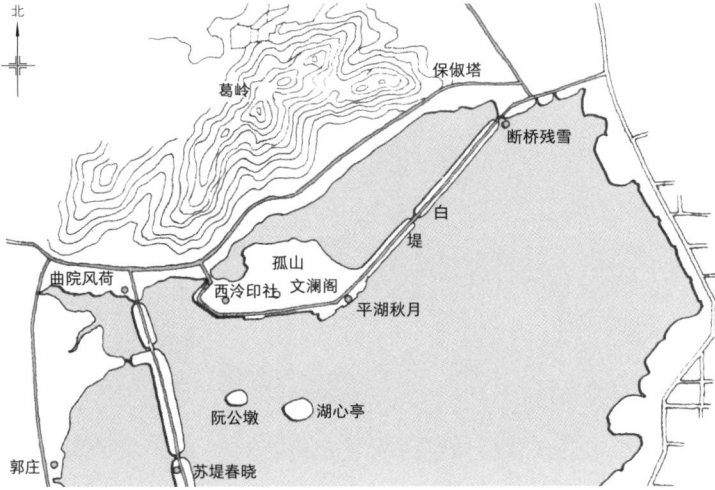

图 1-6-60　杭州西湖断桥的"断处通桥"

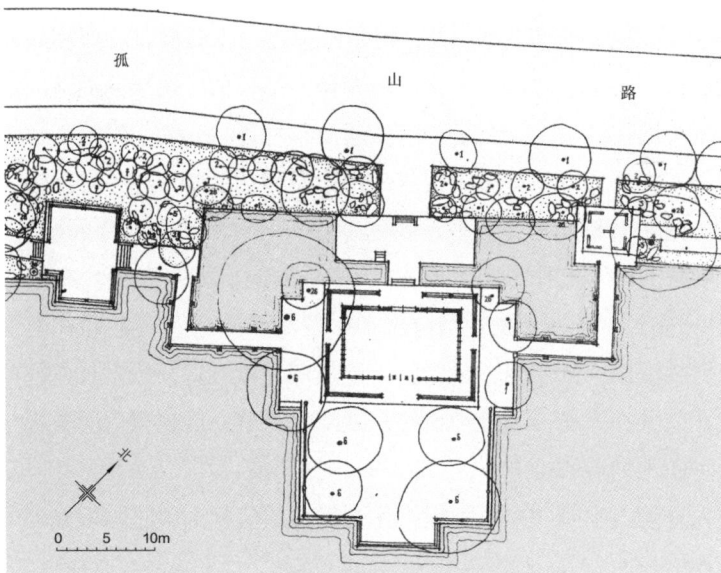

图 1-6-61　杭州西湖"平湖秋月"平面图（局部）

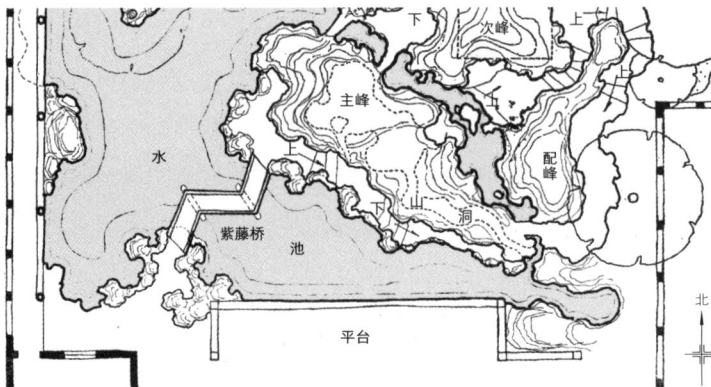

图 1-6-62　环秀山庄平面图（局部）

图 1-6-63　紫藤桥

图 1-6-64　紫藤桥之"引蔓通津"

筑也有成景、得景效果很出色的，但终究不是具有文化、休憩、游览功能的园林建筑。园林建筑是园林环境的一部分，与自然环境的密切程度很高。人无论在风景名胜区、城市园林和大地景观中，都必须有占总用地面积一定比例的建筑，以避风雨、遮阳、逗留休憩、餐饮或观赏景致等。有关的园林设计法规、规范对建筑的占地比例都有明确规定。

　　在中国古代的园林作品中，居住建筑与园林建筑之间互有渗透。这是古代园林中建筑占比较大的一个特殊原因。不论宫苑或宅园，都有客堂、书斋、戏台、绣楼、花厅等居住生活内容的建筑布置在园林中，因而占地比例较大。这反映出一定的时代特征。如果属于庭园类型，则建筑比重更大。现代公园、花园则不然，相对而言主要布置造景、服务性和管理性建筑，建筑的比重就小多了。除此之外，反映在园林建筑布局方面也有所差别。

　　根据用地的定位与定性，并结合地宜依据环境特色创作建筑是最根本的法则。"景以境出"和"因境成景"都说明了同一道理。大地辽阔壮观，气魄宏大。故风景名胜区应以自然山水为环境特色，建筑要凭依和辅佐自然。城市园林为人工再造自然，就以"虽由人作，宛自天开"为所追求的境界。应统筹以下各方面的因素，由表及里地进行园林建筑创作。

　　首先是地形、地貌环境。《园冶》讲得很概括，"宜亭斯亭，宜榭斯榭"，这说明建筑要与自然环境相协调和适应。乾隆在《塔山四面记》中作了专门的论述："室之有高下，犹山之有曲折，水之有波澜。故水无波澜不致清，山无曲折不致灵，室无高下不致情。然室不能自为高下，故因山以构室者，其趣恒佳。"建筑有实用功能和与之相关的性格，山水组合单元也有拟人化的性格。把性格相近的建筑相互组合就有契合的效果。比如，接近堂一类的建筑要求成景显赫而得景无余，而山之高处，峰、峦、顶、台、岭也都具有显赫的性格。

水则水口、平湖比较开朗。这些山水组合单元就比较适合堂、馆、阁、楼的安置。同样居高的峰、峦、顶、台、岭又有其各自的特色；因此，以山为屏、据峰为堂的模式便应运而生了。

　　景观可概括为两大类型——旷观与幽观。除峰以外，坡、台、顶都属于旷观的地形。泰山上的"瞻鲁台"（图1-6-65）、峨眉山金顶上的寺庙（图1-6-66）、峨眉山的清音阁（图1-6-67～图1-6-69）、四川省内长江边的石印山（图1-6-70）、镇江金山寺、北京北海琼华岛上的白塔、颐和园的佛香阁与智慧海、上海豫园的望江亭（图1-6-71）、成都都江堰的宝瓶口（图1-6-72）、苏州拙政园雪香云蔚亭、绣绮亭和宜两亭，都是同一类型地形结合的创作。虽然尺度差别较大，建筑类型多样，但同属于旷观地形地势的景观类型。

图1-6-65　泰山瞻鲁台

图1-6-66　峨眉山金顶上的寺庙

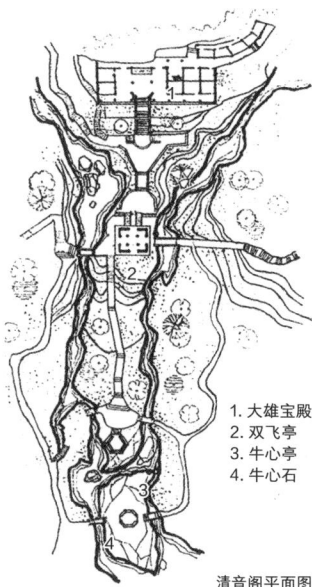

1. 大雄宝殿
2. 双飞亭
3. 牛心亭
4. 牛心石

清音阁平面图

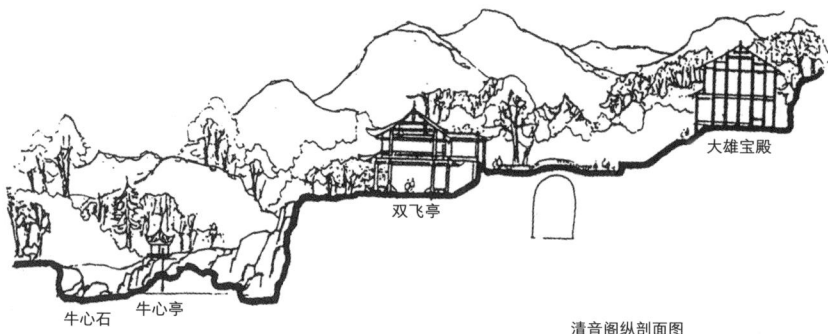

大雄宝殿

双飞亭

牛心石　牛心亭

清音阁纵剖面图

图1-6-67　峨眉山清音阁

图1-6-68　清音阁

图1-6-69　双桥清音

图1-6-70　四川省内长江边的石印山

图1-6-71　上海豫园大假山上的望江亭

图1-6-72　成都都江堰工程全景

　　另一类山水组合单元，诸如谷、壑、坞、洞、岩、峡、涧、岫等，则属于幽观的地形，比较深藏的寺庙、书院、书斋、别馆，则与之性格相近。泰山的后山腰有一处名为"后石坞"的景点，其外有天烛峰矗峙、遮掩，山谷向内卷缩而成一处石坞。这便成为一处尼姑庵的绝妙佳境。其地狭且不规整，因而不宜作中轴对称的"伽蓝七堂"布置。山门将人引入石坞内。主要庵堂为一层，外观两层，两层间还有一夹层。遇有匪警鸣钟警报后，尼姑们都藏于夹层。山

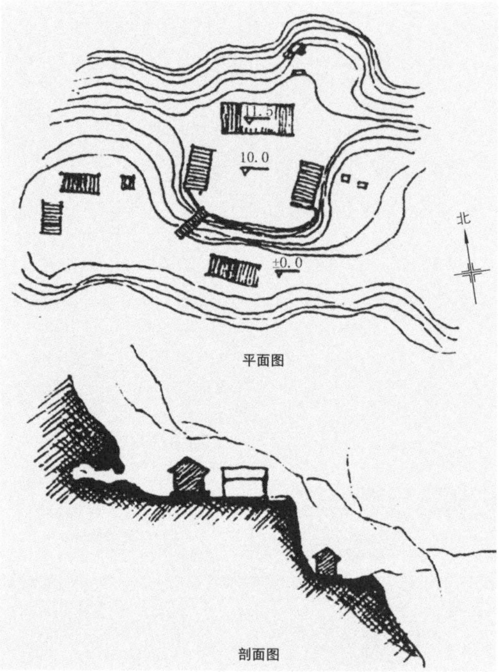

图1-6-73 泰山"后石坞"的平、剖面图

图1-6-74 泰山"后石坞"

居必需有方便的水源，这里有上下两处泉水，庵堂的楼上、楼下皆可直接通泉。庵内松林荫翳、野花斑斓，不仅生态环境绝佳，而且景色令人称绝。楼下通泉之处称为黄花洞，石质虽非石灰岩，也自洞顶倒挂滴水而有若钟乳。水洞仅容数人，水质清澈甘洌（图1-6-73、图1-6-74）。

黄山自"仙人指路"可转入云雾笼罩的"皮蓬"（图1-6-75），尽端是一处大山岩。岩下之寺庙业已无存，但就环境可想见创作者相地之精与因借之巧。这是环状、接近马蹄形的一片悬岩与壑洞的组合，上岩、下洞，洞外为山壑。洞为深岫，并不相通。大片悬岩自山麓上方挑伸出来，下面完全是悬空的，风雨难以侵入，岩下便是悬岩寺。洞前于壑谷间又有石冈探出，石壁上凿有马蹄形凹坑，可踏足上攀，数步及顶，四顾皆成趣。云雾若幕，时开时闭，山在虚无缥缈中，令人忘形。浙江雁荡山有一合掌峰，实为一竖长山洞，有如合掌之势（图1-6-76）。创作者竟在洞中建了一座观音庙（图1-6-77）。洞中有裂隙水，汇于洞内一侧成池。山道傍池而上。洞内面阔不过数米，而进深较大。寺庙建筑因台地错落布置，时左时右，形体玲珑。上至洞顶，山泉汇为小潭，名曰"洗心"。未想一罅中竟能建成有高下错落变化的精巧观音寺，令人叹服。

鞍山市千山风景区龙泉寺坐落在峰峦环抱的深壑之中。壑中建筑可凭高远眺山外风景，而自山外却很难窥见深藏山壑内的建筑，俗称口袋地形，这与山路布置有关。与其相对的高远之处不设道路，人无驻足处，亦无视点位置，因而山外不见山内；及近，山路突转，而山合凑紧锁谷口，只容山涧自谷口山脚流下，清音漱石。这种远不得见，近无足够视距，又有顿石作为屏障的地形，最宜安置保密性建筑，如国宾馆之类。山门是谷口，壑内是两谷夹一冈的地形。冈内自下而上安置龙泉寺主要建筑。外围峰峦相宜处开辟向外借景的建筑，

图 1-6-75　黄山"皮蓬"

自是一番以山为屏的封闭景观。壑内是高下起伏的环状自然山林，有如一口袋，袋口闭锁于石谷，仅洞门容人出入。

山水相映的自然环境是布置园林建筑的最佳环境。就山水间架而言，要分清是以山佐水还是以水辅山，水是团块状、带状，还是分散状。作为风景名胜区，杭州西湖是块状的（图 1-6-78），山水尺度和比例得天独厚，但并不是完美无缺的。孤山东、西未与陆地相衔，西湖南北向交通要绕行；湖面大而空，缺乏堤岛的分隔与点缀。结合疏浚葑泥，就地兴建横亘东西的白堤和南北走向的苏堤。先后堆了小瀛洲、湖心亭和阮公墩。构成山中有湖、长堤纵横、湖分里外、三岛散布、湖中有岛、岛中有湖的复层自然山水格局。建筑便沿湖边、堤上、孤山上下、岛上顺应地宜布置。小瀛洲水面呈不规则田字形布置，岛上的建筑布局为曲尺形贯穿式。北起码头，贯穿中心，而在洲南以"我心相印亭"为终端节点，与三潭印月衔接。每座单体建筑都遵循"宜亭斯亭，宜榭斯榭"的理法定位和选型。

《园冶》谓："亭者，停也"，有深刻的含义。犹如逛街购物，没有中意的店铺和引人注目的商品，你是停不下来的。风景也一样，非到得景丰富、引人入胜之处，是没有驻足、停留和欣赏的心情的。而此处亦有成景之需，那就需要安亭了。露台亦可观景，但不避风雨、不便就座休息，也没有楹柱构成的框

图 1-6-76   浙江雁荡山群峰图

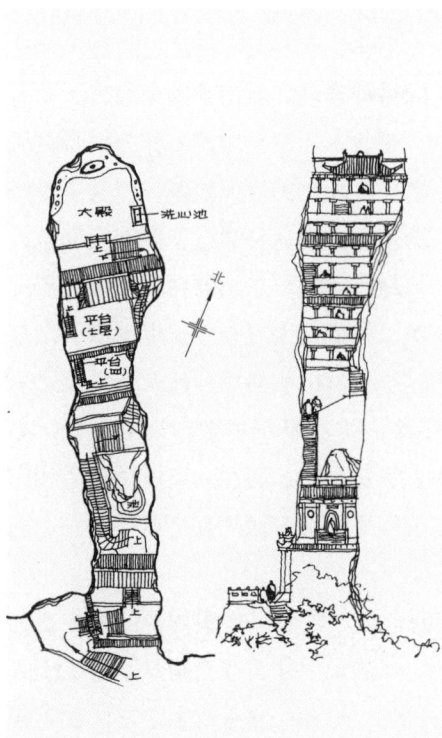

图 1-6-77   浙江雁荡山合掌峰观音庙平、立面图   图 1-6-78   杭州西湖平面图

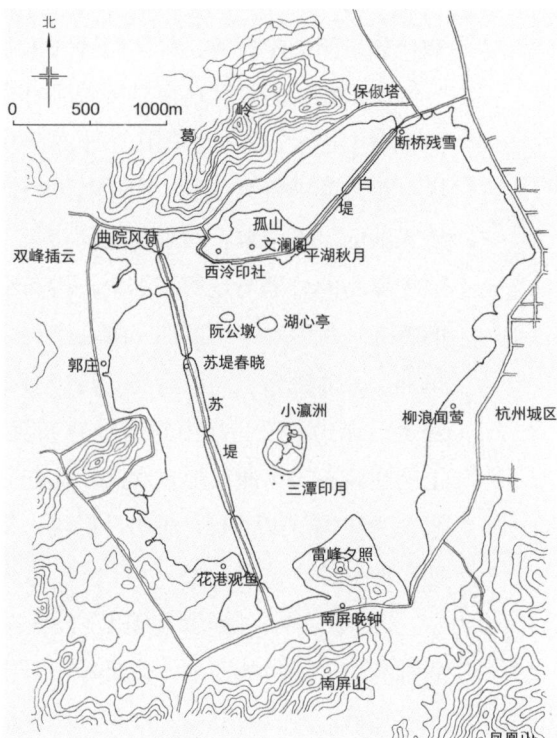

景。但亭亦多式，平面和立面都有各种变化，如何选择呢？唯有"因境定形"。

比如平面呈三角形的亭基本是一面作为出入口，而两面观景（图1-6-79）。从杭州西湖进小瀛洲，过了"九狮峰"（又称"九狮石"）后，石桥呈直角曲尺形向南伸展。于拐角处安置一座三角形的"开网亭"就非常得体。亭位于直角之一隅，与折桥平顺相衔，一面进亭，两面观景。网开两面，捕捉如画山水。

无锡之"春申涧"（图1-6-80），峨眉山之"梳妆台"（图1-6-81、图1-6-82）都以三角亭与蹬道正接或侧接。正接时路呈直角转折，另两面正好观山谷上下之景。

峨眉山道旁一座三角亭与道路平行相连，亭内铺地落在地基上的部分为大块卵石，而对应于三角顶悬挑部分的铺地为木板，匠心别出于因地制宜。由此可知，亭子的平面形式应与借景的界面、所处地形以及园路布局有关。虽不说得景要面面俱到，也要得之八九，方可定型。

避暑山庄金山岛"上帝阁"是正六边形阁。阁之六面，随楼层高下均可得理想的风景画面（图1-6-83）。其所宗之镇江金山寺慈寿塔也是面面有景（图1-6-84）。庐山小巘傲立可环周俯瞰鄱阳湖景，故"望鄱亭"被设计成圆亭。

中国古代有天圆地方的哲学思想，以此为其平面选型就另当别论了。亭平面的几何形式还有正、扁和曲折之分，都应根据立意和地宜而随之应变。北京北海琼华岛北面中轴线上安置有一座扇面亭"延南薰"（图1-6-85），其立意

图1-6-79　小瀛洲岛上的开网亭

图 1-6-80　无锡"春申涧"的卧云亭

图 1-6-81　峨眉山"梳妆台"

图 1-6-82　峨眉山"梳妆台"平面图

图 1-6-83　避暑山庄金山岛"上帝阁"

图 1-6-84　镇江金山寺慈寿塔

图 1-6-85　北海琼华岛北面中轴线上的扇面亭"延南薰"

出自《南风歌》。相传虞舜弹五弦琴唱道："南风之熏兮，可以解吾民之愠兮；南风之时兮，可以阜吾民之财兮。"这首歌表达了君王对人民消除病痛和生财有道的祝愿。乾隆意欲延续这种君爱民的传统而建此亭。借风与扇的因果关系而选定扇面为亭的平面形式。扇骨朝前作铺地图形，以扇骨端部的重合点为圆心，得出扇面殿。其亭的漏窗和几案皆取扇形。

颐和园"扬仁风"亦因"扇以仁风"，借扇形为殿（图 1-6-86）。

上海动物园曾以扇面形亭做大众茶亭，方向与传统扇面相反。大面向外接纳饮茶者，内设弧形售茶台，近扇骨部分作为小储藏室，为钢筋混凝土及块石结构（图 1-6-87）。苏州拙政园之"雪香云蔚亭"所在之土山长于东西而短于南北，亭与山形走势相当，故取长方形（图 1-6-88、图 1-6-89）。而其东南之"梧竹幽居亭"（图 1-6-90、图 1-6-91），坐池东，向池西，西望"别有洞天"，景深层次都称佳境。因居相对宽绰之地而成正方亭，外廊内墙，亭墙四面开正圆地穴，景物环环相套，蔚为大观。而居远香堂西北之"荷风四面亭"（图 1-6-92、图 1-6-93），借土堤呈三叉形而居中成六角亭。若或石或墙，有壁可为依托，则可以半亭相应。苏州天池山有石壁立，石半亭依壁而生，极为浑朴自然。苏州残粒园"栝苍亭"坐落于宅邸山墙上方，下以假山为洞，穿爬山洞登亭。亭内利用墙面做博古架，向外可凭栏俯瞰全园山水，另一端则引桥而下（图 1-6-94）。铁栏桥形踏跺以山石为支墩，二山石墩立面组合若环洞，于中可露出后面的墙和山石，是为小中见大之力作（图 1-6-95）。

同一种亭子的平面形式，在不同的地貌条件下可以产生各种因地制宜的变化。南通马鞍山的仙女山麓，石岩悬空，石矶探水，其间安一亭。亭之屋盖与上面的石岩嵌合相衔为一体。凿石阶下通石矶，石亭坐落在石台上，将上方的悬岩、下面的石矶连成了一个整体（图 1-6-96）。

在通往成都都江堰二王庙的乡村山道转角处，傍岩临溪，为了方便游人歇脚和赏景，而建有一个重檐矩形亭，在景观上成了连山接水的媒介。考虑到路亭有过境穿越的交通需要，亭与山岩之间又架廊。廊之一头插入山石内，与山整合为一体。路亭素木黛瓦，不雕不画，却显得相地合宜，构亭得体，木构有章，山乡气息甚浓（图 1-6-97）。

桂林月牙山有大岩洞一处，洞口外有一小石孤峦独峙于谷中。借洞建楼，枕峦头安亭。亭为重屋，自洞口有悬桥搭连于亭之楼层。广寒为月宫仙境，经这样随洞就峦的布置，产生了不同凡响的效果，真有些仙意（图 1-6-98）。

北京北海静心斋之枕峦亭主要为了提升地坪，以因借外景，小六方亭建于

图 1-6-86　颐和园扇面殿"扬仁风"

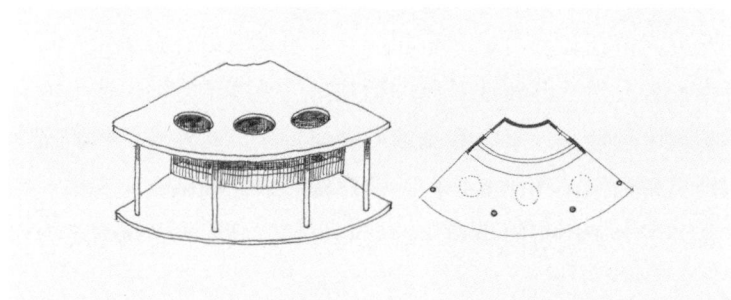

图 1-6-87　上海动物园扇面形茶亭

图 1-6-88　苏州拙政园雪香云蔚亭

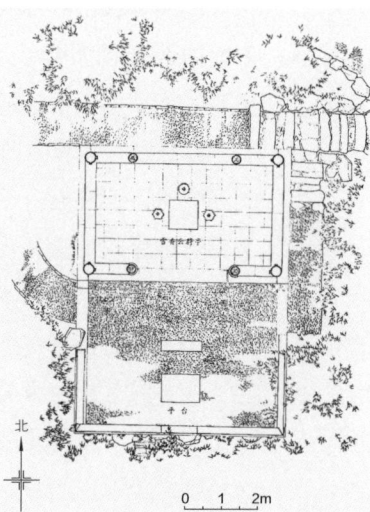

图 1-6-89　雪香云蔚亭平面图

图 1-6-90 梧竹幽居亭

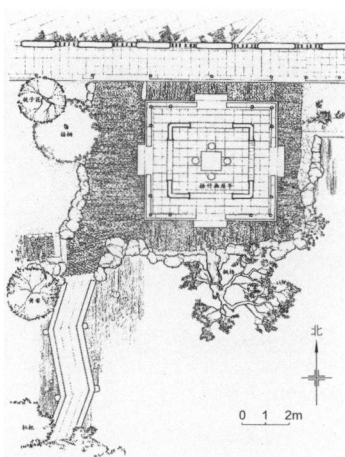

图 1-6-91 梧竹幽居亭平面图

图 1-6-92 荷风四面亭

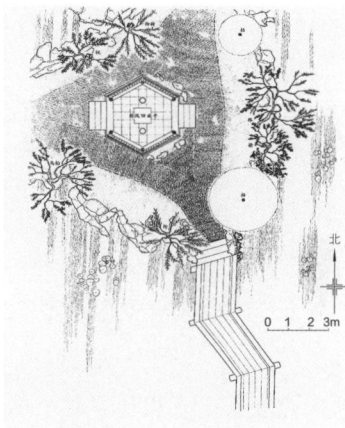

图 1-6-93 荷风四面亭平面图

图 1-6-94 苏州残粒园栝苍亭剖面及正立面图

图 1-6-95 苏州残粒园栝苍亭铁栏桥下空间

图 1-6-96 南通马鞍山的仙女山麓，其间安一亭

图 1-6-97 在通往成都都江堰二王庙的山道转角处为方便游人歇脚建造的重檐矩形亭

图 1-6-98 桂林月牙山借大岩洞建楼，枕峦头安亭

假山之石峦上，虽是下洞上亭的结构，但实际上柱础都落在实处，而洞道包在亭外潜过。石门半开的石扇承接部分压力而自然成景。引人登亭的石踏跺参差错落，较之人工石阶朴野得多（图 1-6-99）。

而避暑山庄烟雨楼假山上之翼亭却是名副其实的上亭下洞结构。亭与洞平面重合，亭柱落在洞壁或洞石柱上（图 1-6-100）。

广州黄埔港近山处有长石蠹峙无依，借长冈做长亭。为开拓前景视域，亭之屋盖呈船篷形，单柱支撑，下亦有若甲板探出而与岩石相接。长亭后座以粗犷的块石墙，做地穴通至亭形花架，依花池逐级下落接山道自冈下绕出。亭极简朴而与长冈极为相称（图 1-6-101）。

我在设计深圳仙湖植物园时，山湖间有一长形石冈斜探而出，令环路绕过，两端引小路盘旋上山冈。此处上可仰山，下宜俯瞰深圳水库，故定名"两宜亭"（图 1-6-102）。前出矩形廊，后接重檐方亭。块石墙地穴前额题"瞰碧"，

图 1-6-99　北海静心斋枕峦亭

图 1-6-100　避暑山庄烟雨楼假山上之翼亭上亭下洞

图 1-6-101　广州黄埔港近山处有长石矗峙无依，借长冈做长亭

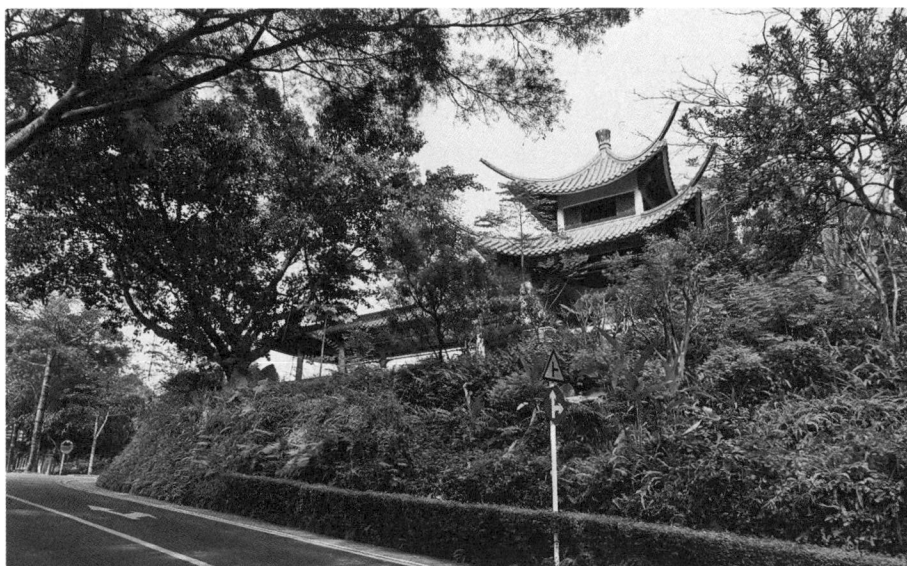

图 1-6-102　深圳仙湖植物园的两宜亭

后额题"仰秀"，山岩间植以乔灌木或山花野卉，自成湖山景区间游人停留、休憩的佳处。亭之理法如此，其他建筑皆然。

　　清代李渔在《闲情偶寄·居室部》中对建筑布置的宏观和微观都总结了经验且语言生动。关于尺度与比例，他说："开窗莫妙于借景，而借景之法，予能得其三昧，向犹私之，乃今嗜痂者众，将来必多依样画葫芦，不若公之海内，使物物尽效其灵，人人均有其乐。但期于得意酣歌之顷，高叫笠翁数声，使梦魂得以相傍，是人乐而我亦与焉，为愿足也。"他在西湖创立了船舫便面之形，四面实而虚中，只有二便面。"坐于其中，则两岸之湖光山色、寺观浮屠、云烟竹树以及往来之樵人牧竖、醉翁游女，连人带马，尽入便面之中。作我天然图画，且又时时变幻，不为一定之形。非特舟行之际，摇一橹，变一像，撑一篙，换一景。即解缆时，风摇水动，亦刻刻异形。是一日之内，现出百千万幅佳山佳水，总之便面收之。"

　　他还创造了"尺幅窗"与"无心画"。"予又尝作观山虚牖，名'尺幅窗'，又名'无心画'。姑妄言之，浮白轩中，后有小山一座，高不逾丈，宽止及寻，而其中则有丹崖碧水、茂林修竹、鸣禽响瀑、茅屋板桥，凡山居所有之物，无一不备。盖因善塑者肖予一像，神气宛然，又因予号笠翁，顾名思义，而为把钓之形。予思既执纶竿，必当坐之矶上。有石不可无水，有水不可无山。有山有水，不可无笠翁息钓归休之地，遂营此窟以居之。是此山原为像设，初无意于为窗也。后见其物小而蕴大，有'须弥芥子'之义，尽日坐观，不忍阖牖，乃瞿然曰：'是山也，而可以作画；是画也，而可以为窗。不过损予一日杖头钱，为装潢之具耳。'遂命童子裁纸数幅，以为画之头尾，乃左右镶边。头尾贴于窗之上下，镶边贴于两旁，俨然堂画一幅，而但虚其中。非虚其中，欲以屋后之山代之也。坐而观之，则窗非窗也，画也；山非屋后之山，即画上之山也。不觉狂笑失声，妻孥群至，又复笑予所笑，而'无心画''尺幅窗'之制，从此始矣。"李渔把构思过程生动地传达给我们，而今，已有玻璃等材料和工程技术，但应知当初先贤创业之艰。

　　（三）植物种植布局

　　总体布局中的植物种植主要解决树种规划，种植类型的分布，乔木、灌木、花草以及常绿树种和落叶树种的比例，季相特色等。而在千分之一到五千分之一的总平面图上只能概括地表现。植物是营造园林的主要因素，其布局主要随地形设计创造出来的环境，因地制宜来构思和安排。树种规划已经体现了植物分布的地带性，有用"乡土植物"这一名称的。我同意朱有玠先生的观点，应该提"地带性植物"；因为，植物分布的规律与城乡概念无关，而与地带性气候息息相关。地带性气候虽然也随时间推移而变化，但这种变化是极其缓慢的。同一地带又因山地、平原、干湿等气候条件，相应地分布着与该环境相适应的植物群落。自然界的植物分布是人工种植的良师，应根据用地中不同地段特殊的小气候生态条件，来选择与地宜相适应的植物。

植物的功能很多，为什么进入文化概念的只有"大树底下好乘凉"和"荫蒙后代"呢？说明荫可以概括树木的功能。不论从生态还是景观的角度讲，植物种植都应以乔木为骨架来组织乔、灌、草、花的人工植物群落。园林的小气候与大地的大气候还有所差别。不可能将自然界的植物群落原封不动地搬进园林，而应以地带性植物群落分布为主要依据，进行人工植物群落种植。地带各有其气候优势，也客观地存在不良的气象因素。如我国北方干燥而寒冷，江南湿润而炎热，华南闷热，四川盆地多雾等。要因害设防和因境造景。为了缓解高温、干燥、日晒、大风、扬尘、噪声，而各有相应的植物与之相应，有的放矢，方能奏效。生态和景观是不可分割的整体，生态环境是人类生存的生理基础，而景观是观赏和游览的物质和精神文化基础。生态环境到了不宜人的程度，人也就没有游赏的生理基础了。"要风度，不要温度"只限在一定幅度内，超过限度则风度不起来了。华南地带棕榈科的一些乔木是很能体现亚热带风景特色的。椰树很美，但椰树少荫也是客观事实。海边种椰成林很好，但在日晒强烈之地，如海口、三亚，将其广泛地用作行道树是不合适的（图1-6-103），有很多浓荫常绿阔叶乔木为什么不用呢？这是值得商榷和深思的。防晒降温一定要选树冠高大、枝叶密生、层厚荫浓的乔木；露地防风应选深根性树种，并应有一定的透风能力；屋顶花园则应选重心低的树木（图1-6-104）；减尘应选叶面积系数大、叶面可滞留尘埃的树种；减噪应选枝叶浓密、有刺带毛、叶表面粗糙的树种，声音因摩擦而逐渐消失；有污染的地方要选用相应的抗性树种。

以生态条件而论，一般用地可分山地或丘陵地的阴坡、阳坡。光照条件则因坡谷的高度和朝向形成不同的光照条件。按土壤含水量的不同可分为旱生、中生、湿生、沼生、浮生和水生。沼生植物生长的水深一般在 $10 \sim 20$ 厘米，荷花要求水深50厘米左右。岩石多、土壤少，或表层岩石、下层为土壤的用地适于岩生植物。欧美盛行的岩石植物园（Rock Garden）是借研究阿尔卑斯山的高山植物之风而兴起的。自然风致式的英国园林中的岩石植物园，在这方面积累了很好的经验，值得我们借鉴。如谢菲尔德林园内的岩石植物园，从山顶的乔木、山腰的灌木和花卉到山麓的沼生植物都是自然式种

图1-6-103　椰树不合适广泛用作行道树

图1-6-104　奥斯芒德森设计的加州奥克兰市恺撒中心屋顶花园

图1-6-105　英国谢菲尔德林园内的岩石植物园

图1-6-106　英国威斯利花园的花境

植（图1-6-105）。又如威斯利花园（Wisley Garden），其中于道旁、墙前种植的形式称花境（flower border），以墙或深暗的绿篱为背景，将以多年生花卉、球根花卉为主的材料块状或带状组合成一个花境，按季节此起彼伏地展示花卉的自然美，很值得借鉴（图1-6-106）。

据王宪章撰写的文章《我国第一个岩石植物园》称："1934年建的庐山植物园中开辟了我国第一个岩石植物园。这里收集了各类岩生植物达600余种。这些植物在各自的岩石空隙成群结队，簇拥生长，有的依石挺立，与周围乔木争雄；有的缠绕在岩石上枝蔓交错，光陆离奇；有的匍匐在石缝里宛如一方方绿色的地毯。"当然还有沙生的环境，以河滩、海滩居多。专类园可算作中国传统园林的一种园中园形式。唐代王维辋川别业的文杏馆、木兰柴、茱萸沜、宫槐陌、竹里馆、漆园、椒园，北宋艮岳的万松岭、萼绿华堂、竹岗、杏岫、桃溪、芦渚、海棠屏、辛夷坞等，都是因景区独有的地形、地貌构成适于专类植物生长和繁衍的环境，故以专类园的形式集中种植。

就种植类型而言，有孤植、对植、树丛、树群、树林、草地、缀花草地、花草甸、花台、花池、花境、花坛和攀缘植物种植等。树林又分纯林、混交林、密林、疏林、疏林草地等。纯林虽单纯，却因纯而气魄胜人，宜选寿命长、适应性强、少病虫害的树种。我国华北平原自古至今有自然的侧柏林分布，故北京的五坛八庙多有侧柏纯林种植，至今有八百年至千余年的树龄，仍然生长健壮（图1-6-107）。有些树种，如国槐，虽然树龄也有数百年，然老态龙钟，空心枯枝，一副败落的景象。松也有天然纯林，可一旦病虫害爆发，很难控制，故宜有所混交。如华北地带的松栎混交和江南地带的马尾松与毛竹混交等。树林宜乔灌木、花草复层混交，无论从生物多样性、植物群落生态链，还是景观优美而言，都是上乘。上木、中木、下木、林缘花灌木、地被浑然一体。从湿度、温度、光照和相生各方面均争取各得其所。对于强调光照、通风的用地，则不宜盲目提倡绿量越大越好、绿视率越大越好。这是对总体而言的要求，并不适宜每个局部。树群和树丛可以同种，也可以混交。要强调自然式种植；即使是同一种树，也要以不同树龄、不同形态来搭配。否则作不出相向、相背、俯仰、呼应、顾盼、挺立、斜伸、低垂、匍匐之情态。自然的人化很讲究这些诗情画意的传统。植物种植不单纯是物质的自然体，人要赋予它们情态，以表达美好的意境。

　　植物种植有整型式和自然式两种布置形式。一般来讲，在大型公共建筑衔接处、具有纪念性所在和环境要求中轴对称的用地可采用整型式；而大多数城

图1-6-107　北京天坛侧柏林鸟瞰图

图 1-6-108　植物种植在大多数城市用地宜采用自然式

市用地宜采用自然式（图 1-6-108）。在城市景观人工化的今天，特别要强调用自然式布置的乔灌木和花卉种植来调剂过于人工化、几何化和硬质材料覆盖的建筑表皮和铺地。即使是平整的大道，道旁绿地也未必一定要成行等距地种植，特别是修剪成各种几何形体等。把自然景观人工化，说得严重些是亵渎自然景观。中华民族的传统园林文化是内蕴人文、外施自然面貌的景观，外观有若自然，有真为假，做假成真。西方人则认为一切美的景物都是符合数学规律的。几何学产生于尼罗河两岸，几何式构图风行于欧美。

中国古代园林，特别是中小型的宅园或皇家园林广泛地应用点植，并往往利用植物名称的谐音，取其吉利的意象。

乔、灌、花、草自然混合。乔木总是骨架；灌木主要种植在树林中或林缘，在乔木为背景的烘托下衬出花灌木。灌木当然可以采用灌木丛、灌木片、灌木带的种植形式，相对独立地成景。花卉也需乔灌背景衬托，既可万绿丛中一点红，也可以集中地使用花卉种植，进而争取地栽，多用自播繁衍的一二年生花卉和宿根花卉。欧洲花境中的水生花卉多有值得借鉴之处，但也要设计出中国特色。

草地是不可缺少的，但多少要以地带气候条件的特色而定。草地也要定性，有观赏草坪，游人禁入；也有供人活动的草地。不一定都要修剪，像狗牙根、野牛草、苔草等，都可任其自然生长；但都要精心管理，要考虑轮流休养草地。古人喻植物为人的毛发，中国历史上有专类园的做法，物以类聚，集中则表现强烈。中国更讲究植物的人化。《广群芳谱》一书对我国古代文化典籍中有关植物起源、名称、形态、栽培、药用及其在文学中的运用等加以保存和整理汇编，具有极大的科研和文献价值，是我们必须加以继承和发展的。

第七节

理微

　　理微是细部处理，园林艺术要宏观、微观并重，如果没有优美的微观景物供人细品，何谈孤立的精彩宏观布局？李渔在《闲情偶寄·居室部》山石第五中谈及观画的方法时，论述了宏观景物的重要性："名流墨迹，悬在中堂。隔寻丈而观之，不知何者为山，何者为水，何处是亭台树木。即字之笔画，杳不能辨。而只览全幅规模，便足令人称许。何也？气魄胜人，而全体章法之不谬也。"这是指远观；反之，如果近取才可欣赏构图之精巧、笔法之刚柔缓疾，则为近观。此外，墨色之浓淡枯润、飞白、屋漏痕也都生动地渲染出画题的诗意，那才算是上品之作。

　　人说"兵不厌诈"，我说"景不厌精"。所谓"远观势，近看质"，但不论土作、石作、瓦作、木作的细部皆从"因借"产生。所谓"栏杆信画，因境而成"，就是买栏杆成品也要因境选型。古代园林尤其是古代私家园林，由于园主财力有限，占地面积和规模也随之有限，因此对园林有"园日涉以成趣"的要求。就这么一座私园，每天要入游，而且每游每得其趣。这就要求有些景要精微布置，耐人寻味。就现代园林而言，又何尝不要耐寻呢？这些理微之景可以是建筑的细部——建筑室内外装修，诸如石雕、砖雕、木雕、贝雕等，也可以是独立的小品。鹅颈栏杆用于水禽池合宜，而置于旱地或沙地就不见得合宜。再以门窗中的地穴（空门）而论，券门式、八角式、长八方式、执圭式、葫芦式、如意式、贝叶式、剑环式、汉瓶式、片月式、八方式、六方式、菱花式、如意式、梅花式、葵花式、海棠式等都是《园冶》中列出之样式，在此基础上我们还可以创新发展，以立地环境来体现具有因果关系之形，以求协调统一。比如茶室可以做茶壶式、盖杯式；饮茶可清心，与清心有关的物象都可以用，如扇式、如意式、月洞式等。细到砖雕、木雕、图案玻璃，都要从借景生创意，从意出形。植物种植是既宏观而又极精微的，可参考《广群芳谱》，从中吸取因借的手法（图1-7-1～图1-7-6）。

　　现存广州的陈家祠堂就是一座理微的宝库。屋脊和砖墙的砖雕展示出好多历史故事。砖雕多为深刻的浮雕，立体感很强。构图都比较完整，如有行家同行介绍，每一幅都是一个故事。一般建筑台阶的垂带很少见有细部装饰，而陈家祠

图 1-7-1　木雕

图 1-7-2　川西古庙立面处理变化统一

图 1-7-3　川西古庙石照壁

图 1-7-5　留园"还我读书处"的垂带

图 1-7-4　川西古庙铸铁幡杆

堂大门的台阶垂带就做得十分精细，简繁适度，装饰性很强。大门石鼓既大又精细。院内石栏、木栏，室内木雕落地罩等耐人欣赏（图1-7-7、图1-7-8）。

河南开封有不少会馆，其中有一座琉璃阁，六面由不同花饰的琉璃砖组成，在变化统一方面大有文章。另一座会馆建筑檐下有四季瓜果的木雕，琳琅满目，令人应接不暇。虽然颜色已褪，但形体和质感都令人动心。有些瓜果层层相套，有如象牙雕球中的套球那样精致，令人叹为观止。

沈阳清东陵墓壁上以琉璃做成花瓶插花浮雕（图1-7-9），插花的枝数就是清代皇帝的总数，其中一花枝萎靡不振，那是代表一位病快快的皇帝。北京故宫御花园有雕砖卵石嵌花路，似路中锦澜，做工极其精细。当细则细，宜精则精。也不是所有局部都要细作，一定要把握好度。

图1-7-6　网师园砖雕

图1-7-7　陈家祠堂大门垂带及石鼓

图 1-7-8　陈家祠堂屋盖

　　广东四大名园之"十二石斋"原址已不存，但十二卷山石仍然在世。这是园主人梁九图游南岳衡山后于归途买到的。其石主要是黄蜡石，有以石代山的特点。主人有腿疾，年老后腿脚不便出游，便在地不盈亩的地面上造庭院。二石一盆，盆为石作。每天游赏，神游山水，吟诗作画，不尽欣赏。也有友人甚至不相识的宾客慕名而至，共吟同赏。十二卷山石不仅终日，而且终年，如不是精致入微的构思，哪得深境如许。

图 1-7-9　影壁琉璃花饰

第八节

封定

　　书法家和画家老了要"封笔"，演员老了告别演出要封台。这是艺术家们为保证艺术的质量而采取的相应措施。园林亦然。创作之始，不断完善，甚至可能有较大变更，但终有定局之时。不能无尽止地变动，要稳定下来，成为代表作，对于园林名作尤其如此。杭州西湖的建设历经唐、宋、元、明、清至今。二堤三岛的布局已稳定下来。所以，中华人民共和国成立后再疏浚西湖、为水道清淤时，便不再画蛇添足，而在西湖南面以"吹泥"的方法塑造了太子湾公园的地形，这种做法是正确的。苏州拙政园在明清之交才堆土山划分水面，但布局既定也就稳定下来。

第九节

置石与掇山

一、词义与概念

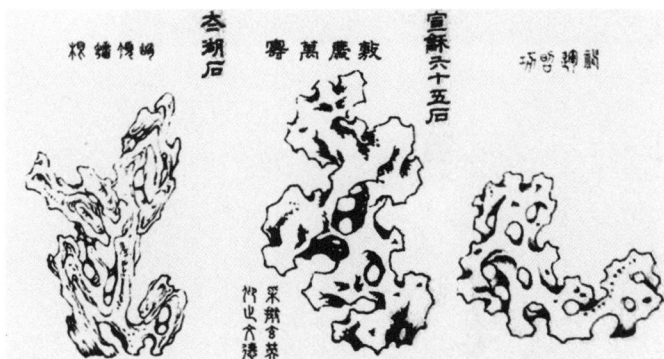

图 1-9-1　石头的性格——《素园石谱》中的艮岳名石

图 1-9-2　丑石与瘦竹

中国园林有一种肇发最早、独一无二的园林因素和造园技艺，这就是置石与掇山。它的产生与发展只能用"人杰地灵"和"天人合一"之文化总纲解析。中国盛产山石，但产石之国何止中国。石灰岩储藏量最丰富的国家是加拿大，但加拿大并没有肇发假山。人类社会的发展都经历了石器时代，但中国却率先将作为生产工具的山石发展为造景手法（图 1-9-1、图 1-9-2）。而且古代造园有"无园不石"之说，何也？自有中华民族文化之根基，园林用石并非单纯出于物质材料之需。中国古人认为"天地有大德而不言"，宋代陆游的《闲居自述》中可见一斑，曰："花如解笑还多事，石不能言最可人"。古人之爱石，不以石为物，而是人"与石为伍"（图 1-9-3、图 1-9-4）。

图 1-9-3 "与石为伍"——竹林七贤与丑石

零散布置而不具备山形的造景称为置石，将集中布置而且造出山形的景称为假山。"假"这个字眼一般是贬义的，特别是在外国人心目中更是如此。中国文化以大自然为真，以一切人造的事物为假。园林从这方面来讲就是"有真为假，做假成真"的含义。这也是置石和掇山的至理。人造自然被恩格斯称为"第二自然"，有第一自然存在才可能出现第二自然。另一层含义是人不满足于大自然的恩赐，以人造自然不断改善居住环境。这便是"有真为假"的双层含义，即"有真斯有假，有真还为假"。园林发展循时代而进，但能不断满足人对自然环境在物质和精神两方面的综合要求。使人获得身心健康、养生长寿和持续发展的宗旨是万变不离其宗的。园林建设若出偏差，根源亦在此。另一方

图 1-9-4 "拜石为友"——《米芾拜石图》

面，人造自然追求的理想境界是"虽由人作，宛自天开"。为什么不提"却是天开"，而用"宛"字呢？首先是不可能，其次也是人们不满足于纯朴的自然美。大自然是园林艺术取之不尽、用之不竭的宝库，但人能以劳动创造世界，并有对精神文化的追求。除人以外，大自然不能反映人的情感，因此以"物我交融"的文化艺术手段移情于物，将社会美注入自然美而构成艺术美，这就是"做假成真"的含义，此"真"非彼真也。中国文化视假山之"假"为褒义，"假"指以自然为师的园林艺术和技艺，是以真石、真土造假山，与现代以各种人工材料堆砌而成的假石假山有本质的区别。

建造假山通称造山，包括土山、土山戴石、石山戴土、剔山、凿山和掇山。计成的口音是吴音，故在《园冶》中称掇山，即掇石成山之意。掇山代表中国假山的主要类型。真山受水蚀和风蚀等影响，它在成岩以后"化整为零"，从碎岩到卵石直至成砂。而假山是以真石为材料，按照自然成岩的规律"集零为整"，掇山就是掇合山石成山。

二、功能与作用

为什么有"无园不石"之说呢？确实是因为山石客观上有可作为自然材料使用，具有一定实用功能，特别是在发挥使用功能的同时还具有造景的功能。因此，置石与掇山是中国园林使用广泛、运用灵活、外貌自然而内涵丰富的具象造园手法之一。使中国自然山水园平添游兴而又耐人寻味。就艺术而言，它秉承了田园诗、山水诗、山水画的文脉，从平面发展到空间，从第二信号系统发展为身历的景观环境；在技艺方面则汲取了建筑石作、泥瓦作等工程技术，逐步形成独特、优秀的中国假山技艺。历代假山哲匠为我们积淀了极丰富的经验。

置石和掇山具有多方面综合作用。首先，可作为园林的主景和山水骨架。《园冶》所提"峰虚五老"以及苏州的五峰园就是以置石为主景（图1-9-5）。北京北海的静心斋（图1-9-6）、香山的见心斋（图1-9-7）、苏州的环秀山庄（图1-9-8）、上海的豫园（图1-9-9）、南京的瞻园、杭州的文澜阁（图1-9-10）、广州的风云际会等都是以假山为主景的园林。而北京之圆明园、苏州之拙政园等都是以假山为地形骨架，作为组织空间和分隔空间的手段。圆明园就"丹棱沜"沼泽地之水利，掘池堆山，作为创作景区和分隔景区的手段。颐和园仁寿殿西以土石相间，以土石为主的假山与耶律楚材墓分隔并兼作划分空间的障景山。苏州拙政园入腰门后以黄石假山为对景和障景，并借以塑造以翻

图 1-9-5　苏州的五峰园

图 1-9-6　北京北海的静心斋

图 1-9-7　北京香山的见心斋

图 1-9-8　苏州的环秀山庄

图 1-9-9　上海豫园

图 1-9-10　杭州的文澜阁

图 1-9-11　置石点缀池岸（艺圃）

山、穿洞、傍岩等不同景观的游览路线，发挥了"园日涉以成趣"和"涉门成趣"的艺术效果。

置石中的特置、散点等山石小品可以用以点缀庭院、廊间、漏窗、踏跺、墙角、池岸、水边、草际等（图 1-9-11）。这些置石具有"因简易从，尤特致意"的特色，甚至可达到"片山有致，寸石生情"的境界。

除此以外，叠山石可作护坡、驳岸、飞梁、汀步、花池、花台，也可与室外器设结合作成石屏、石榻、石桌、石凳、石栏等。假山的造景功能可与实用功能融为一体，与水体、建筑、园路、场地、小品，以及植物组合成千变万化的综合景观，使人工建筑自然化，使建筑通过山石过渡到植物，以素耀艳，化平板呆滞为生动，致雅生奇。臻化出妙而不可言的人造自然景物，令人心满意足，耐人寻味。

三、假山沿革简述

孔子"为山九仞，功亏一篑"之喻说明古代筑山始于水利疏浚将挖土堆积成山，逐渐从与自然斗争的土发展为园林造景的山。清代《阿房宫图》可见湖石假山，《汉宫典职》载："宫内苑聚土为山，十里九坂。"《后汉书》载："梁

图 1-9-12　花港观鱼假山

图 1-9-13　北京奥林匹克森林公园"林泉高致"假山

冀园中聚土为山，以象二崤。"说明先出现筑土山而后出现掇石山，造山之始以真山为准绳，悉意模仿，体量一般都很大。由于古人是诗人、画家、造园家集于一身，加以唐宋山水画发展，出现"竖划三寸，当千仞之高，横墨数尺，体百里之迥"的画论，使假山从模仿逐渐提高到总体概括、提炼和局部夸张的阶段。

最早记载石山的是东汉的《西京杂记》："茂陵富人袁广汉……于北邙山下筑园……构石为山高十余丈。"《魏书·茹皓传》载："为山于天渊池西，采北邙山及南山佳石。"在园林山石上镌刻文字题咏则始于唐代宰相李德裕。至北宋，假山造极。宋徽宗朱勔以"花石纲"为运石船旗号，把江南奇石异花运至汴梁，兴造寿山艮岳，成为历史上规模最大、运距最远、石品最高和掇山最精的假山。《癸辛杂识》载："前世叠石为山，未见显著者。至宣和，艮岳始兴大役。连舻辇致，不遗余力。其大峰特秀者，不特封侯，或赐金带，且各图为谱。"宋以后"花园子""山子"等专事掇山技艺的哲匠和技工迭出。从私人宅园到皇家御园无不尚艮岳之风，只是规模不同。吴兴叶少蕴之石林负盛名。园居半山之阳，万石环之，并不采石而是因山石之势剔出石景。明代后园林用石更广泛。扬州因园胜，园因石胜。之后则苏州私园大兴，假山名园辈出。就中以清代戈裕良所掇"环秀山庄"中湖石假山最为精巧，是为湖石假山现存之巅峰。

戈裕良还建造常熟燕园，除湖石假山外，尚有黄石假山的大块文章。近世假山循时代而发展。南京明代瞻园由刘敦桢先生设计，王其峰师傅施工，增加了南假山，延展了北假山。杭州玉泉和花港观鱼（图 1-9-12）、北京奥林匹克森林公园也兴造了假山作品（图 1-9-13），都是现代的新作品。

四、石材

《园冶·选石》列出了十余种石材，归纳一下，园林常用石材有几大类。

（一）湖石类

石质为石灰岩，循岩溶景观变化和发展。土中、水中、山中和露天皆有所产，尤以太湖西洞庭即苏州洞庭东山一带最著名。《太湖石志》载："石出西洞庭。多因波涛激啮而为嵌空，浸濯而为光莹。或缜洞如珪瓒、廉如剑戟、蠹如峰峦、列如屏障。或滑如肪，或黝如漆，或如人如禽鸟。好事者取之以充囿庭除之玩，以所谓太湖石也。"明代文震亨著《长物志》载："石在水中者为贵，岁久为波涛冲击，皆成空石，面面玲珑。在山上者名旱石，枯而不润，赝作弹窝，若历年岁久，斧痕已尽，亦为雅观。吴中所尚假山，皆用此石。"（图1-9-14）

太湖石实际上是长时间水溶解空气中的二氧化碳形成碳酸腐蚀石灰岩体形成的，主要是化学作用而不是物理作用，含碳酸的水浪激水涌的淘蚀形成玲珑剔透的形体。本来平的石面，经酸蚀而浅浅地下陷，初成"皴"，继而扩大成"窝"。继续向进深方向溶解则成"环""岫"，岫被溶融了变成为"洞"。如从面阔方向呈窄带型发展变成为"纹"，更深便成为"罅"和"沟"。沟、洞可穿插，窝、洞可相套，形成玲珑剔透、洞穴嵌空、空灵光莹、皴纹疏密、环洞相套的溶岩外观。所以古人常以瘦、漏、透、皴、丑为湖石形象的评价标准。清代李渔著《闲情偶寄·居室部》山石第五载："言山石之美者，俱在透、漏、瘦三字。此通于彼，彼通于此，若有道路可行，所谓透也。石上有眼，四面玲珑，所谓漏也。壁立当空，孤峙无倚，所谓瘦也。然透、瘦二字，在在亦然。漏则不应太甚，若处处有眼，则似窑内烧之瓦器，有尺寸限在其中。一隙不容偶闭者，塞极而通，偶然一见，始与石性相符。"皴为不平，丑为不方、不圆、不整（图1-9-15）。

《园冶》谓太湖石，"苏州府所属洞庭山，石产水涯，惟消夏湾者为最。性坚而润，有嵌空、穿眼，宛转、崄怪势。一种白色，一种色青而黑，一

图1-9-14　现存天然太湖石岩床

种微黑青。其质文理纵横，笼络起隐，于石面遍多坳坎，盖因风浪冲激而成，谓之'弹子窝'，扣之微有声。采人携锤潜入深水中，度奇巧取凿，贯以巨索，浮大舟，架而出之。此石以高大为贵，惟宜植立轩堂前，或点乔松奇卉下，装治假山，罗列园林广榭中，颇多伟观也。自古至今，采之已久，今尚鲜矣。"昆山石同属湖石类，因产地不一，尚有江苏昆山县（今昆山市）马鞍山为赤土积渍之昆山石，扣之无声，不成大用。宜兴湖石产于张公洞善卷寺一带的山上，质夯、有色黑而黄者，也有色白质嫩者，不可作悬用，恐不坚也。安徽灵璧县磬山产灵璧石（图1-9-16）。石产土中，质脆而密度大，扣之铿然有声。有的为赤土所渍，铁刃刮、铁丝或竹帚扫、兼磁末刷治清润，因红色成分多为氧化铁。百里挑一有得四面者，宜作特置或置几案小景。有扁朴或成云气者，可悬之室中为磬，所谓"泗滨浮磬"是也。宣石产安徽宣城一带，灰石含氧化铁，石表有白色石英层覆盖有若积雪一般，愈旧愈白，俨如雪山。扬州个园冬山用宣石掇山，效果很好（图1-9-17）。安徽还有巢湖石，体态顽夯而色泽灰黄。山东仲宫县则有仲宫石也属湖石类。广东英德县（今英德市）产英石（图1-9-18），石产于溪水中，质坚而脆、嶙峋突屹、皱纹深密，精巧别致，扣之似金属声。多皱、纹而少于洞。多见者为浅灰色的"灰英"。罕见者有"黑英"及"白英"。广东顺德大良镇清晖园曾有黑英，广州白天鹅宾馆有一卷曲硕大高挑的白英把门迎宾。《长物志》载："英石出英州，倒生岩下，以锯取之，故底平起峰。"四川西部则有灰黑光亮的"猪油石"，如峨眉山清音阁黑白二水山溪的猪油石。

北京房山区产房山石，又称北太湖石（图1-9-19）。密度大而质地闷绵，少有大孔大洞，多蜂窝状浅岫。因含氧化铁而黄中带赤，年久则色浅淡。北京北海、故宫乾隆花园主要是房山石掇山，自有一番雄浑、沉实的风格。总而言

图1-9-15 故宫的太湖石

图1-9-16 灵璧石

图1-9-17 宣石

图 1-9-18　英石

图 1-9-19　房山石

之，湖石类是石灰石溶岩的总称，由于分布地点和环境的差异而细分。湖石并非太湖独有，而太湖石实为湖石中之翘楚。

（二）黄石、青石类

这类山石为沉积的细砂岩，因含不同矿物成分而具有不同色泽。江南一带的黄石以常熟虞山为代表。元代山水画名家大痴画黄石外师之造化即虞山。常熟有戈裕良在燕园中掇黄石假山。明代假山哲匠张南阳在上海豫园掇黄石大假山和苏州耦园西园黄石假山（图 1-9-20）等。黄石是风化而成，属方解型节理，由风化及水流造成崩落和解体都是沿节理面分解，形成大小不同，凹凸进出，不规则的方、矩形多面体，石之节理面呈垂直分布。方正平直、沉实浑厚，两石面相交成锋，凌厉挺括、光影分明。加以大崩小裂，鬼斧神工。言黄石之美如斯。黄石在各地均有产出，其中常州小黄山、苏州尧峰山、镇江

图 1-9-20　苏州耦园西园的黄石假山

圖山所产的黄石较为著名。青石节理并不都相互垂直，节理面不很规则，有成墩状与呈片状者，色泽青灰。产于颐和园北面红山口一带的黄石，有种多片状的成青云片。

（三）石笋（剑石）类

这类山石多为沉积的砂岩，成细砂后中杂有卵石等杂物，并呈长条形沉积于地沟内。《云林石谱》说石笋："率皆卧生土中，采之随其长短，就而出之。"采出作竖用，故又称剑石。石笋皆以竖用为胜，独立置于花台上、粉墙前、地穴或漏窗框景中，得"收之园窗，宛然镜游"的画意效果。石笋因与一般山石性格差异很大而不宜混用。

1. 白果笋：北方称为子母剑，是以卵石为子、砂岩为母的一种石笋。其形秀拔，其色清润，常呈灰青色。石笋散置布置，忌成"山、川、小"等对称、呆板的组合（图1-9-21）。

2. 慧剑：为纯青灰色细砂岩，不含其他杂质。宽者近一米，高者近十米，如中南海和北京颐和园万寿山东部山腰"含新亭"慧剑等。江南还有一种斧劈石，接近石笋造型而较浑厚（图1-9-22）。

3. 乌碳笋：色墨灰或墨黑如炭者，质坚而脆。

（四）其他类

湖南、广东一带产的黄蜡石，色褐黄，体态些许浑圆。多墩状而贵于长条形。还有呈卵形的砂岩成石蛋，可置石而不宜掇山（图1-9-23）。

古代采石多因势凿取，现代多用轻爆破的方式采取，对于有特殊景观价值的山石不仅要慎采，而且要慎运。如因采运不当而损坏，引为至憾而殊为可惜。古代运输条件差，却能远距离将巨石完整无缺运到目的地。特别是太湖石，质坚而脆，产地不见得有道路，途中很易损坏。北京《华阳宫记事》记载："神运昭功敷庆万寿峰""广百围，高六仞（约合周围长4米，高10米）"。从江南运至今开封。《癸辛杂识》载："艮岳之取石也，其大而穿透者，致远必有损折之虑。近闻汴京父老云：其法乃先以胶泥实填众窍，其外覆以麻筋杂泥，固济之圆浑，日晒极坚实。始用大木为车，致于舟中。直俟抵京，然后浸之水中，旋去泥土，则省人力而无它虑。"又《吴兴园林记》载有沈尚书园运石的情况："池南竖太湖三大石，各高竖数丈，秀润奇峭。以大木构大架，悬□□，纽缒城而出。载以连舫，涉溪绝江。（编者注：方框中二字已不可考）"说明吊运工具虽受时代限制，但技艺是精湛的。

图 1-9-21　北京故宫御花园白果笋

图 1-9-23　黄蜡石

图 1-9-22　颐和园慧剑

五、置石

（一）特置

为独立并特殊布置的山石。江南地区将竖峰的特置称"立峰"或"峰石"。但特置未必都竖立，宜蹲则蹲，宜卧则卧。因石观赏特性而定，未可拘泥，故以特置名置之较妥切。自然界岩石因风化或溶融可形成奇峰异石的天然石景，诸如河口北避暑山庄的"磬锤峰"、浙江绍兴柯岩"天人合一"的"云骨"、福建泉州的"风动石"、安徽黄山的"飞来石"、广东西樵山的"蘑菇石"等。自然界的奇峰异石是特置山石布置之本，是依据与源泉。往往从自然界寻觅合宜的山石作为特置山石的材料。选石的主要标准是该石奇特不凡，如与一般山石混用会埋没其天资，唯以通过特置的布置方式才能充分发挥其秀拔出众的特色。诸如艮岳的"神运昭功敷庆万寿峰"、苏州留园的"冠云峰"（图 1-9-24）、苏州旧织造府（今第十中学）的"瑞云峰"、上海豫园的"玉玲珑"、杭州的"绉云峰"（图 1-9-25）、嘉兴小烟雨楼的"舞蛟"（图 1-9-26）、南京原置瞻园的"童子拜观音"、广州的"大鹏展翅""猛虎回头"等。

图1-9-24　苏州留园的"冠云峰"

特置多用于园林入口的对景和障景。如颐和园仁寿殿前竖峰寿星石和乐寿堂卧置的"青芝岫"（图1-9-27）。直至最小的自然山水园——苏州残粒园的入口都以特置作为对景和障景。山石正面对内，背面靠山面向外，内外同时起对景和障景作用。

特置一般用一卷山石，也有用一主石旁衬小石者。用石虽一两块，布置却并不简单。首先是相地选石，因地之性质、周边环境、主体景物景观特性、特置山石的框景和背景、置石空间的尺度和视点关系等因素综合构思立意。如颐和园仁寿殿前和乐寿堂前一竖一卧的两卷特置，都是将明代米万钟所遗留之石搬运到清漪园作特置山石造景。如先有石而后有地，这便要因石来综合考虑空间关系。仁寿殿为离宫正殿，既恢宏庄重而又有离宫别苑山林、花木、山石等自然环境的烘托，而特置山石处于环境烘托中的统领地位，成为仁寿殿前庭的构图中心。欲到仁寿殿，先与此石见。因处正殿所在，山石宜立而不宜蹲或卧。此石原有"寿"意，宜置仁寿殿前，且竖立巨石有"万笏朝天"的吉祥意境。此石形体高大，气质雄浑，惟一边稍平，故配以小石为补。仁寿门将它作框景。在仁寿门门框中，石之实体占几成，留的空白背景占几成是难掌握的。实体太少不足以成障景控制局面，太大则会有堵塞、臃肿之感，大致实虚之面积比在三七与四六之间。背景便是仁寿殿下的阴暗部分。因其是东向，除早上迎光而亮外，多数时间是反射光照而并不明亮。鉴于原峰石高度不能适应正殿庭院宽敞、宏大的要求，故以须弥石座将特置山石抬高到尽可能理想的高度。须弥座与石栏的尺度则因石而成小尺度。乐寿堂为晏寝之所，不在前宫而在后苑，要求有安详、宁静、亲切的气氛，因而选了一卷宜卧置的房山石。这是米氏倾家荡产欲载而归却未能如愿以偿者，因而有"败家石"之称。乾隆则从半途运来清漪园，作为自水路入园码头"水木自亲"，上岸进乐寿堂院的天然石屏障，有若影壁而自成障景和对景。此石浑成而遍布蜂窝状小洞，其色微带土黄而又甚清润。只是过于高大而不得合宜的观赏高度。

北京山子张——张蔚庭先生领我参观时将地面挖出大坑，将无需的实体埋

图1-9-25　太湖石（从左至右）——苏州旧织造府"瑞云峰"、上海豫园"玉玲珑"、杭州"绉云峰"

图1-9-26　嘉兴小烟雨楼的"舞蛟"

图1-9-27　青芝岫：房山石，多蜂窝；巨石横卧为屏，恰为入乐寿堂寝宫之意境；石体高大浑厚，半埋地下；与须弥石座合凑而成

于地面以下，使地面露出部分达到适合观赏高度的要求。一来避免了因凿石可能伤石之弊，二来保存了整体山石，使之降低重心。乾隆因其观赏特色取名"青芝岫"。海水江崖的石雕基座随露出地面的山石轮廓合围成座，石在座下而不在座上。乾隆御题《青芝岫》有序：

　　米万钟大石记云：房山有石长三丈，广七尺，色青而润；欲致之勺园，仅达良乡工力竭而止。今其石仍在，命移置万寿山之乐寿堂。名之曰"青芝岫"而系以诗。

　　我闻莫釐缥缈。乃在洞庭中。湖山秀气之所钟。爰生奇石窍玲珑。

　　石宜实也而函虚，此理诚难穷。谁云南北物性殊燥湿，此亦有之殆或过之无不及。

君不见房山巨石磊岂岌，万钟勺园初筑葺。旁蒐皱瘦森笏立，缒幽得此苦艰涩。

致之中止卧道旁，覆以莨屋缭以墙（出万钟记语）。年深屋颓墙亦废，至今窍中生树拱把强。

天地无弃物，而况山骨良。居然屏我乐寿堂。青芝之岫含云苍。

摧鬼刻削哀直方，应在因提疏仡以前辟元黄。无斧凿痕剖吴刚，而留飞瀑月留光。

锡名题什翰墨香。老米皇山之石穴九九，未闻一一穴中金幢玉节纷萦纠。友石不能致而此致之。

力有不同事有偶。智者乐兮仁者寿。皇山洞庭夫何有。

置石不仅是景观的景象，而且也有文化内涵，在石上刻字咏的历史从记载上看，始于唐代宰相李德裕。他兴建了平泉庄，于山石上镌刻题韵并留下遗言，后辈若有出卖山石者，乃不肖子孙也。特置山石多有题名，画龙点睛地表达石之特色与人之心境。

南京瞻园在刘敦桢先生主持下曾有一次扩建，负责施工的假山师傅是王其峰。在瞻园开了一座南门，入口处布置了一卷特置山石。山石本身并非极品，在布置方面却有很多值得汲取之处。首先确定视线的等级，自南来入口为主视线（图1-9-28），自北来二级视线（图1-9-29），其东边廊来往为三级视线，其西为粉墙而无视线相投。故石之相貌最差一面向西墙，最佳一面面向南门（图1-9-30），稍次面对准北来视线，廊间穿梭可欣赏更差一点的面，这说明布置特置山石在相石与置石朝向方面多么讲究。此石布置不足之处在于前置框景偏低，人要蹲身才能得到最佳效果。如自母岩上采石，采石的靠山面总有凿痕之弊，一般的特置都未能解决此弊。浙江嘉兴小烟雨楼名"舞蛟"。峰石竖置于路的交叉口，有兼顾正反双向景观的要求。于是在主石背面贴靠一石，与主石背与背连，这样从两面皆可观，而又有主次之分。这是特置中屏障开山面人工凿痕的佳例，颇有创意。

江南名石较多，苏州留园的冠云峰挺拔秀丽，孤峙无依，婀娜多姿，对视觉有很强的吸引力。此石早于留园，为旧地另家所有，建留园时先购包含此石之地，然后造园。这庭院可以说布局都以冠云峰为意境和构图中心。据石立轴线，南有"林泉耆硕之馆"为引导。馆内有冠云峰图和冠云峰赞的木刻，透过馆之户牖均可得以木雕为框景的石画。冠云峰高6.5米，为苏州诸园之冠，又有"岫云"左呼，"朵云"右拥。一卷之峰更有一勺之水相映，峰倒影入池，

图 1-9-28　瞻园南门入口置石视线 1

图 1-9-29　瞻园南门入口置石视线 2

图 1-9-30　瞻园南门入口置石视线 3

亦云水容倒天，清风徐来，云石弄影，恰如天浣，故名为"浣云沼"，以静寓动，动静交呈，景秀意远。背景为冠云楼。由于观者近石远楼，故立池前观石因近得高而若峰高于楼。俞樾的《冠云峰赞有序》谓此石"如翔如舞，如伏如跧。秀逾灵璧，巧夺平泉。留园主人，与石有缘。何立吾侧，不来吾前。乃规余地，乃建周垣。乃营精舍，乃布芳筵。护石以何，修竹娟娟。伴石以何，清流溅溅。主人乐之，石亦欣然。问石何乐，石不能言。"再借客语表达"昔年弃置，蔓草荒烟；而今而后，亘古无迁；愿主人寿，寿逾松侪，子孙百世，世德绵延"。这样"冠云之峰，永镇林泉"。以一石带动一园，有意境、有环境、有园景。这种以云为起、综合造景的方式实为传统特色之一。

无独有偶，上海豫园有名石曰"玉玲珑"，其石不以挺拔高耸取胜，却以玲珑剔透称绝，石之高度仅 3.5 米，体态若灵芝展菌，其色青灰中带黝质，湖石之美在窝、洞、岫、环，此石百窍千孔、宛转沟通。有说如从石顶灌水，则无一孔不泄流，如从石底点香则无一孔不生烟。湖石因"透、漏、瘦、皱、丑"之美而构成特色。石瘦是一美而美石未必瘦，有江南三大名石之谓的"玉玲珑"居其一，园主潘允端在《豫园论》中说这卷奇石名"玲珑玉盎"，传说为宋徽宗"花石纲"未能运至汴京之漏网遗物。明代王世贞《豫园记》称"玉玲珑"原为储昱

所有，置于浦东三林塘宅园内，随女嫁潘允
端弟潘允亮而赠予潘家，原石峰置于照壁
前，石背面镌"寰中大块"篆书。潘允端先
在石北建"玉华堂"，寓"玉石精华"之意，
也以一勺清池承接倒影，石置于玉华堂轴线
上，异常突出。扩建后空间开阔，石虽在轴
线上而视距稍远，加以玉玲珑周围山石遍
布，大有喧宾夺主之嫌，效果不如数十年前
（图1-9-31）。

另一名石为绉云峰，属于英石，形体
更小，但奇皱遍生，如云横逸。此石原置
于杭州花圃盆景园中，后移至杭州奇石
园。郑板桥有名言"室雅何须大，花香不
在多"，此石形小却奇妙难觅。杭州花圃
瑰存"美女照镜"启示我们，若石有美面
平时不得见，可倒映入水，则倩影可得。
绍兴沈园置石更小且裂为两半，镌"断
云"二字，令人联想到陆游与唐琬相恋而
未成眷属，颇有"臆绝灵奇"之意（图
1-9-32）。特置山石失算之例颇多，或大
而无奇，或与境相违，或乏框景和背景，
失败与成功是相辅相成的经验。

图1-9-31 上海豫园"玉玲珑"

图1-9-32 绍兴沈园"断云"

（二）散置

所谓"攒三聚五"的散点山石。据张蔚庭先生介绍，散点有大散点与小散
点之分。小散点以单独山石为组合单元，大散点则以多石掇合成置石单元。如
北京北海琼华岛南山西侧的房山石大散点，于山麓坡陡处置山石阻挡和分散地
面径流以减少水土冲刷。

散置山石布置的要点在于聚散有致、主次分明和顾盼生情。聚散有致指有
聚有散。散置并非均匀，要聚散相辅、疏密相间，而且疏密的尺度和比例都要合
宜，构成不对称的均衡构图。主次分明指宾主之体和宾主之位，乃至高低大小都
要体现明确的宾主关系，既不能不分宾主也不要有宾主而欠分明。顾盼生情即石
的人化或生物化，赋予非生物的山石以生物之情，主要以山石的象形、寄情、

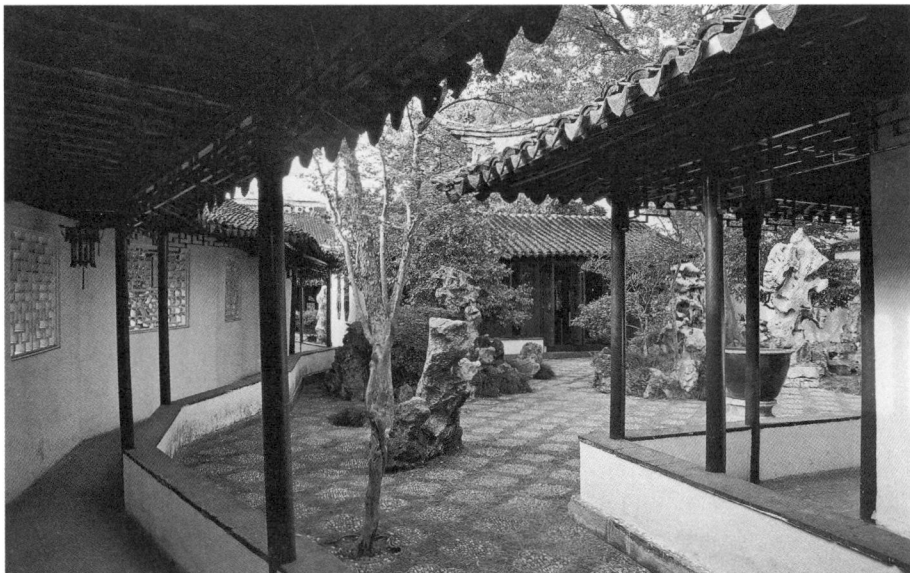

图1-9-33　怡园置石

遐想和镌刻题咏等手法奏效。所谓"片山有致，寸石生情"是可以体现的。杭州栖霞洞前有二石，一大一小，一前一后，大者象形，镌刻"象象"。再观小石也像象，这才悟出"象"字可作动词也可作名词之妙。创作者之匠心主要取决于对景点环境的定性。如苏州怡园琴室，是聆听琴音的所在，其散置之石就有若《听琴图》的画意一样，一人抚琴居中，二知音分坐在旁，或俯身恭听，或袖手闭目，这才体现入神。怡园琴室旁二石立站，宛然俯首聆听。这便是"景"以"境"出、"景"从"境"生的道理。与琴室南相邻的"拜石轩"院子里也有散置山石，以崇拜自然山石之心赏石之环境。主石峰居左而受崇，两石也若母子相依，顾盼生情。似母鸡保护小鸡，小鸡回首盼母，这就自然生情了（图1-9-33）。

北京中山公园松柏交翠景点，土山麓有房山石散点，一为护坡，二为造景。其散置山石有的深埋浅露，卧地护土；有的连接有高下起伏，或相接成"三安"之势。本不成透洞之石一经连接，相套成洞，显得特别娴熟。

苏州环秀山庄东北隅，土坡自东西下，山石散置护土，多卧而少立，土石熨帖自然相称（图1-9-34）。网师园琴室院墙东南隅散置山石蹲卧为主，辅以立置，卧石以低取胜却藏露有致，好在不同浮搁而若有石根。

散点当然可以和其他形式的山石相结合，如作为掇山"崩落"地面被土深埋浅露的零散石景和蹬道。岭南名园群星草堂有以散置作石庭的地方特色，由多单元散点组成统一的石庭，宾主分明，聚散有致。主要散点循"苏武牧羊"的岭南传统，在有庭荫的环境下光影亦起造景作用（图1-9-35）。

图1-9-34　环秀山庄土坡护石

图1-9-35　群星草堂置石

（三）与建筑结合的山石布置

建筑的人工气息强，借山石与建筑结合布置可以减少建筑过于严整、平滞和呆板的形象，增添自然美的情趣以为调剂。此乃朱启钤先生《重刊园冶序》中"盖以人为之美入天然，故能奇；以清幽之趣药浓丽，故能雅"之谓也。

中国建筑有台，上台明有石阶，以山石代石阶则称为"涩浪"（见明代文震亨著《长物志》，图1-9-36、图1-9-37）。石阶有垂带踏跺和如意踏跺之别，都可以用自然山石来做。山石垂带踏跺不做垂带，而以山石蹲配相应地布置在台阶两旁。主石称"蹲"，客石称"配"。曾请教张蔚亭先生，他说此举是和布置石狮、石鼓一样具有"避邪""趋安"的意思。我想这与"泰山石敢当"以立石避邪的民俗有一定联系。石敢当传说是泰山一带一位惩恶济民、斩妖除魔的英雄。坚石铭字则可用以避邪。蹲兽石作或铜作也有避邪的含义。山石蹲配之称可能与蹲兽之布置有关。不同点在于其不是左右拟对称的人工美，而是均衡的、反映自然美的园林艺术美。

在建筑明间布置山石踏跺和蹲配可以起到强调主入口和丰富立面的作用。台之角隅山石称"抱角"，不仅使台明外角增添了天然山石之美，而且有助于将建筑过渡到自然的园林环境。如果手法得当，则看不出是先有建筑而后添加的山石点缀，若有在山岩上建的建筑，建筑台基融入山岩中，但山石所占的体积不大。各品石材做出的抱角、蹲配和山石踏跺各具特色。湖石圆润柔曲而具窝、岫、洞、沟之玲珑；黄石棱角坚挺，石面崩落、硬直而光影分明；青石色彩虽不如黄石炽烈，却另有一番清幽，硬挺而不太直。一方风水一方韵。

山石踏跺因建筑性质、台明高度、踏跺宽度和路线组织可作出各种变化。承德避暑山庄正殿"澹泊敬诚"南向为庄重规整的石作台阶（图1-9-38），而北向就用变化较少的山石踏跺（图1-9-39），到了最后一进院落，山石布置转

图1-9-36　故宫乾隆花园的"涩浪"

图1-9-37　中南海"怀抱爽"的"涩浪"

图1-9-38　避暑山庄正殿"澹泊敬诚"殿南侧台阶

图1-9-39　避暑山庄正殿"澹泊敬诚"殿北侧踏跺

图1-9-40　避暑山庄"云山胜地"楼山石云梯

图1-9-41　燕誉堂"涩浪"

为主体（图1-9-40）。

　　若台明不高，如苏州狮子林燕誉堂用坡式山石而无台级（图1-9-41）。留园五峰仙馆山石踏跺用竖石分为两路。北京恭王府六角亭山石踏跺先折后登亭。

　　墙之外角亦可抱角，而且要与墙的尺度相协调。承德外八庙中的须弥福寿之庙的藏式墙壁尺度恢宏，山石抱角便成了抱角山。墙之内角布置的山石称"嵌隅"。石量少者可为小品花台，多则掇山掘池，把本来死板的墙内角做得

图 1-9-42 狮子林地穴

图 1-9-43 古木交柯

非常生动。尤其是苏州网师园冷泉亭旁的院角，循山石踏跺回折而下，一泓清池沁人心脾。太湖石掇山极为灵巧，实为极品。

尺幅窗在园林中逐渐应用到漏窗、透窗和地穴造框景（图 1-9-42）。漏窗是通透的，透窗则用玻璃封闭，透景而不漏风。此类手法的突出案例是苏州留园建筑小空间和山石小品。人们从南向北游到花园部分时会遇三岔路口，前面东西分岔。游人都情不自禁地往西拐，主要是因为西面景色逗人入游，西敞东狭，西明东晦，这正是设计导游的意图。主要景点在两个倒座的天井，加以"绿荫"延展至分隔空间的园墙开地穴使这两空间得以渗透，有景深、富于层次变化，使"古木交柯"（图 1-9-43）与"华步小筑"（图 1-9-44）既各自独立成景又相互融汇而互为前景。这两景点都表现了历史文化，由于设计地面低于原地面，为了保护古树便以台托起古木并因借为"古木交柯"，惜原树已不存。另一处是东面的"石林小院"。坐北朝南的庭院主建筑"揖峰轩"偏东定磉，而将西面留出一处可观而不可游的天井小院。北面与墙之间留下仅一米多宽的狭长的天井作为"无心画"之依托。揖峰轩三面有景可赏。北窗开尺幅窗三扇，玻璃漏窗、木作窗桯嵌边，由暗窥明，竹石小品落于画幅中，清风徐来，动静交呈，生意盎然。揖峰轩南为周廊合围、小屋和山石嵌隅的竹石景组成的山石花台。所谓"揖峰轩"，出自米芾拜石，尊石为石丈人，竹石相辅成为传统画题。由诗画而来的中国造园自然衍展竹石景观，故李渔在《闲情偶寄·山石第五》中说："有此君，不可无此丈。"石林小院以君伴丈，由于小空间组合的尺度合宜，周游与贯穿的路线结合，露天和半露天共享。"以壁为纸，以石为绘""收之园窗，宛然镜游也"。

山石蹬道作为室内外楼梯，以室外山石楼梯更为普遍并用赏两全。既节省

图 1-9-44　华步小筑　　　　图 1-9-45　网师园"读画楼"的山石楼梯

室内面积又可结合自然景观，可称云梯。山石蹬道一般有两种类型——独立山石楼梯和倚墙而建的山石楼梯。避暑山庄正宫最后一进院落主要建筑为坐北朝南的"云山胜地"，位于宫与苑的接壤处，为园林化一些，故采用独立的青石山石楼梯。鉴于该院可与东来之廊子相望，故东立面有独立完整的自然山岩造型可供东廊得景。此楼为五开间，楼梯与东梢间衔接，且不会阻挡楼下明间光线，具有南北贯通的交通功能。考虑到与楼梯相连部分不会更多阻挡楼下采光，故山石楼梯高处尽端与楼保持一定距离，这段距离用天桥的方式搭连。天桥可以木作，也可石作。由于维持合理的坡度需要一定坡长，而坡长宜以回转代直通。楼梯口向西开以承迎中轴出入的游人。由西而东再北折上楼，顺势攀上。行宫气势雄伟中又见自然之气氛，这卷山石楼梯风格也比较雄沉、浑厚，与行宫环境气氛相称。山庄东宫松鹤斋也有类似的室外山石楼梯。

　　江南私家园林山石楼梯虽不是很多，但各有特色，而且很精致。网师园最后一进院落西侧建筑楼下为"五峰书屋"，楼上为"读画楼"。其东山墙楼层北端开有门，后来从外面接上山石楼梯（图 1-9-45），楼梯口与西院东出之亭门相承接。由于楼梯口面向东南，自南而北的游人亦先入廊亭，这廊亭是西来、南来两条路线的交会点。而此院更东的小院有地穴与之相衔，从后门自北而入则与山石楼梯自然成为对景。这座山石楼梯一是利用楼梯间的位置做成山洞，既省石料又可增加虚实变化，二则与周边的山石花台相映成景，变孤立为融入，这是优点所在。

　　扬州何园后院有一山石楼梯，先以其倩影作为楼下过道之对景。入院后方见山石楼梯，景以境出。下面与院中花台相贯一体，自楼梯口转折而上的部分贴依粉墙，再以一小型木作天桥连接楼上，自然而不造作。

图 1-9-46　谷口

图 1-9-47　山石云梯休息板

　　拙政园"见山楼"以假山衔接楼梯的做法也是成功之作，无论从南面或北面欣赏都有可心之景以观，悉为"以清幽之趣药浓丽"的做法。

　　笔者以为苏州留园明瑟楼的山石楼梯堪称精品。这是位于"涵碧山房"东邻相接的小楼，楼下是小三间，以柱、鹅颈靠和挂落组成东、南、北三面空透的园林建筑框景。楼上称明瑟楼。此山石楼梯口有一石特置竖峰，因近观而有插云之感，上镌"一梯云"。一语双关，可理解一梯助凭高攀到背景为云的明瑟楼，也可以梯为定语而形容山石。山石在传说和山水画中称为"云根"。实际上梯与峰石尺度都不高，而是在视距小于 1 ∶ 1 的环境中因近求高的视觉效果，将此视觉效果诗化、升华成意境，通过"一梯云"引入，若标题音乐或有画题的一卷假山景。这一梯云精在体现环境之所宜，充分利用了南面的园内隔断高粉墙，是"巧于因借，精在体宜"的理法见诸理微的体现。人靠石级攀楼，但就景观而言最好对大面积石级有所隐藏。我想中国人在仪容方面讲究"笑不露齿"，与中国文学强调"缠绵"和"最后也不得一语道破"有深层的文化关系。因此一梯云可分解为四部分：梯口若谷口（图 1-9-46），两三石级便登上一块大面积的山石云梯休息板（图 1-9-47），直到休息板向西转折而上。以梯口作为地标的一梯云还与花台结合，逶迤而下与地面相接，花台中一木伸枝散绿。因此梯口给人印象很深，向西北以迎来者，峰石招摇引人。体量与环境相称，这种微观"火候"是最难掌握的。体量小不足以成气候，不足以成景；而过大又令空间迫促、堵塞而产生臃肿和压抑感。一梯云精在恰到好处。第二部分是石级提升的主要部分，直到自西而北转。这部分石级都被顶际线自然起伏的自然山石栏杆所遮掩。第三部分是横空的小天桥，因其小而并不显，只是维持山石楼梯不要过于贴近建筑，维持合宜的空间距离。第四部分相当于楼梯间即石梯的底部。一梯云利用这部分空间为岫、为洞，更显突出。这样无论从楼下北面经过或坐于楼下南望均可以柱和挂落为框景的画框中解读一梯云的横幅画卷。石梯化为峭壁山，以壁为纸，以石为绘也。

（四）山石几案

园林室内外有山石家具之设，诸如石榻、石桌、石几、石凳等。李渔《闲情偶寄·零星小石》说："若谓如拳之石亦须钱买，则此物亦能效用于人……与椅榻同功。使其斜而可倚则与栏杆并力。使其肩背稍平，可置香炉茗具，则又可代几案。花前月下，有此待人，又不妨于露处，则省他物运输之劳，使得久而不坏。名虽石也，实则器矣。"山石几案之生命力在于既可实用又具自然之面貌。设计要点就是打破太师椅、八仙桌等人工美的做法而以自然山石代替，打破对称的布置。石雕桌凳也很美，但为体现自然材料经人工加工后之美。山石几案则是选相宜的自然山石，对山石材料本身并不施工，只是巧为安置而极尽自然之美。

无锡很完整地保存了唐代的"听松石床"（图1-9-48），传为唐代文字学家、将作监李阳冰之石榻，为我所见最古之石榻也。于银杏浓荫下之正六边攒尖亭内，石床置其中。石榻长约二米，宽不足米，灰褐色，床脚一端有李阳冰篆书"听松"的石刻。枕床浑然一体，而且枕还适当上翘成凹形，正好容肩。和衣而卧的完整石床，居然一石天成，可见相石者的高水平。实际上这是一卷醒酒石。古代文人骚客常行"诗酒联欢"之乐。酩酊大醉以后，全身自内发热，便有醉卧石床、以石散热的需要。石床是比较冷凉的，因置于松荫之下，清风习习，催人入梦。不知到了什么时辰，一阵风把松果刮下来落在石床上敲击响声催醒醉卧者，这才有所惊醒，酒性也逐渐下去了。这可以说是天籁唤醒的，较之铜壶滴漏、钟鼓鸣时，甚至现代闹钟都强百倍。露天石床，空气既新鲜，石榻又冰凉，实为醒酒之佳构。关于听松石床，有晚唐诗人皮日休诗《咏听松石床》："千叶莲花旧有香，半山金刹照方塘，殿前日暮高风起，松子声声打石床。"由是名声更盛。明代礼部尚书无锡人邵宝有三首咏石床的诗，其一曰："惠山石床古有之，声声松子金风时。皮休题诗李冰篆，千秋并作山中奇。"无锡民间音乐家瞎子阿炳，谱有"听松"乐曲传世。

广州烈士陵园也有一卷醒酒石，名唤"软云"，原置于广州湾海山仙馆内（图1-9-49）。该石尺度较小，为黄蜡石，皴纹浑绵，刻有"软云"二字。即值广州夏日，此石仍冰凉。有人证实夏夜因过凉而不得终夜坐卧。至于洞中设石榻以模仿仙府的做法就较普遍了，如北京北海假山洞、苏州环秀山庄洞府等，但石榻本身不如上述出色。

石几和石凳较石榻更为普遍。相选石材主要是因材设用，安置要求与环境

图1-9-48 "听松石床"

图1-9-49 "软云"

相融合。石几、石凳要量材而不要牵强。
北京北海后山扇面亭"延南薰"内西侧有
石几、石凳，因亭中洞为房山湖石，亭外
假山也是房山湖石，故几案石凳也选用房
山湖石。石几凳尺度宜人又与亭内空间相
称，贵在不大，而且有如景观置石，坐之
便自然作几凳用了。

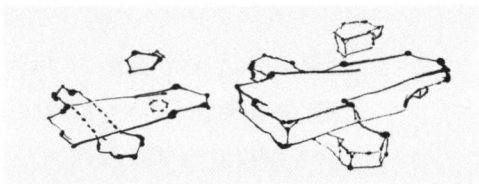

图1-9-50 中山公园水榭南青石几案

　　北京中山公园水榭南面西侧曾有一青
石几案，一桌三凳（图1-9-50）。张蔚庭
先生带我们参观时特别表扬其造诣，其确
实具有指导安置山石几案的意义。桌面一
石头广尾狭，为自然形态，是一卷长条薄
块的青石，东窄西宽呈不规则梯形，桌面
基本为平面，却又不是绝对光滑而平整。

图1-9-51 怡园"屏风三叠"

另一更敦厚的长条石用以垫起山石桌面，而两头均出桌面而形成，南宽北狭的
两石凳。这条青石既解决了桌腿的功能而又自成大小不一的两座石凳。既已有
一石穿桌面，东西就不再，而以另一同高小石在桌面下作支墩将着桌面托平。
东北隅空位则单点一墩状青石独立为凳。这样就完全打破了八仙桌的整形概念
而以自然置石取代，是几案，也是一组山石景，这是典型的山石几案。

　　北海西山坡半山腰借种植乔木的山石花台居于踏道分叉的路就势设置几
凳。苏州留园五峰仙馆北院西边也结合山石花台，借台边为几凳。这些都是比
较灵活的做法。

　　山石还可做成石屏风。怡园有"屏风三叠"之作（图1-9-51），虽为竖
石平顺相连却有高下参差四个篆字产生了很强的装饰效果。留园"五峰仙馆"

西之"汲古得绠处"也有石屏，却属自然取势。北京中南海"静谷"，以竖立的房山石作园墙，参差高低，错落前后，极尽自然岩壁之变化却无半点人工的痕迹。

（五）山石花台

我国人民尊称牡丹为"国色天香"。牡丹要求排水良好的环境，而江南水乡地下水位多偏高。加以牡丹植株不高，人要蹲下才得尽赏。以山石花台提高种植土面高度以后，便可综合解决这两个问题。相对地降低了地下水位，提供地下排水良好的土壤条件，又将花台提高到合适的观赏高度。在地下水位低的北方则以花池的形式使培养土面降低而汇集雨水。再者，中国园林都是由庭院组成。而山石花台间即成游览道路，用以分割庭院最为相宜。因此，在江南私家园林中山石花台是运用极其普遍的一种形式。可以充分发挥置石与假山在造景方面的灵活性和处理疑难的妙处。山石平面无定形，可随造园需要作因地制宜的变化，与建筑之台、柱、墙、门、地穴、台阶等皆可结合，而且做好了能天衣无缝、妙趣横生（图1-9-52）。

山石花台成群组合都有整体布局的问题，犹如在方寸石上做篆刻，或是在纸上"因白守黑"的书法。如篆刻布局之"宽可走马，密不容针"、细部笔划之"占边把角"；书法布局的章法和虚实相生等都是必须借鉴学习的瑰宝。花台整体由单体花台组成。山石花台的单体要求彼此和谐相衔。既顺当，又巧妙。花台边缘自然的形象要做到宽窄不一、曲率和弯径富于变化、正反曲线相辅、兼有大小弯等。要外师造化，自然界似乎没有花台，却有因岩石溶蚀或风化造成岩石崩裂、滚落、合围，再由地面水中的冲刷土沉积而成。但有花台下雨埋于地下裸露一部分于地面上之石，这些自然之理是有师可循的。

花台是三维空间，在断面上必须寓于变化。诸如立峰高矗、潜石露头、上伸下缩、虚中见实、陡缓相间等（图1-9-53）。加以融会贯通，可以说是变化

图1-9-52　还我读书处木石一体山石花台

图1-9-53　留园山石花台之下虚上实

图 1-9-54 "涵碧山房"山石花台群

图 1-9-55   网师园五峰书屋后院

无穷。以粉墙为背景作花台以对厅馆是苏州古代私园普遍的做法，无墙可倚的则做成独立的山石花台。怡园入园的对景便是类似宽银幕的横幅大花台；网师园则用于作最后一进出门前的对景；狮子林用作燕誉堂的对景。而"涉园成趣"北院则花台基本独立，因西有额题"探幽"的海棠形空门，自西而东以空门为框景的特置山石即花台的一部分。

怡园"可自怡斋"南面有一组牡丹花台，既依托于高粉墙而又有所独立。贵在高低分割成台，东西抄上，人可以在花台间游览观赏。

留园"涵碧山房"前的庭院是比较完善的山石花台群（图 1-9-54）。由带壁山的花台与庭院中央独立的山石花台组成。平面变化乍看似乎并不复杂，身历其中则会感到自然曲折、婉转多致。尤其是庭院西南角，两边花台有交覆之动势，在移步换景的过程中很多视点都可得到掩晦墙隅的效果。本来是三面相交成线的平滞墙线却因山石遮挡而若有莫穷之意。留园"自在处"东墙下花台台边特别自然，凸出部分遮挡凹进部分，显得虚实变化丰富。五峰仙馆前院壁山花台规制宏大且有十二生肖石于其中。

若论山石花台的细部变化，以网师园"五峰书屋"后院为最精致（图 1-9-55）。后院进深仅约四米多，面阔却有十余米，是东西狭长的小院，山石花台沿北墙逶迤作曲带状。不仅平面曲折多致，而且断面极尽变化之能事。虚实并举而尤以"造虚"见长。些许空间令人玩味无穷，流连忘返。学造山石花台，此可谓尖端教材。

六、掇山

（一）明旨造山，意在手先

造山必有目的，有的才可放矢。此实是为假山定位和定性。主要园子有周边自然环境特征、当地文脉和主人的心意和人性、爱好等。经设计者归纳后循"巧于因借，精在体宜"之园林理法，逐步落实山性。如苏州环秀山庄和上海豫园都是以假山为主景。但豫园秉承明代造园布局之特色，使假山与人工主体建筑互成对景。加以古时豫园的区位高度升高后可见黄浦江，这就要求山有足够的高度，而且在山顶部分要考虑到"望江亭"之设。环秀山庄之假山虽然也是主体建筑的对景，但更强调周环观之皆成秀景，将假山布置于庭院中部，四周皆可成景。这较之作为对景的假山就难多了。

对景假山造型主要考虑主要成景的一面，背面和侧面则可稍隐晦。特别是背景可以令观者不见。如中华人民共和国成立后南京瞻园在鸳鸯厅南面的假山水洞基本属于这种做法，这样可以藏拙屏俗。相对而言，四面中看的假山就难多了。

另一假山类型是不作为全园的主景，但作为地形骨架、分隔空间的手段和局部景区的构图中心。如圆明园原地称丹棱沜，是有小土丘的沼泽地。为了合并、串通水系就要平衡挖湖沼所产生的挖方。结合自然山水园布局的需要，便采用以土山环绕水作为地形骨架以成"集锦式"布局。又如拙政园远香堂的黄石假山是作为自腰门入园承接的对景和遮挡远香堂的障景。从私园"日涉成趣"和"涉门成趣"的要求出发，便须山上有台可攀，山中有洞可穿，山下有路与廊、墙组成夹景，这就确定了黄石假山的性质。现代假山用途广泛，有用于动物园的兽山，作为植物园岩生植物种植床的假山，遮掩游泳池更衣室的假山，遮掩人防出口的假山。不同造山目的决定假山性质，不同性质决定不同的内涵和外形。

意在手先是明确造山目的后的构思立意。无论对假山布局和细部处理都是重要的。先有心意才能指挥行动，边想边做有违统筹。先有胸中之山才有图纸上之山，才有模型之山，最后化为现实的假山。胸中之山何来？外师造化经积累后结合自然环境和人文资源之综合抒发。要提炼为意境则必有赖于文意之陶冶。豫园黄石假山洞洞口刻有"补天余"（图1-9-56）、北京北海山洞有"真意"镌刻，这些都借以反映一种意境。而真正的意境只在意识中体验。邯郸赵苑公园，有中水引入，利用约九米高差为山为洞，景名"百花弄涧"。以水石为花的种植条件，创造水从石出，苍松翠柏绿荫背景，花乔木、花灌木、宿根花卉、水生花卉因地种植，展现"群芳清音"之意。

图 1-9-56　豫园"补天余"石刻

图1-9-57　杭州花圃"岩芳水秀"（孟兆祯设计，楼建勇施工）

杭州花圃因钱塘水自西南隅引入。地势尽角隅陡高九米便转为平缓，不似赵苑分两台低下且主落差在下游。结合现代花园内容，汲取西方岩石园精华，又根据杭州的地域性确定为岩生花卉园，取景名"岩芳水秀"，都是按意在手先之理法奏效。竣工后颇受游人青睐。青年人结婚多有在此拍婚照者（图 1-9-57）。

（二）统筹布局，山水相映成趣

作为园林设计布局的因素，含山水地形与建筑、园路等都须运筹帷幄、统筹全局。与建筑师合作，最好同步介入，否则只能使园林成为建筑的依托，而万无更改了。园林艺术设计者的主要使命是确立建筑与山、水间布局的关系。可以以建筑为主，以山水为辅弼；也可以山水为主，以建筑为辅弼或点缀。山水之间也有各种关系，以山为主或以水为主，各种要素在布局方面的比重是很重要的，有了合宜的体量才可能安排彼此有合理的总体关系。

"水令人远，石令人古"，山水必相映而成趣。中国的枯山水如《园冶》中所描绘的"假山以水为妙。倘高皁处不能注水，理涧壑无水，似少深意"。这与日本的枯山水是迥然不同而依稀同源的。只是没有人工水源，但还是人造自然山石景观。做出来的涧壑平时无水而却有深意。深意在于若有水则成山水景。天然降水时便出现了水景，无水时虽干涸但具有山水之意。如中国古代园林中常在屋檐下水处衔以假山涧壑，借屋檐雨水成水景。环秀山庄东边假山与墙檐水相衔，也有无水似有深意之涧壑。环秀山庄西北山洞接蹬道，蹬道旁若有山溪下跌，从墙外打井水自墙洞注入则有水，平时也属似有深意之涧壑。

　　无水尚且有深意的水景,有水源可寻的更当保护和充分利用天然水源造景。有道是"地得水而柔,水得上而流","山因水活,水因山秀",流动的水与静立的山可以形成最佳山水空间构成环境。"水令人远"的意义还在于开阔了倒影的虚空间,相映成趣,光怪捉影,其变化难穷。无锡惠山的风景名胜和园林实际上就是利用两股泉。杭州灵隐也是两股水源,不过一为地下水涌出。北京西山碧云寺仅一泉源称"卓锡泉",人工辟为水泉院,运用这股水贯穿其下游各景点,在未尽其用以前决不轻易排出景区。明代陶允嘉在《碧云寺纪游续》中说:"山僧不放山泉去,缭绕阶前色瑟瑟。"足见精心保护和充分利用的理水传统值得深研。至于取得山形水势则必须从境生景,充分考虑采用什么山水组合单元和如何塑造山水的特殊性格。

(三)因境选择山水组合单元,塑造山水性格

　　我国古代神话名著《山海经》和地理专著《尚书·禹贡》是要首先学习的历史地理文化书籍。《山海经》将中国土地按东、西、南、北、中划分为五系山水构架。每个山水系统都有起首、伸展和结尾。同时也概述了山水的成因和特色。《禹贡》循邹衍"九州说"并假托大禹治水以后的行政区划将中国划分为九州。中国是小九州,世界是大九州。对长江、黄河、淮河等流域的山岭、河流、薮泽、土壤、物产、交通、贡赋等自然和人文都有记载,尤以黄河为详。将治水传说发展为科学的论述,成为古代早期的一部地理学专著,后世对其校释和研究的著作也多。

　　另一本中国最早解释词义的专著《尔雅》是学习和研究山水组合单元的基本置石书籍。其中释山、释水对我们园林艺术工作者特别重要。管仲在《管子·地员》中将农业地形分为五种山地和十五种丘陵。《尔雅》则以城市为心向外衍展为邑、郊、牧、野、林、坰六类土地;《尔雅·释丘》中按高度将丘分为四类;根据丘与水结合的关系将丘归纳成四类;据孤丘主峰位置不同分丘为五类;据山高与面洞的比例将山分为四类;据山尺度大小分两类,大山绕小山称"霍",小山别大山称"岵";据土石比例,石包土称"崔嵬山",土包石称"岨山"。当然我们也可称"土山戴石"和"石山戴土",但阅读古代文献时必须明晰词义。

　　《释水篇》中将可居之水中陆地从大到小分为洲、渚(小洲)、沚(小岛)、坻(小沚)。我国带山、水、土、石偏旁的文字较之外国要多许多,这是为适应人生产和生活的活动产生的。古代将水分为水系和因景观特性而形成的水景观单元分类。《尔雅·释水》将水系概括为浍—浍—沟—谷—溪—川—海。古代称喷泉为滥泉,裂隙泉为氿泉,下泻泉为沃泉,间歇泉为泼泉,还有瀑布

（悬水）、逆河、河曲、伏流、潮汐塘（滩涂）。我将水系概括为"泉—上潭—瀑布或跌水—下潭（设消力池）—沟—涧—溪—沼（曲折形）、池（圆形）—湖—河—江—海"。我们经常用得着的还有江河岸边称湄，水边可称浒、涯、浦、溇、浔，水口称汊。江河主干流、支流称派和沱。小水汇入大水称潆和瀵。聚水洼地称泽，凌水水面称沜，深水称潭或渊。这些词都有界定但又不绝对。

山体单元中称祭祀的大山为岳（嶽），如三山五岳之称。山从立面可分为山脚（山麓）、山腰、山头三部分。高而尖的山头称峰，高而圆的山头称峦，高而平的山头称为顶或台。峰峦起伏连接成岭。所谓"横看成岭侧成峰，远近高低各不同"。山之凸出部分称为坡或陂，山之凹入部分通称为谷，其中两旁山高而谷窄者称峡，两山稍低而山间稍宽称峪，谷扩展成壑，壑再扩展称垍。无草木之山称屺、岇或童山，草木茂盛之山称岵，如庐山称岵岭。从山进深方向陷进而不通的，小者称穴、大者称岫。岫再纵深发展无论贯通与否都称洞。石山高处悬出称为悬岩，高但不悬出称崖，高而面平者称壁，如武夷山之"壁立千仞"。平顶山石称砰，一石当桥称矼，高空架石可通人称飞梁，水汀安石供人踏过称步石或汀石。《园冶》载："从巅架以飞梁，就低点其步石。"山、水、土、石有统称的山水组合单元，又有各自的组合单元。单元为我所用而不受单元和名称的约束。

山水组合单元只是反映了某种单元的普遍性，仅以峰峦而论可以做出不少特殊的性格来，一型多式。丘壑溪涧可以千变万化，但万变不离其宗。将石材特性、环境特性和人文立意汇总升华就不难捕捉山水的特性。这就要作"外师造化，中得心源"的积累，自然界同一单元有千变万化的景观形象。

深圳市政府西侧原有一所荔枝园，古称荔为红云。经区划增加山形水系后改称"红云圃"，为老年职工文化休息之所（图1-9-58）。其西偏南有一小庭院，建筑坐西向东并西面留出庭院。观其形胜，东北高而西南低。建筑为音乐厅，便选择作山庭。东北高处矗起山峦以制高，再将峦衍为山谷向东南成山溪。西南作了一个特大的岫。因庭院尺度很小且东西狭，作岫自东西望以虚胜实，视线莫穷而从心理上延长了东西向的视距。这也是汲取北京北海静心斋假山洞的做法并结合实际在视觉方面产生的效果而设计的。但静心斋尺度大，宜为洞，在此小空间里，一岫足矣。将作为假山主景的山岫置于山麓，距地面仅一米多。妙在层次多而且从明到暗层次特别丰富。石材为大理石的表层，石块顽夯，块面很大。由图定平面位置，由模型确定造型，由于是广州著名假山师傅陆敬坚、陆敬强兄弟二人主持施工，取得了尽可能完美的艺术效果。距今约二十年，石色从白转黑灰，山石大小相咬，加以勾缝细致，俨然天衣无缝。这可以印证如何因境构思立意，如何因地制宜地捕捉以石山为主、溪池为辅，选

图1-9-58　深圳"红云圃"假山（孟兆祯设计，陆敬强施工）

谷壑和岫为主要山水组合单元，又发挥大岫干壑的深意特色。从抽象到具象有条不紊地进行设计和施工。

（四）模山范水，出户方精

假山如何布局，山水组合单元的具体形象从何而来？这就要回归到中国园林的最高境界——"虽由人作，宛自天开"。对假山而言最合适的理法就是"有真为假，做假成真"。假山的依据是真山，大自然的真山水是假山之母，因而假山师傅自称"山子"，子以母为范。园林设计者有一座右铭："左图右画开卷有益，模山范水出户方精。"因此必须对名山大川和不名的山川进行尽可能广泛和持之以恒的实地踏查和学习、积累。文学家要求学生"读万卷书"还不够，必须还要"行万里路"，然后写出的文学作品才生动感人。中国山水画家都是下了"搜尽奇峰打草稿"的苦功夫才有挥之即去的效果。三维自然空间的假山艺术也必须下这种外师造化的苦功。由飞机俯望，坐船看两岸，乘车看窗外，深山踏察等，抓住一切机会学造化。

就洞而言，杭州灵隐天然的石灰岩山洞多姿多彩。洞口、洞壁、洞底、采光洞无一雷同。再到宜兴看看张公洞、善卷洞，水旱相衔，洞中流水甚至瀑布跌水，可称大观。再到桂林看七星岩、芦笛岩的洞。造化之师未必都有名，人迹少的便不名。七星岩后山的山貌石色并不亚于前山。南京长江燕子矶一带自然山洞则又是一番景象。广东西樵山，四川峨眉山、青城山和甘肃崆峒山，一山一性，其中的奥妙不胜枚举。

学湖石假山要去苏州太湖的洞庭东山、洞庭西山，学黄石假山要去常熟虞山，大痴黄公望就曾在虞山写真而后成名。看了真山再看假山，看作者如何吸取真山造假山。常熟虞山麓就有清代戈裕良造的燕园。既有湖石假山也有黄石假山。历史上学真山基本上分为两个阶段，开始是模仿，以真山为准绳，如"采土筑山，……以象二峤"。东峤、西峤便是两座真山，所以人造土山有"十里九阪"的记载。伴随山水诗和山水画的发展，从模仿转向概括、提炼和局部夸大。由画论"竖划三寸当千仞之高，横墨数尺体百里之迥"的启发而进入"一卷代山，一勺代水"的高级阶段。仪器设备较之古代先进许多。数码相机、摄像机可以将大自然的素材大量记载携之以归。积累越多用起来越方便，最终达到随心拈手而来的境界。

为什么还要中得心源呢？天人合一体现于园林是"人的自然化"和"自然的人化"。朴素的自然有自然的美，但自然未必都美，这就需要在自然中根据人的审美观去采撷自然美。即或是自然美但还不是艺术美。设计者要将本不属于自然的社会美，主要指中国人的志向和生活情趣投入自然山石等景物中，从而创造出园林艺术美。人的自然化很不容易，自然的人化就更难了。文学主要理法是比兴，化为园林语言就是借景。借此喻彼，从而达到"片山有致，寸石生情"的高度艺术境界。

（五）集字成章，掇石成山

一石若一字，一字亦可成文。数字可以造句，造句似同积数石作散置。连句成段，合段成章就是假山了。从文字记载看，古代掇山匠师的工夫都下在动手以前。首先是相石，一石相当一字，如何相法呢？实际上经过巧于因借的构思立意已经"胸有成竹"了。有成局的文章当然也就有段落的敷设，段落中有句，他便出于造句之需要相字。譬如一洞，如何引进，是曲折弯入，还是径直而前置石屏。洞的结构是梁柱式还是券拱式，洞口作何处理，一一默记于心。相石之时便与胸中之山挂钩了。此石宜作洞。收顶，彼石适作洞壁山岫等。当然不必将胸中之山尽化为现实之石，但主要石景的石必须相好。相石要花很大功夫，石要看多面，有时要趴在地上看，必要时还要翻过来看。看尺度、色泽、质地和可能接茬的石口。一经相石完毕，掇山之时香茗一壶，蒲扇一把。只说何处何石，搬来放下，一准合适，分毫不差。他是先有整体文章，再化整为零相石，然后积零为整，掇石成山，这是真实的写照。

（六）远观有势，近观有质

前一句是对假山宏观的要求，后一句是对假山微观的要求，二者同等重要。首先要把握住山水宏观的整体轮廓，或旷观、或幽观都要求师远观的山形水势给人总的气魄感。李渔在《闲情偶寄·居室部》山石第五中论证大山："山之小者易工，大者难好。予遨游一生，遍览名园，从未见有盈亩垒丈之山能无补缀穿凿之痕，遥望与真山无异者。犹之文章一道，结构全体难，敷陈零段易。唐宋诸大家之文，全以气魄胜人。不必句栉字篦，一望而知为名作。以其先有成局，而后修辞词华。故综览细观同一致也。由中幅而生后幅，是谓以文作文，亦是水到渠成之妙境。然但可近视，不耐远观。远观则襞襀缝纫之痕出矣。书画之理亦然。名流墨迹悬挂在中堂，隔寻丈而观之，不知何者为山，何者为水，何处是亭台树木。即字之笔画，杳不能辨。而只览全幅规模，便足令人称许。何也，气魄胜人，而全体章法之不谬也。"而山之宾主关系、三远的尺度、山水关系、总体轮廓与动势综合地构成了假山的宏观效果。山水单元的选择与组合、皴法和纹理、集字成句的整体感、块面的大小，以及有关键意义的局部则构成了微观印象。假山近看之质为何，石贵有脉，皴法合宜，皴纹耐细览也。石有石皴，山有山皴。山皴与石皴统一或不统一均可，横竖纹只要有宾主之分是可以混用的。陈从周先生说："屋看顶，山看脚。"这句话也适用于假山。往往一般注意力放在高处的峰峦而忽略了低处的石根和山石与铺地衔接的部分。实际上视线是移动的，移至石根若处理不当会影响整体效果。底层山石在施工时称"拉底"，石底座于地面以下的基础而地上部分显露出来。"万丈高楼从地起"，拉底山石可以为其上的变化奠基而且是假山美不可缺少和忽视的部分。自然山石有大量石根美的素材，值得我们汲取。

（七）以实创虚，以虚济实

本来假山艺术是虚实相生的，用现代语言讲，虚实是相对存在的。无论自然景物之美者或山水画意无不皆然。书法、篆刻也都讲究"知白守黑"的虚实统一。可是在实践中普遍只知以实造实、片面追求高矗的峰峦却不知以实造虚，因缺乏虚实变化而显得平滞呆板，极不自然。假山的组合单元诸如谷、壑、沟、罅、岫、洞等都是以实佐虚的，即使是壁、岩、峰等以实为主的组合单元也是以虚辅实，交映生辉。黑白是最本质的平面和空间构成。

宏观的虚实关系，在总体布局选择组合单元和单元承接的相互关系上是要解决的。微观之虚则以结构设计和施工来体现的。从"拉底"开始就要奠定基础,自下而上最终形成的,往往是实中有虚,虚中又有实,这就需要选择一些实中有虚的石材作特殊的处理,对于只实不虚的石材则以组合的方式以实造虚。好作品几乎都是虚实相生的,相对而言是以虚胜实。所言相对,无实何虚。

掇山千变万化,古代掇山集设计、施工于一人,即匠师,现代可分设计、施工、养护管理三次实践环节,通力合成。我在掇山设计的实践中,因观察广州雕塑家做模型受到启发,逐渐转化为雕塑橡皮泥模型(图1-9-59)。最后发展为电烙铁烫制聚苯乙烯酯模型。电烙后质坚如石,最易烫制湖石假山,又用刀削做黄石模型。电烙铁头砸扁磨快后也可烫制黄石模型,优点是形象逼真且质量轻,照片放大后如身临其境,缺点是模型可燃,且烫制过程中会排放毒气(图1-9-60、图1-9-61)。

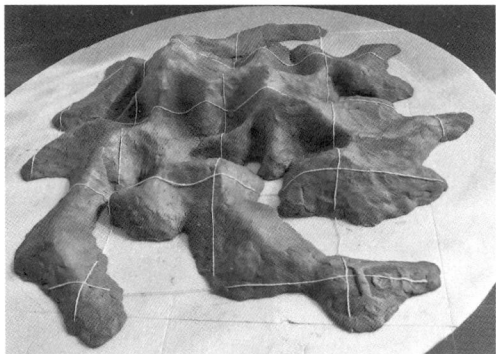

图1-9-59　橡皮泥土山模型

图1-9-60　扬州瘦西湖"石壁流淙景区"模型

图1-9-61　石壁流淙景区实景照片

七、置石与掇山的结构与施工

筑山是人造山的通称，也多指土山，由版筑而成。土石结合的山，土为主称土山戴石，石为主则称石山戴土，土山用石也有结构的意义。李渔《闲情偶寄》载："用以土代石之法，既减人工，又省物力，且有天然委曲之妙。混假山于真山之中，使人不能辨者，其法莫此。累高广之山，全用碎石，则如百衲僧衣，求一无缝处而不得。此其所以不耐观也。以土间之，则可泯然无迹。且便于种树，树根盘固，与石比坚。且树大叶繁，混然一色，不辨其谁石谁土。列于真山左右，有能辨为积累而成乎？""土之不能胜石者，以石可壁立而土则易崩，必仗石为藩篱故也。外石内土，此从来不易之法。"

古代园林的特置多用石榫头来稳定。石榫头必须先定山石的方向，找好了脸面再寻找山石的重心线开石榫才稳定。石榫头并非光滑和标准圆，定位旋转时需有限度，否则会裂开。石榫头的长度视石材及大小而异，北京故宫御花园石笋因高而根深，石榫几乎沉下底座。一般特置石榫仅数厘米（图1-9-62）。但石榫直径宜大，不同于木榫之密合，石榫只是安插和保险。主要的稳定性还是依靠山石自身的重心稳定。特置落榫后与榫眼底间还有空隙。这才能保证石榫头周边能稳接基座上石榫眼的周边，使重力均匀、稳定。对于底面积过小的山石，也可直接插入基座，如重心偏外，还可用垫片把重心拉到满意的位置。园林工人在拆卸明清假山时发现铁垫片内还有将铁屑灌入以求密合的做法。

山石从采石场运至工地后要平放以便相石。到了工地还有搬运。小石可支三脚架以铁辘轳或绞盘半机械、半人工地起吊和水平位移。数吨重的大石宜以吊车施工，吊车能承受的重量和低角度平移的限度要充分评估。捆绑山石的关键是打扣。

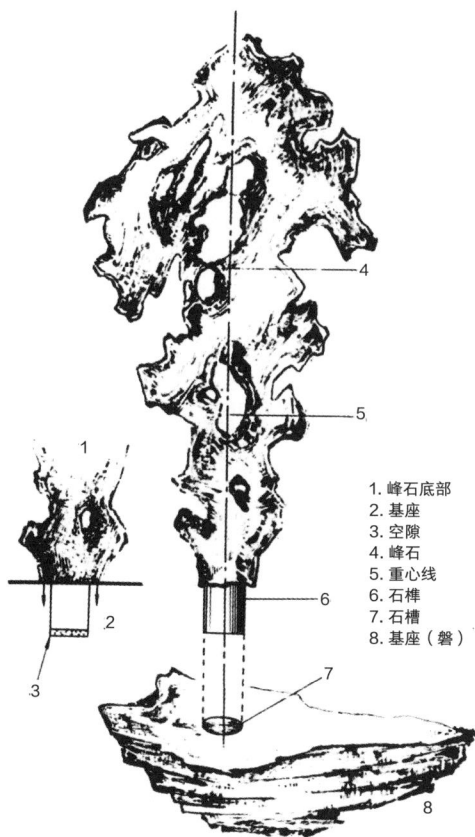

1.峰石底部
2.基座
3.空隙
4.峰石
5.重心线
6.石榫
7.石槽
8.基座（磐）

图1-9-62　石榫头

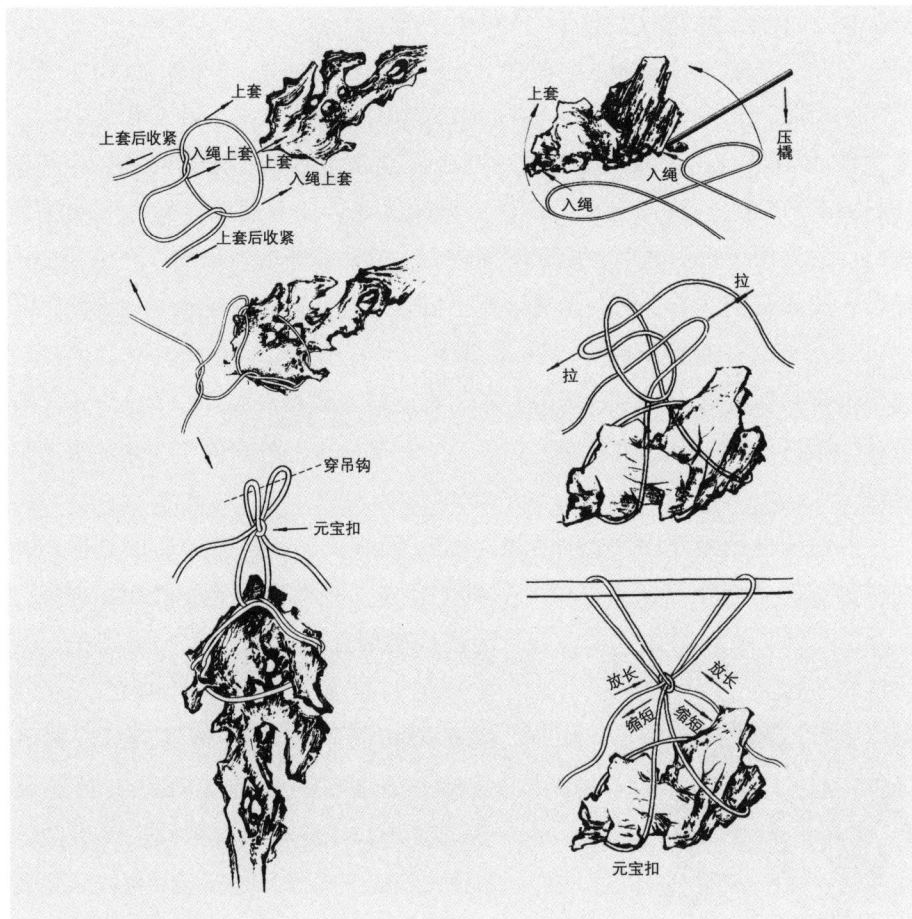

图 1-9-63   结绳法

粗麻绳常用图示结绳法，钢绳则用它法固定，然钢绳坚实但易打滑，不如麻绳稳定（图 1-9-63）。施土山石基本到位后还须小调整，此时可用钢撬棍，亦图示其用法（图 1-9-64）。

由张蔚庭先生口述，王致诚君总结的山石结构"十字诀"因当代假山师傅流传而大同小异，谨介绍于后，其中加入了一些我自己的认识。

我认为这些结构字诀都是从"外师造化，中得心源"而来，在长期实践中逐渐丰富，一诀又因石而多式，这只是基本结构，只有实践才出真知。

"十字诀"头一个字"安"：指安置山石，放一块石头称安。山石经人工掇合成山，首先要强调安稳，安置山石务求稳定。掇成以后要经得起时间的考验。不坍不倒，这不仅要求假山结构合理，而且石与石之间要有较好的衔接，均匀地将荷载由中层传至基层。每一块山石都要安稳，特别在力学方面起重要作用的山石要抗压、抗拉。"安"在艺术方面有单安（图 1-9-65）、双安和三

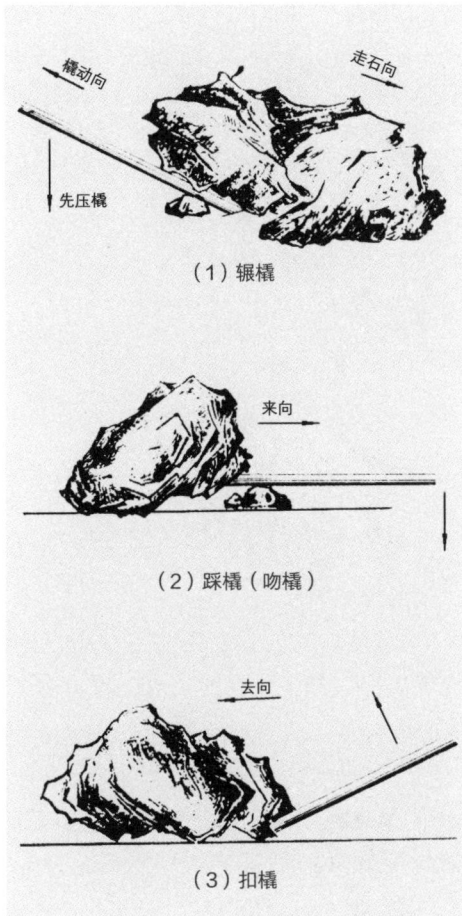

（1）辗橇

（2）踩橇（吻橇）

（3）扣橇

图1-9-64 掀山

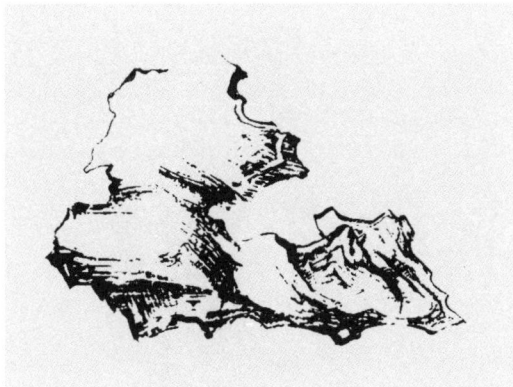

图1-9-65 单安

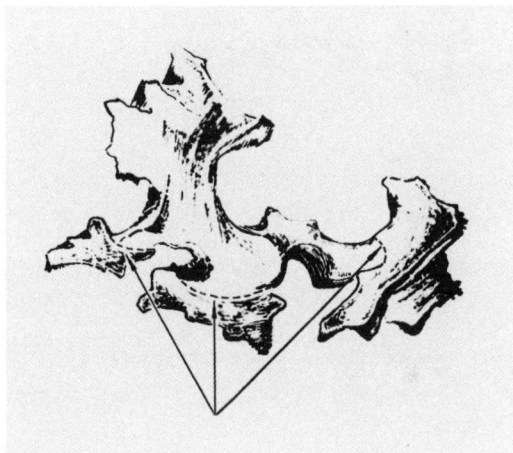

图1-9-66 三安

安之分，因石性而相安。三安也是构图之天、地、人或主、客、配。安石保持上面水平（图1-9-66）。

连：山石水平向结体称连，朝四方如何延续发展。特别是处于基底或下层的山石，平面构成呆滞，上层山石又何以变化。因此要胸有成山、胸有全山。明确石在总体中之地位，在山体组合单元中充当什么角色，才知道怎么连。连下为接上做好准备，方向多变、进出不一、高低相连、错落跌宕方可成巧（图1-9-67）。

接：竖向衔接山石称接。接石注意脉络相贯、皱纹合宜、横竖何裁、横竖何能融于一体。有些并不完全对接，内接外留缝，错接探出，各尽其妙（图1-9-68）。

斗：经水溶蚀或风化，整石山会局部崩落，留下上拱起、下腾空，两端搭于二石间的自然石貌，是为斗之来源。然"一法多式"，拱高、拱度、腾空线

图 1-9-67　连

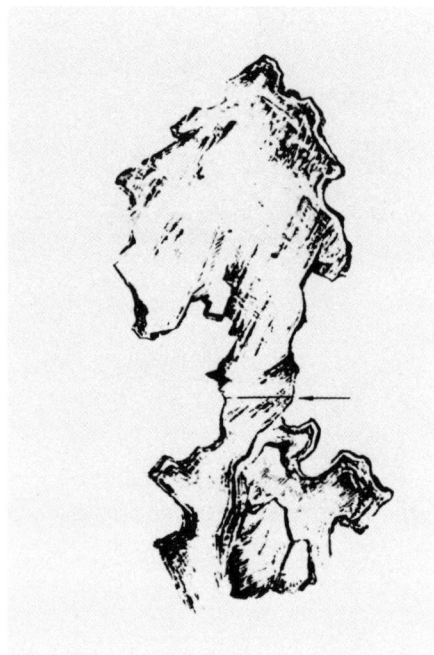

图 1-9-68　接

图 1-9-69　斗

图 1-9-70　挎

型都有千变万化。北京乾隆花园第一进庭院东北向可明显看出"斗"的做法（图 1-9-69）。

　　挎：自然山石侧面有凸出的小山岩，如人挎包者称挎。这可避免山石侧面呆板。最好利用石侧面的小坎连接，尽可能不用铁活加固（图 1-9-70）。

　　拼：连接的综合称拼，以小石拼出大石的形象，甚至有用"拼"做出的特置石。二石相连，空缝太宽大也可做拼缝。也可以说拼涵盖了所有字诀。撮合

图 1-9-71 拼

图 1-9-72 悬

图 1-9-73 剑

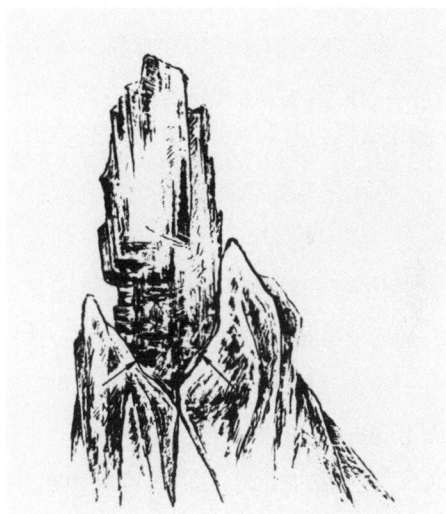

图 1-9-74 卡

也可以说是拼（图 1-9-71）。

悬：自然状态多见于钟乳石之悬空，黄石和其他石也有悬，成因不同，形象各异。人工做时于暗处出石上承以减少上顶下悬的荷载（图 1-9-72）。

剑：天然竖立之长条形山石，如苏州天平山之"万笏朝天"，泰安泰山之"斩云剑"等（图 1-9-73）。

卡：云南石林"千钧一发"和山东泰山"仙桥"都是"卡"的自然状态。山石崩落于夹缝中，因上大下小而卡住。人工可以此作"接"的一种手段。如避暑山庄烟雨楼石壁（图 1-9-74）。

垂：从石上企口倒挂山石称垂，扬州"小盘谷"峭壁上有此做法（图1-9-75）。

除山子张传下的十字诀外，常用于山石结体的尚有如下的字。

挑：自然岩石上存而下崩落后形成挑伸的岩体称挑。人工掇山则由支点、前悬、后坚及飘等组成。出挑可分层，亦可单挑。分层出挑有若"叠涩"之半，最后总要落实到一个支点上。一般最大挑伸，单挑最多约两米，分层出挑还可稍多挑出。挑出的部分山石称前悬。前悬要用数倍重量的山石镇压以保持平衡，后压的山石叫后坚。若出挑之石上面平滞，可加以增加变化。前悬以仰效果最佳，平视、俯视次之。后坚宜藏不宜露，一法多式，变化多端（图1-9-76）。

撑：即石下以柱状石支撑传力，有直撑可发挥"立柱承千斤"的作用。也有因材制宜的斜撑。如扬州个园夏山之洞柱，直斜并用，形态自然（图1-9-77）。

券：作山洞如环桥之券拱，受力和传力都是从斜到直。对湖石山洞特别相宜，最典型的是苏州环秀山庄的假山洞，大小钩带，严丝合缝，甚至天衣无缝（图1-9-78）。

假山的稳定依托于科学的结构，一是基础，二是整体。山石经掇合后互相咬定，用手拍石可以传达到尽可能远之处。其中要点是塞。假山师傅技艺水平主要看安塞的技术。石因底不平而站不稳，就力学而言是重心力已出底外。重力塞要看准欲安塞的楔形空间，一块塞打进去就将重心线拉回来了。

作为假山基础的基础，放线时约比山平面各外扩展50厘米。山体比地表深下30~50厘米。基层古代用3∶7灰土，要出窑不久的生石灰，加水化为石灰再均匀混合壤土。虚铺30厘米挤压到15厘米为一步，称荷重不一而异。灰土分干打和湿打，干打用打灰土的重木蛤蟆夯夯实。湿打是浸水一夜，次日用版筑之杵打，越打越湿。古时有加糯米浆者。凝固后坚固耐久，拆除时要用风镐钻洞分开，灰土断面非常均匀，石灰化成无数均匀分布的小白点。圆明园驳岸有厚80厘米的灰土，抗冻固岸，外贴条石。

现代用素混凝土基层或钢筋混凝土基层。中国工程院院标门扉的特置山石用80厘米深的级配砂石夯实作基底，如蛋卧沙之稳定，石重5吨左右。

拉底达到足够硬度后便可安置"拉底"的基石。万丈高楼从地起，上面的变化都基于基石。挑出是有限的，拉底石顶已高出地面，再接中层，最后收顶。

图 1-9-75 垂

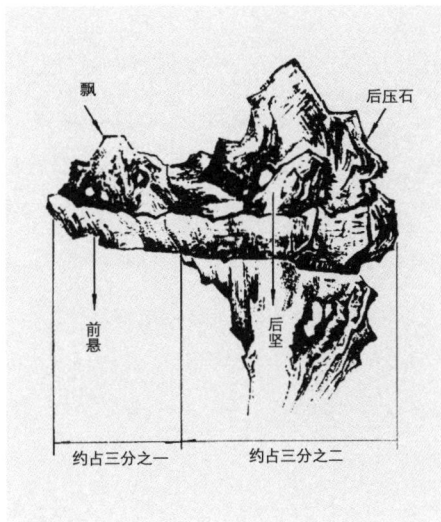

图 1-9-76 挑

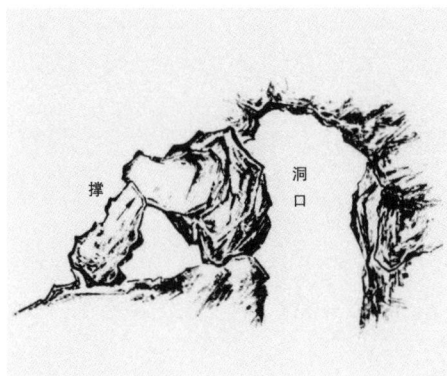

图 1-9-77 撑

图 1-9-78 券

第二章

帝王宫苑

第一节

避暑山庄

　　承德的避暑山庄是一座博得中外园林专家和游人一致赞赏的古典园林。作为现存的帝王宫苑，它不仅规模最大，而且独具一格。其林泉野致使人流连忘返、回味无穷。经修缮和重建，湖区大部分景点已恢复起来（编者注：本部分内容完成于 20 世纪 80 年代）。山区被毁的景点，由于有遗址和资料可寻，亦不难复原。山庄之创作成功必然也包含着许多园林艺术的至理和手法。探索和分析这些理法，不仅有助于复原避暑山庄，而且对其他园林，乃至风景区的建设都会有可借鉴之处，俾使避暑山庄之园林艺术有理可据，有法可循，有式可参（图 2-1-1）。

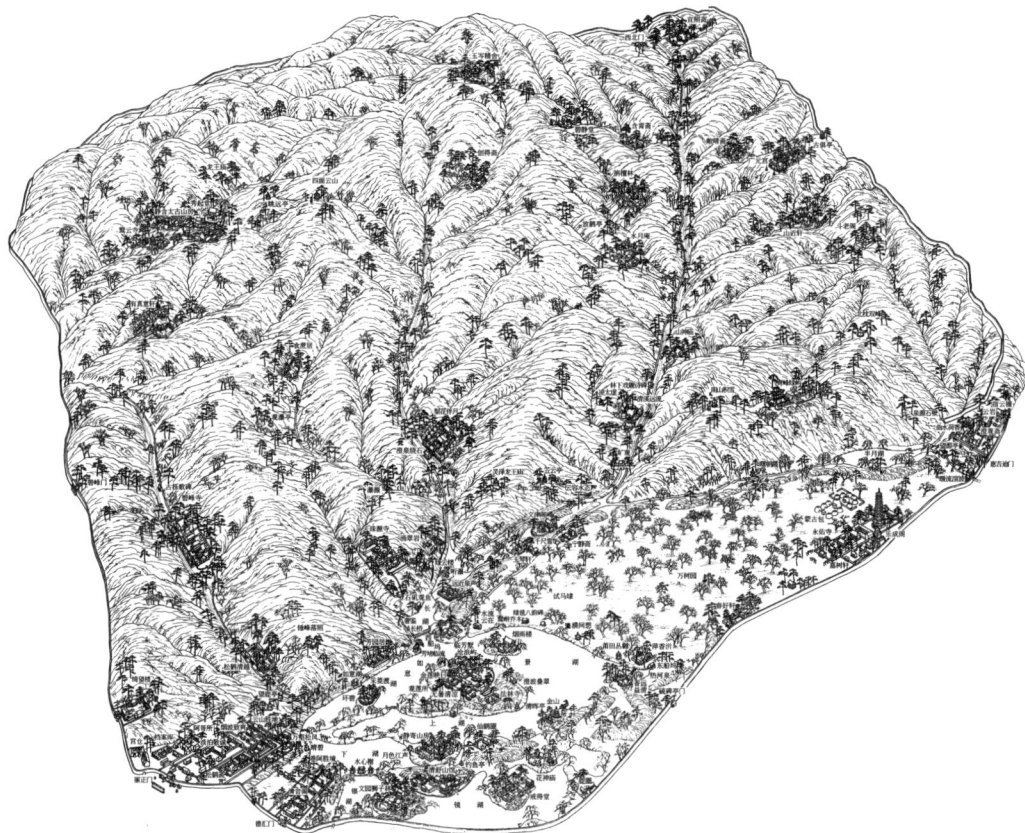

图 2-1-1　避暑山庄鸟瞰

避暑山庄的主人深谙我国园林传统，而且在继承传统的同时着眼于创造山庄艺术特色，在创新和发展传统方面作出了贡献。那么山庄的艺术特色何在呢？若说规模宏大，山庄并不比圆明三园大多少；论模拟江南园林风光，颐和园、圆明园何尝不是北国江南？这些并不是山庄独一无二的特色。山庄的特色在于"朴野"，就是那股城市里最难享受到的山野远村的情调和漠北山寨的乡土气息，包括山、水、石、林、泉和野生动物在内的综合自然生态环境。目前，在山庄的山区里还保存着一座石碑，上面刻有乾隆所书《山中》诗一首：

> 山中秋信得来真，树张清阴风爽神。
> 鸟似有情依客语，鹿知无害向人亲。
> 随缘遇处皆成趣，触绪拈时总绝尘。
> 自谓胜他唐宋者，六家咏未入诗醇。

"鸟依客语""鹿向人亲"写出了山庄野趣，说明园主以山庄之野色自豪，但也是有所本的创造。古典园林在唐宋以降，清避暑山庄之兴建可谓达到古典园林最后一个高峰。

这所宫苑，始建于清康熙四十二年（1703年），直到清康熙四十七年（1708年）初具规模后才定名为"避暑山庄"，并由康熙亲书额题。这样名副其实以山为宫、以庄为苑的设想和做法并不多见。作为帝王宫苑，圆明园虽不愧为"园中有园"的巨作；但就其园林地形塑造而言，无非是在平地上挖湖堆山，把原有"丹棱沜"改造成为有山有水的园林空间，终究难得山水之"真意"。颐和园虽有真山的基础，但由于瓮山（今万寿山）山形平滞，走向单调，具"高远"和"平远"，而缺少"深远"，这才在前山运用布置金碧辉煌的园林建筑来增加层次和深远感，在后山开后溪河以发挥东西纵长的深远。唯独避暑山庄据有得天独厚的自然环境，可以说是于风景名胜中装点园林，主持工程的人又充分利用了地宜，确定了鉴奢尚朴、宁拙舍巧，以人为之美入天然，以清幽之趣药浓丽的原则和澹泊、素雅、朴茂、野奇的格调，更加突出了山庄风景的特色。至今，历经几次浩劫，仍给人以入山听鸟喧，临水赏鹿饮的野景享受，可以想见当年生态平衡未遭到破坏时园景之一斑。

一、有的建庄，托景言志

当初康熙是本着多种目的兴建山庄。无论从山庄的历史背景还是其活动内容和设施来看，山庄确有"怀柔、肄武、会嘉宾"等方面的政治目的，一举而兼得"柔远"与"宁迩"。与此相联系的，山庄的地理位置又有"北压蒙古、右引回部、左通辽沈、南制天下"的军事意义。就其中活动而言，除了日常理政、接见、赏赐和赏宴外，还有祭祀、狩猎、观射、阅马戏、观剧和游憩等。问题是在众多的综合目的中，以何为主？有的学者认为肆武练兵，保卫边防是兴造山庄的主要目的，强调建造山庄最重要的原因还在于政治方面的考虑，其次才是避暑和游览。也有学者认为大多数中国的古典园林的兴造目的是赏心悦目，但山庄却不然。诚然，在封建社会，统治阶级所从事的一切活动都必须强调为本阶级的政治服务，但作为一所宫苑，它在主要功能方面较之紫禁城那样的皇宫还是有区别的。避暑山庄始建5年后，康熙才将其定名为"避暑山庄"，可以准确而形象地概括园主兴建山庄的主要目的，即合宫、苑为一体，追求山间野筑那种"想得山庄长夏里，石床眠看度墙云"（明代祝允明《寄谢雍》诗）的诗意和似庶如仙的生活情趣。这说明"宫"是理政的，"苑"也是为政治服务的，与其分割为两种功能，不如视为对立统一的双重功能。这正是山庄不同于故宫的关键。

帝王追求野致的精神享受，一方面反映人渴望贴近自然的普遍性，同时也突出地反映了帝王向往野致的迫切。清代皇宫采用宫苑合一制。清代满族统治者来自关外，入京后不耐北京暑天炎热，从清顺治八年（1651年）开始，摄政王多尔衮就准备在喀喇河屯（今承德市双滦区滦河镇西北）兴建避暑城，但未到建成他就死于此。清朝皇族亦有到塞外消暑的活动。康熙年轻时就喜欢去塞外游猎和休息，从北京到围场途中先后营建了约二十处行宫，终于确定在此处大兴土木。康熙在《御制避暑山庄记》中宣称："一游一豫，罔非稼穑之休戚；或旰或宵，不忘经史之安危。劝耕南亩，望丰稔筐筥之盈；茂止西成，乐时若雨旸之庆。此居避暑山庄之概也。"这位创山庄之业的康熙还在《芝径云堤》诗中说："边垣利刃岂可恃，荒淫无道有青史。知警知戒勉在兹，方能示众抚遐迩。虽无峻宇有云楼，登临不解几重愁。连岩绝涧四时景，怜我晚年宵旰忧。若使扶养留精力，同心治理再精求。气和重农紫宸志，烽火不烟亿万秋。"他还在《御制避暑山庄记》最后强调："至于玩芝兰则爱德行，睹松竹则思贞操，临清流则贵廉洁，览蔓草则贱贪秽，此亦古人因物而比兴，不可不知。人君之奉，取之于民，不爱者，即惑也。故书之于记，朝夕不改，敬诚之在兹也。"继山庄之业的乾隆到老年时又作《御制避暑山庄后序》，戒己戒后："若夫崇山峻岭、水态林姿、鹤鹿之游、鸢鱼之乐，加之岩斋溪阁、芳草古木，物有天然之趣，人忘尘世之怀。较之汉唐离宫别苑，有过之无不及也。若耽此而忘一切，则予之所为膻乡山庄者，是设陷阱，而予为得罪祖宗之人矣。"以上摘引说明了执政和避暑豫游之间关系。把"扶养精力"和谋求江山亿万秋紧密地联系在一起，主张以游利政，而唯恐玩景丧国。因此，政治和游息可以在对立统一中变化，玩物可丧志，托物可言志，事在人为，不一而论。避暑山庄的兴造目的是在可以避暑、游览和生活的园林环境中"避喧听政"。山庄不仅是宫殿，而且是一所避暑的皇家园林，其主要成就在于创造了山水建筑浑然一体的园林艺术。康熙咏《无暑清凉》诗中："谷神不守还崇政，暂养回心山水庄"应视为园主内心的真情话。

山庄的一般释义是山中的住所或别墅，作为一所古典园林，避暑山庄也是为了"赏心悦目"，其不同于一般私家园林的赏帝王之心，悦皇家之目。同样讲究因物比兴，托物言志，但为一统天下的"紫宸志"。康熙和乾隆在寄志于景、以园言志方面做了不少苦心经营。不论园名、景名都有"问名心晓"之效，这也是地道的传统。"仁寿""万寿"都习为帝王专用的颂词。自北宋以来，几乎宫苑中之山都以"万寿山"为名。不仅颐和园的山称万寿山，北京北海的塔山和景山也称为万寿山。避暑山庄之景，若隐若现，大多有这方面的寓意，像如意洲上的"延薰山馆"。"延薰"除了一般理解为延薰风清暑外，更深一层的寓意就是"延仁风"。这与颐和园的"扬仁风"、北海的"延南薰"都是同义语。《礼乐记》载："昔者舜作五弦之琴以歌南风。"歌词是："南风之薰兮，可以解吾民之愠兮，南风之时兮，可以阜吾民之财兮。"迄后便成为仁君、仁风相传了。

康熙常在避暑山庄金山岛祭天，每年于金山"上帝阁"举行祀真武大帝的祭祀活动，表示自己是上帝的子孙，并祈求上帝保佑风调雨顺，国泰民安。因此这个岛上的另一建筑取名"天宇咸畅"，并被列入康熙三十六景，意即天上人间都和畅。从另一方面看，帝王也唯恐遭人异议，故以"勤政"名殿。《御制避暑山庄记》中还有一方印章叫做"万几余暇"，这是帝王心理和为制造舆论的流露。至于反映在总体布局和园林各景处理方面，托景言志，将志向假托于景物中，借景物抒发志向，以景寓政的反映就更多了。

二、相地求精，意在手先

（一）相地

山庄之设，在"相地""立意"方面是有所创造和发挥的。

山庄选址的着眼点是多方面的，但主要的两个标准是气候凉爽和风景自然优美。相传此地原为辽代离宫，清初蒙古献出了这块宝地。如前所述，康熙从年轻时就和塞外这一带风光有接触。他曾说："朕少时始患头晕，渐觉清瘦，至秋，塞外行围。蒙古地方水土甚佳，精神日健。"清康熙十六年（1677年），他首次北巡到喀喇和屯附近。清康熙四十年（1701年）冬，他来到武烈河畔，领赏棒槌峰的奇观，为拟建的行宫进行实地勘察。又二年，他在已建的喀喇和屯行宫举办五十大寿的庆祝活动，并在穹览寺这座祝寿地点的所在立了这样的碑文："朕避暑出塞，因土肥水甘，泉清峰秀，故驻跸于此，未尝不饮食倍加，精神爽健。"经过比较，最后才以建热河行宫作为众行宫之中枢。康熙为选址避暑行宫，足迹几乎踏遍半个中国，他说："朕数巡江干，深知南方之秀丽；两幸秦陇，益明西土之殚陈，北过龙沙，东游长白，山川之雄，人物之外，亦不能尽述，皆吾之所不取。"他相地选址是先选"面"，再从"面"中选出最理想的"点"。

　　他相地的方法是反复实地踏勘，考察碑碣，访问村老，从感性向理性推进。据记载，当时山雨后，但闻潺潺径流声，地表不见水，也不泥鞋，整个山地都被一层很厚的腐叶层覆盖。不仅有丰富的水源可保证生活和造景用水之需，而且水质上好。山庄泉水佳是公认的。"风泉清听"之泉水亦有"注瓶云母滑，漱齿茯苓香"之赞语。另外，"山塞万种树，就里老松佳"，指明了松林多而长势茂盛。松脂所散发的芳香确有杀菌之效。

　　如果单纯是环境卫生也不足可取，山庄更具有天生的形胜，其自然风景优美之素质又恰合于帝王之心理和意识形态的追求。揆叙等人在《恭注御制避暑山庄三十六景诗跋》中对踏查热河的原委有所说明："自京师东北行，群峰回合，清流萦绕。至热河而形势融结，蔚然深秀。古称西北山川多雄奇，东南多幽曲，兹地实兼美焉。"山庄的这种地势现在即使乘火车经过也可以窥见一二。山庄要达到"合内外之心，成巩固之业"的政治目的，要符合"普天之下莫非王土""四方朝揖，众象所归""括天下之美，藏古今之胜"的心理，而"形势融结"这点是最称上心的。从整个地形地势看，山庄居群山环抱之中，偎武烈河川流之湄，是一块山区"Y"形河谷中崛起的一片山林地。《尔雅·释山》载："大山，宫；小山，霍。""宫"即围绕、包含之意；小山在中，大山在外围绕者叫霍。《礼记》载："君为庐官是也。"山庄兼有"宫""霍"及中峰之形胜。北有金山层峦叠翠作为天然屏障（明北京城造万岁山，即今景山，为皇城屏障），东有棒槌诸山毗邻相望，南可远舒僧冠诸峰交错南去，西有广仁岭耸峙。武烈河自东北折而南流，狮子沟在北缘横贯，二者贯穿东、北，从而使这块山林地有"独立端严"之感。众山周环又呈奔趋之势朝向崛起的山地，有如众山辅弼拱揖于君王左右，并为日后布置外八庙，使与山庄有"众星拱月"之势创造了优越条件。大小峰岗朝揖于前，包含着"顺君"的意思（图 2-1-2、图 2-1-3 ）。

形势融结的山水也是构成山庄有避暑小气候条件的主要原因。承德较北京稍北，夏季气温确有明显差别。物候期大致比北京晚一个多月。坐火车北上，一过古北口，空气显著转为清凉。说承德无暑是夸大，但山庄的气温确实在夏天热得晚，秋凉来得早，盛夏时每天都热得很晚，而傍晚转凉较早。如果傍晚从承德市区进丽正门，一下"万壑松风"，就会明显感到爽意。因为山庄北面、东面而南的河谷是天然风道。西部山区几条山谷都自西北而东南，朝向湖区和平原区，这些顺风向的山谷不仅谷内凉爽，而且山谷风可把山林清凉新鲜的空气输送到湖区，驱使近地面的热空气上升排走，如同通风的支线，加以湖区水面的降温作用和山林植被的降温作用，所以有消暑的实效。

1982 年 5 月我们选择了地面条件相近的点测了气温和相对湿度，下列二表分别为 1982 年 5 月 20 日 15 时及 1982 年 5 月 24 日 20 时所测记录（表 2-1-1、表 2-1-2 ）。测的时间虽不在盛夏，但可看出大致在每天气温最高这段时间各点的差别不显著，而当傍晚时山庄内气温显著下降，尤以松云峡为最，有"避暑沟"之称。

选山林地造避暑宫苑也有利于反映帝王统治天下的心理。《园冶》载："园地惟山林最胜。有高有凹，有曲有深。有峻而悬，有平而坦，自成天然之趣，不烦人事之工。"山庄这块地正具有在有限面积中集中地囊括了多种地形和地貌的优点。如何满足帝王"莫非王土"的占有欲和统治欲呢？避暑山庄以高山、草原、河流、湖泊的地形地貌反映中国的大好河山。总的地势西北高、东

图 2-1-2　避暑山庄天桥山

图 2-1-3　太阳洞

1982 年 5 月 20 日避暑山庄气温和相对湿度　　　表 2-1-1

地点	温湿度		1982.5.20　15 时
秀起堂	气温	干球	32.6℃
		湿球	17.1℃
	相对湿度		37%
万壑松风	气温	干球	32.5℃
		湿球	17.1℃
	相对湿度		37%
市区·（火神庙）	气温	干球	33.6℃
		湿球	18℃
	相对湿度		37%

1982 年 5 月 24 日避暑山庄气温和相对湿度　　　表 2-1-2

地点	温湿度		1982.5.24　20 时
松云峡东谷口	气温	干球	22.4℃
		湿球	17.2℃
	相对湿度		65%
万壑松风	气温	干球	25.5℃
		湿球	18.4℃
	相对湿度		58%
市区·（火神庙）	气温	干球	28.9℃
		湿球	19.1℃
	相对湿度		48%

南低。巍巍的高山雄踞于西，具有蒙古牧场草原特色的"试马埭"守北，具有江南秀色的湖区安排在东南，恰如中国版图的缩影。中国风景无数，这里却兼得北方的雄奇和江南秀丽之美。外围环拱的山坡地可作发展的余地。这又为恬天下之美、藏古今之胜提供了很理想的坯模条件。既有武烈河绕于东，又可引河贯庄。加以山泉、热河泉的条件，山水之胜致使茂树参天。招来百鸟声喧，群麋皆侣，鸢飞鱼跃，鹰翔鹤舞。

　　在地形丰富的基础上又有奇峰异石作为因借的嘉景。纳入北魏郦道元《水经注》的"石挺"（即棒槌山）孤峙无依，仿佛举笏来朝。无独有偶，棒槌山南又有蛤蟆石陪衬。成为"棒喝蛤蟆跑"的奇观，还有用热河温汤濯足的罗汉山，"垂臂于膝，大腹便便"。僧冠峰则以其递层跌宕的挺拔轮廓构成南望的借景。在山庄据山环视，有这么丰富的借景，实为"自天地生成，归造化品汇"不可多得的风景资源。

带着建避暑行宫的预想，再纵观这片神皋奥区。初步的规划设想也就油然而生了。北面和东面，自有沟、河为界。宫殿可设于南端平岗上，既取坐北朝南之向，又可据岗临下。大面积山林和平原则是巨幅添绘好图画的长卷。

应该指出帝王所追求的"野"致也不是荒野无度的。难得的是"道近神京，往还无过两日"的交通条件和易于设防的保卫条件。这些都是不可忽略的选址条件。

（二）立意

相地和立意是互有渗透的两个环节。此所指的是立总的意图。相当于今天所谓的规划设计思想和原则。山庄用以体现建庄目的、指导兴建构思的原则包括以下几方面：

1．静观万物，俯察庶类

这显然是指最高统治者的思想境界和心情。标榜帝王善被恩风，重农爱民。这反映在山庄许多风景的意境中。如山庄西南山区鹭云寺侧有"静含太古山房"。意含"山仍太古留，心在羲皇上"。所谓"静含太古"即表示要学习三代以前的有道明君。又如东宫的"卷阿胜境"就是在这种思想指导下形成的。卷是"曲"，阿是指山坳。卷阿原在陕西岐山县岐山之麓。其自然条件为"有卷者阿，飘风自南"（《诗·大雅》卷阿），即曲"折"的山坳有清风徐来。其寓意为选贤任能，君臣和谐。周时召公跟成王游于卷阿之上。召公因成王之歌即兴作《卷阿》之诗以戒成王，大意是要成王求贤用士。"卷阿胜境"追溯几千年君臣唱和，宣传忠君爱民的思想正基于此。又如位于山区松林峪西端的"食蔗居"中有一个临山涧的建筑叫"小许庵"，说的是尧帝访贤许由的典故。至于"重农""爱民"等"俯察庶类"的思想就不胜枚举了。

2．崇朴鉴奢，以素药艳

崇朴一方面是宁拙舍巧"洽群黎"，缓和帝王和黎民间的矛盾，也出于因地宜兴造园林。后者是保护山庄自然景色和创造山庄艺术特色的高招。所谓"自成天然之趣，不烦人事之工"并不单纯是出于节约。更着眼于创造山情野致。在这种设计思想指导下才能产生"随山依水揉辐齐""依松为斋""引水在亭""借芳甸而为助"和建筑"无刻楠丹楹之费"的做法。目前在"芳园居"西北山麓尚保存了一组山石，其主峰上有"奢鉴"的石刻。"因简易从"的做法完全可能达到"尤特致意"的境界。"宁拙"非真拙，而是要求做到"拙即是巧"。中国的书画、篆刻向有以古拙、淡雅、素净、简练取胜。山庄的设计也有此意，即是以清幽、朴素取胜，山庄建筑无雍容华贵之态，却颇具有松寮野筑之情。山庄中茅亭石驳、苇菱丛生的"采菱渡"比之桅灯高悬、石栏砌阶的御码头不是更具生意吗？那种乡津野渡，甚至坐在木盆中荡游采菱的意味包含着多浓厚的乡情（图2-1-4）！在这种思想指导下，山区有不少大石桥不用雕栏，以往湖区的桥多是带树皮的木板平桥。加以水位以下驳岸，水面上以水草护坡的自然水岸处理，才是山庄的本色。乾隆所谓："峻宇昔垂戒，山庄今可称"，说明园主有意识地创造朴素雅致的山居。

3．博采名景，集锦一园

中国万水千山，天下名景无数。欲囊括天下之美，谈何容易。山庄所采名景的数量不及圆明园多，但无论湖区或山区都有很肖神的几组风景点控制风景的局面，还有不少属于隐射。山庄不仅是塞外的江南，也是漠北的东岳。取山仿泰山，理水写江南，借芳甸做蒙古风光，可以说抓住了中国几种典型风景的性格。如果没有真山的条件，就很难建象征泰山顶上"碧霞元君祠"的"广元宫"。再者，多样的采景都必须纳入统一的总体布局。仿江南并不是，也不可能是真正的江南，而是"塞外之中有江南，江南之中有塞外"。融各景为炉火纯青之一园，这才能保证格调的统一，这才有独特的艺术性格。

图2-1-4　采菱渡

4．外旷内幽，求寂避喧

避暑的要求反映在气候方面则是清凉宜人。园林风景性格如何符合避暑的要求呢？中国向有"心静自然凉"的说法。风景性格就必须舍浓艳取淡泊、避喧哗取寂静，以适应"避喧听政"的要求。"山庄频避暑"必然要求"静默少喧哗"。试看山庄狩猎、观射、观马技等活动都在秋季或夏秋之交举行。无论湖区或山区都以静赏为主。"月色江声""梨花伴月""冷香亭""烟雨楼""静好堂""永恬居""素尚斋"，无不给人以宁静的感受，都是追求山居雅致的反映。

风景性格又可概括为旷远和幽婉。帝王为显示宫廷气魄必仰仗旷远而取得雄伟壮观的观赏效果。欲求苑之景色莫穷又必须以幽婉给人婉约之情。山庄之湖区和平原区为旷远景色奠定了基础。占园地五分之四的山区又以其深奥狭曲的条件创造了布置幽深景色的优越条件。这种有明有暗的造景意识也是和山水画的传统息息相关的。

三、构园得体，章法不谬

《园冶》所谓"构园得体"实际上指园林的结构和布局要结合地宜，使之得体。古代园林哲匠，往往严于布局，花很多时间考虑结构。一旦间架结构成熟，便可信手指挥施工。园林和文学一样具有"起、承、转、合"的章法，又具有结合园林特性的具体内容。要做到章法不谬，必须统筹造山、理水、安屋、开径和覆被树木花草、养殖观赏动物。

（一）先立山水间架

山水地形是园林的间架，自然山水园的构景主体是山水。这是园林区别于单纯的建筑群和庭园布置的主要之点。山水必须结合才能相映成趣。就山庄而言，占地五分之四的山地自然是主体。自然要以山为主，以水为辅，以建筑为点景，以树木为掩映。这也符合宋代李成《山水诀》"先立宾主之位，次定远近之形。然后穿凿景物，摆布高低"的布局程序。山庄已原有真山形势，姑且先谈理水，再议造山。

1．理水

理水的首要问题是沟通水系。也就是"疏水之去由，察源之来历"。最忌水出无源和一潭死水。这是保持水体卫生的先决条件。康熙曾说过："问渠哪得清如许？为有源头活水来。"他引用朱子的诗句也就说明他深领理水的传统做法。山庄水源有三处，主要是武烈河水，并按"水不择流"之法，汇入狮子沟西来之间隙河水和裴家河水；二是热河泉；三是山庄山泉。诸如"涌翠岩""澄泉绕石""远近泉声""风泉清听""观瀑亭""瀑源亭"和"文津阁"东之水泉和地面径流。康熙开拓湖区以前，里外的水道在拟建山庄范围内仅仅是顺自然坡度由北向南流的沼泽地。里面是热河泉和集山区之水形成"Y"形交合，外面是武烈河。二者又自然呈"V"形汇合。山庄据山傍水，泉源丰富，再加以人工改造则为之改观。从避暑山庄乾隆时期水系略图（图2-1-5）可看出由于武烈河自东而南递降，所以进水口定在山庄东北隅，以较高的水位

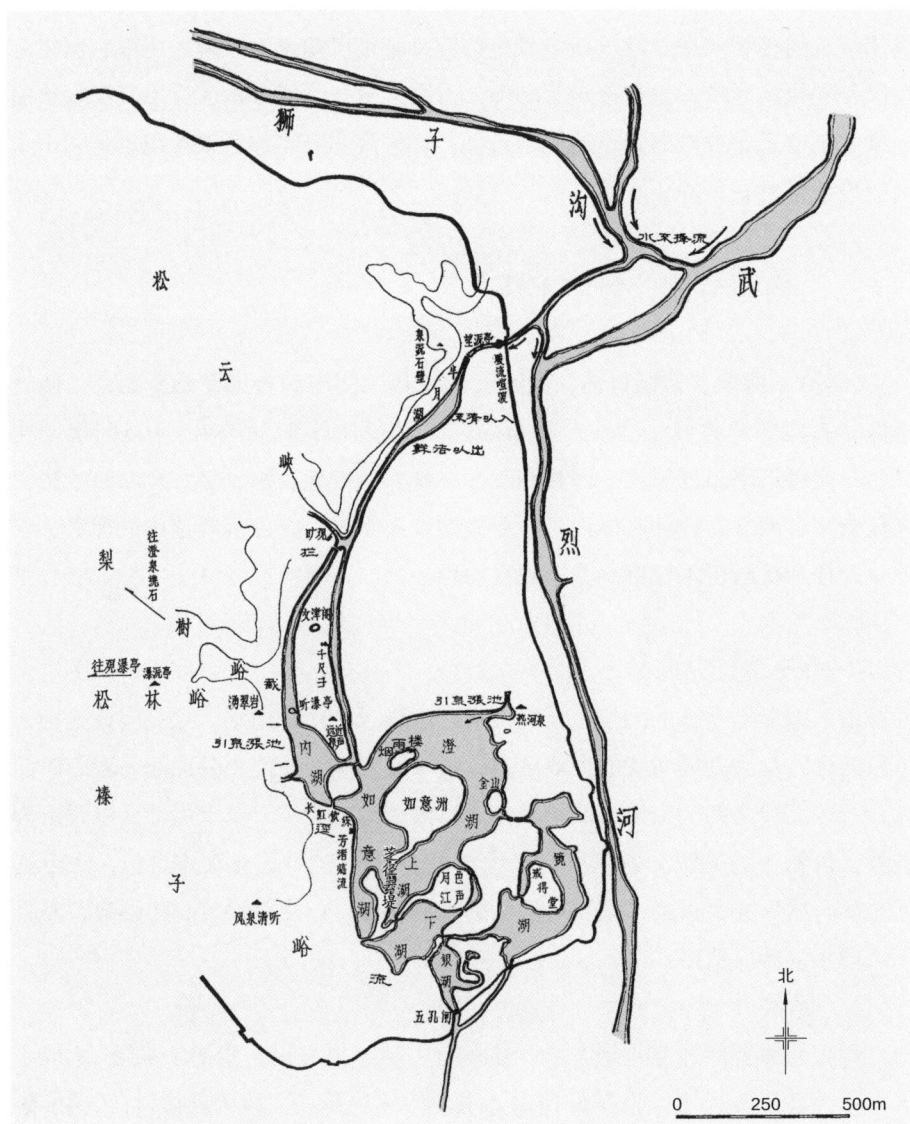

图 2-1-5　避暑山庄乾隆时期水系略图

输入。顺水势引武烈河向西南流。经过水闸控制才入宫墙。入水口前段布置了环形水道，需时放水，不需时水循另道照常运行。从清道光年间《承德府治图》和现存山庄清无名氏绘《避暑山庄与外八庙全图》看到二者共同描写之概况。作为园林水景工程，和一般水利工程相比，除了必须满足水工的一般要求外，尤在利用水利工程造景。山庄之引水工程值得称赞之处也在此。这就是"暖流喧波"的兴建。《热河志》载："热河以水得名。山庄东北隅有闸，汤泉余波自宫墙外演迤流入。建阁其上，漱玉跳珠，灵润蒸蔚。"康熙记道："曲水之南，过小阜，有水自宫墙外流入。盖汤泉余波也。喷薄直下，层石齿齿，如漱玉液，飞珠溅沫，犹带云蒸霞蔚之势。"武烈河上游也有温泉注入，也称热河。以上均指此。并非山庄境内之热河泉。可见，进水闸前引水道由于闸门控制而有降低流速、沉淀泥沙的功能。"喷薄直下"说明内外水位差经蓄截而增大。而且采用的是"叠梁式"木闸门。"层石齿齿"则说明水跌落下来有"消力"的设施以减少水力对里面水道的冲刷。康熙有诗中咏道：

> 水源暖溜辄蠲疴，涌出阴阳涤荡多。
>
> 怀保分流无近远，穷檐尽诵自然歌。

"暖流喧波"上若城台，台上建卷棚歇山顶阁楼。有阶自侧面引上。水自台下石洞门流入。自然块石驳岸，并有树丛掩映左右。登城台即可俯瞰流水喧波。其西安"望源亭"跨水。再西有板桥贯通。桥之西南，水道转收而稍放，开挖"半月湖"。并就地挖土，起土丘于半月湖东南。半月湖北可承接"北枕双峰"以北的大山谷所宣泄的山洪和"泉源石壁"瀑布下注之水。西则汇集"南山积雪"东坡降水。鉴于山地地面径流掺杂了不少泥沙。半月湖在水工方面又成为沉淀泥沙的沉淀池，外观上又仿自然界承接瀑布之潭。此湖向山呈半月形亦利于"迎水"。

半月湖以南又收缩为河。形成仿佛扬州瘦西湖"长河如绳"那样的水域性格。在松云峡、梨树峪等谷口则又扩大成喇叭口形。长湖在纳入"旷观"之山溪后分东西两道南流而夹长岛，如长江或珠江"三角洲"的天然形势。居于长岛西侧的河道的线形基本和西部山区的外轮廓线相吻合。不难看出所宗"山脉之通按其水境，水道之达理其山形"的画理。为了模仿杭州西湖和里西湖的景色，又逐渐舒展为"内湖"。然后以"临芳墅"所在的岛屿锁住水口，将欲放为湖面的水体先抑控为两个水口。水口上又各横跨犹如长虹的堤桥，形成"双湖夹镜"等名景。其景序说："山中诸泉从板桥流出汇为一湖。在石桥之右复从石桥下注放为大湖。两湖相连阻以长堤，犹西湖之里外湖也。"这一带有天然岩石可以利用，不用人工驳岸自成防水淘刷之坚壁。现在仍可从"芳渚临流"一带看到自然裸岩临水之景观（图 2-1-6）。"双湖夹镜"诗咏也证明当初确有这种意图：

连山隔水百泉齐，夹镜平流花雨堤。
非是天然石岸起，何能人力作雕题。

　　山庄开湖的工程可分为两个阶段。康熙时的湖区东尽"天宇咸畅"，南至"水心榭"，亦即澄湖、如意湖、上湖和下湖。至于其东之镜湖和银湖都是在乾隆年间新拓的。湖区水景布局包括湖、堤、岛、桥、岸和临水建筑、树木等综合因素。当初施工是由"芝径云堤"为始。总的结构是以山环水，以水绕岛。《御制避暑山庄记》说："夹水为堤，逶迤曲折。径分三枝。列大小洲三。形若芝英，若云朵，复若如意。有二桥通舟楫。"《热河志》补充："南北树宝坊。湖波镜影，胜趣天成。"芝英即灵芝草。如意头的造型亦形如灵芝或云叶形，是以仙草象征仙境的做法。自秦始皇在长池中作三仙岛以后，历代帝王多遵循"一池三山"之法。山庄的三岛处理别出心裁，从一径分三枝。如灵芽自然衍生出来。生长点出自正宫之北。三岛的大小体量主次分明。相当于蓬莱的最大的岛屿"如意洲"和小岛"环碧"簇生一起，而中型岛屿"月色江声"又与这两个岛偏侧均衡而安，形成不对称三角形构图，其东又隔岸留出月牙形水池环抱"月色江声"岛，寓声色于形。就功能而言，"以堤连岛"既有逶迤的窄堤为径，又有宽大的岛布置建筑群。就形式美而论，狭堤阔岛又具有线形和轮廓方面的对比衬托。从工程方面看，除了如意洲南端向西北凹弯部因经受风浪冲击略有塌方和变形外，三个岛基本上是稳定耐久的。池中堆岛山还可边挖边堆，就近平衡土方。烟雨楼和金山两个小孤岛坐落的位置亦与三岛相呼应。传说中也有五座仙岛之说，即除了蓬莱、方丈、瀛洲外还有壶梁、员峤。烟雨楼和金山平面面积不大，但其立面构图和空间形象却非常突出。

　　就处理阴阳、虚实关系来说，和书法落笔要"知白守黑"是一样的。湖中设岛，堤岛既成形，加以岸线处理，湖的轮廓也就出来了。中国园林理水讲究聚散有致，所谓"聚则辽阔，散则潆洄"。再细一点即要求理水之"三远"，即旷远、幽远和迷远。山庄湖区面积不大，又取以水绕岛之势，多是中距离观赏。但也有三条旷远的水景线，它们的共同特点是纵深长而水道较直。一条是自"万壑松风"下面的湖边上北眺，视线可经水直达"南山积雪"。另一条为自同一起点至小金山，水面最为辽阔。有一时期曾从"月色江声"北端筑土堤通到如意洲，为了追求陆路便捷而破坏了水景，经复原后才又得景如初。还有

图 2-1-6　芳渚临流：借水湄巨石为基，自成临流之芳渚佳境。亭以境出，重檐比例恰到好处

一条是自热河泉西望。如果自"水流云在"东望，则因热河泉收缩于内，东船坞又沿水湾北转，一目难穷，又有幽远、深邃之感。试想当初更可进内湖沿山上溯，山影时障时收，那又会有"山重水复疑无路，柳暗花明又一村"的迷远变化。

康熙时期正宫东北有湖景可眺。乾隆在东宫为朝后，东宫东面也不能无景可观。可能由于，在清乾隆十六年至十九年（1751—1754 年）这段时间里。山庄湖区又往东、南扩展了一次，使武烈河东移一段，在腾出的地面上挖出了银湖和镜湖。同时开辟了文园狮子林、清舒山馆和戒得堂等风景点。目前从金山东面尚可见康熙时期石砌河堤的遗迹。扩建部分的新堤便建于旧堤之东，足见扩展了相当大的面积，宫墙也随之更改而向东南拱出，并在原水闸之位置建"水心榭"，出水闸则推移至五孔闸。

水心榭实际上是一个控制水位的水工构筑物，使新旧湖保持不同的水位。新湖水位略低于旧湖。但水心榭并不是水闸，而是"隐闸成榭"的园林建筑，是跨水的一组亭榭。特别是渡过万壑松风桥向东南望，石梁横水，亭榭参差，后面又衬有高山作背景，层次深远，爽人心目。如自银湖回望则又有一番意味。可以判断，这个水工构筑物和园林建筑的结合又胜"暖流喧波"一筹。究其成功之原因，布局位置得宜，夹水横陈，又把闸门化整为零，分闸墩成八孔，闸板隐于石梁内，从而又构成水平纵长的特殊形体。平卧水面，与水相亲，十分妥帖。加以水映倒影，上下成双，波光荡漾，曲柱跃光（图 2-1-7）。正如乾隆所描写的一样。

图 2-1-7　水心榭

> 一缕堤分内外湖，上头轩榭水中图。
>
> 因心秋意萧而淡，入目烟光有若无。

　　总观山庄之理水，源藏充沛，引水不择流。水的走向与西部山区汇水的几条主要谷线松云峡、梨树峪及松林峪、榛子峪近于垂直。便于承接山区泉水和雨季大量的地面径流，成为天然的排放水体，从而得到"山泉引派涨清池"的效果。人工开凿力求符合自然之理，理水成系，使之动静交呈。由泉而瀑，瀑下注潭，从潭引河，河汇入池，引池通湖。还刻意创造了萍香沜、采菱渡等野色。在"旷观"附近水分两道，为的是西面一水道承接山区来水，东面一水道汇入"千尺雪"的泉水。内湖仿佛是蓄水库，可控制下游水量。自"长虹饮练"后才放开为大湖。热河泉的水自东交汇，径南至水心榭，后延伸至五孔闸泄水。因此水系的开辟受多方面因素影响，因势疏导而成。山庄之理水也走过一些弯路。从嘉庆《瀑源歌》诗中可以看出不按自然之理处理水景便难以长存。其诗曰：

> 一勺之多众山里，涓涓不忉注宛委。
>
> 盈科后进循自然，放乎四海皆如是。
>
> 瀑源本在此谷中，归贮木匣贮积水。
>
> 伏流涧底人不知，逐疑垂练伪造耳。
>
> 欲巧反致失其真，矫揉造作岂可持。
>
> 圣人凡事必求真，肯令浮言淆至理。
>
> 特命子臣率大臣，步步测量审远迩。
>
> 乃知此水在此山，易木以石流弥弥。
>
> 奎章巍焕泐亭阴，发明证实岁月纪。
>
> 高低互注九曲池，得源岂徒为观美。
>
> 伏必于而显斯清，澄澈泠泠去尘滓。
>
> 行藏用含皆待时，有本无求安汝止。

　　这诗是一段对山庄理水的实录。在处理水工构筑物时，力求结合成景。就水的空间性格而言，聚散有致、直曲对比、有明有暗（如"香远益清"和"文园狮子林"的水面都是藏于隐处的），把寓仙境、摹江南结为一体。水绕岛环、水盈岸低、木桥渡水、苇蒲丛生、荇萍浮水，给人以爽淡、清新、亲切、宁静之水乡野情，和一般宫苑所追求的金碧辉煌完全不一样，把水理出了性格，这很难得（图2-1-8）。

　　2.造山

　　山庄真山雄踞，无须大兴筑山之师。但可借挖湖之土用以组织局部空间，协调景点间的关系以弥补天然之不足。如"试马埭"位于文津阁侧溪河之东，须筑防水之土堤，这就是"埭"的含义。万树园要求倾向湖面以利排水，也要垫土平整。金山岛仿镇江金山寺，如直接与如意洲上的宫廷建筑对望便有欺世之嫌，也相互干扰。因此如意洲由东而北都有土山作屏障。真的金山与焦山相望。焦山的风景特征正是"山包寺"而不见寺。如意洲以土山障宫室，自金山西望山不见屋，就协调了两个景点间的关系。如意洲的西部是敞开的，这样可以露出"云帆月舫"。山庄筑山最好的是从"环碧"至如意洲这一段（图2-1-9）。

图2-1-8　避暑山庄文园狮子林

图2-1-9　避暑山庄"环碧"

其间土山交复，夹石径于山间，形成路随山转，山尽得屋的景象。另一处是由热河泉而南，路随土山起伏，土山交拥，形成狭长的低谷地。至于"香远益清""清舒山馆"和"文园"都利用土山范围空间。"卷阿胜境"之南又筑曲山两卷以象征景题所寓的地貌特征。上述筑山工程都在布局中起了重要作用。

在掇山方面，山庄不仅有合理的布局，而且饶有塞外山景的特色。宫区以"云山胜地""松鹤斋"和"万壑松风"为重点。湖区以"狮子林""金山""烟雨楼"和"文津阁"为重点。山区则以"广元宫""山近轩""宜照斋""秀起堂"等为重点。这些掇山虽不是同一时期所为，但如同文字一样，善于因前集而作风景的"续篇"，始终得以保持统一的风格而又不乱布局之章法。可以看出，山庄掇山是由乾隆扩建山庄时兴盛起来的。作为清代宫苑，完全有条件从外地采运山石，但并没有这样做，而是遵循"是石堪堆""便山可采"和"切勿舍近求远"的原则选用附近的一种细砂岩，其中有的还掺杂一些"鸡骨石"的白色纹层。这种山石有色青而润，亦有偏于黄色，体态顽夯、雄浑沉实，正好衬托山庄雄奇的山野气氛。这和以透、漏、瘦为审美标准的湖石完全是两种风格。乾隆是很有意识地要创造山庄掇山风格的，乾隆在《题文园狮子林十六景·假山》中说：

> 塞外富真山，何来斯有假。
>
> 物必有对待，斯亦宁可舍。
>
> 窈窕致径曲，刻峭成峰雅。
>
> 倪乎抑黄乎，妙处都与写。
>
> 若顾西岭言，似兹秀者寡。

另一首诗又说："欲问云林子，可知塞外乎"。可见山庄掇山是在宗法倪瓒画法的基础上结合塞外风景特性来布置的。山庄文津阁掇山就是刻峭成峰，以竖用山石取得峭拔之势，这也是"棒槌山"峰型的抒发。金山掇山则取"折带皴"以层出横云，跌宕高下而取得雄奇感。即既有统一的布局，又有各景点的山石特征。山庄很少用特置单个奇峰异石取胜，而是着眼于掇山的整体效果。

从翻修"月色江声"岛院内的山石来看，其掇山结构取"以条石堑里"之法，用花岗石的长条石作骨架，外覆自然山石，石体中空。这和现代砌围堵心的结构是不相同的。

（二）结合地宜规划

园林不同于绘画，除可观外，也可居、可游。山水间架的塑造也是结合使用功能统筹的。山庄之分区基本上按地形地貌的类型划分。南部平岗地和平地用以布置宫殿区，用正南方向和通往北京的御道相衔接。仍然遵循前宫后寝、前殿后苑和"九进"等传统布置宫苑之制，有明显的中轴线相贯。由于用地面积有限，布置格外紧凑，宫殿建筑的尺度较小而比例合宜。正宫整个的气氛庄严肃穆，但又没有紫禁城宫殿之华丽。建筑灰顶，装修素雅，不施彩画，木显本色。加之两旁苍松成行，虬枝如伞，显得格外清爽、朴雅、淡适、恬静，这正是行宫的特色。从前宫到后寝，从宫殿到苑园，逐渐过渡。如主殿"澹泊敬诚"以北，廊子逐渐增多，山石布置也逐渐增多。正殿南面还用石垂带踏跺，而殿北就过渡为山石如意踏跺了。直至"云山胜地"已是云梯累累，古松擎天，环视皆有石景了。正宫最北的"万壑松风"相当于一般私家园林的厅堂，据岗俯湖或远眺山色，可以粗览湖光山色之概貌。由此可以放射好几条主要风景线，向北可把视线拉到"南山积雪""北枕双峰"。外八庙居北之普佑寺尚可依稀在望。视线东扫，则金山岛之上帝阁显赫地矗立湖际。再由东而南，远瞩"磬锤峰"及附近诸庙，近得水心榭斜卧水中，还有些景则半掩半露，逗人入游。在"起、承、转、合"的章法中，这可谓是园景之"起"。这个起点选居岗临湖、居高临下之形势，较之一般宅园厅堂更富有山林野趣。解放后湖区插柳成行，难免阻挡了一些风景线。应按"碍木删桠"的道理全部恢复风景透视线。

湖区南起"万壑松风"桥，北止万树园南缘四亭。以"万壑松风"桥为起点，开辟了三条游览路线。一沿西岸、一沿东岸、一贯诸岛。在布局方面主要是确定如意洲的位置，因为这是别宫所在、洲居湖心众水口所归之处，这里是湖区承接山风淑气最好的地方。康熙所谓"三庚退暑清风至，九夏迎凉称物芳""山中无物能解愠，独有清凉免脱衫"，乾隆所谓"洞达轩窗启，炎朝最纳凉"，都是指这个岛。因此这个岛向西敞开，一为采风，二为得景。如意洲既采用北方四合院的格局布置主体建筑院落，又有从四合院派生的别院。若通若隔之邻院和与金山相呼应的岸亭点缀，加以"园中有园"之沧浪屿，移来江南余韵，亦乃大中见小，小中见大。

湖区主岛既定，"月色江声"岛上就仅有一个相当于四合院的布置。列为第三位的"环碧"则为更加简练的建筑组合。因青莲岛以全岛环水居澄湖中而设"烟雨楼"（图 2-1-10），取金山岛峭立湖边而成金山。由于"堤左右皆湖"有碍水上游览的贯通，这便"中架木为桥"。湖区北岸上的四个亭子，乍看时似乎等距相安，未免呆板。但按原水系的布局，"水流云在"把于水口，与烟雨楼、如意洲西部、"芳渚临流"借三叉水口互为对景。在水口附近集中布置

图 2-1-10　避暑山庄烟雨楼

园林建筑也是惯法。"濠濮间想"也是突出水景的。"莺啭乔木"和"甫田丛樾"则按"承、转"的章法由湖区向平原区的"万树园"过渡了。这四座亭子一方面把湖区景色收住,一方面又向北掀开风景的新篇章。建烟雨楼后,登楼自西而东隔水观望,"绿毯八韵碑"居中正对,其东西各有二亭呈现在楼柱和挂落构成的框景中,有"步移景异"之妙,说明乾隆在扩建时着意在已建基础上写"续篇",使湖区更臻完整。

紧接湖区的万树园和试马埭,无论在使用功能和空间性格方面都有转换,使游人再次兴起。游者的心目从欣赏摹写江南水乡秀色转向一览地广而平、牧草遍野的蒙古草原风光。万树园是稀树草地景观,试马埭则处草原一角,二者以北还有蒙古包的场地,国内外重要人物得以在如此别致之所朝见君王。

山区建筑在康熙时期建设不多,首先在四个山峰上安亭以控制整个山庄之局势和风景。"锤峰落照"控制湖区,"南山积雪"和"北枕双峰"控制平原区和北部湖区,居于山区第二高峰上的"四面云山"则可控制山区内部。高山安亭,在布局章法方面起了"结"的作用。适才所游之景,可尽收于目下。回忆游程,再审去处。

山庄范围依地势划分。北面的山脊线上架宫墙。随山岭蜿蜒有若小长城。西南也基本以山脊线为界。西面从谷线设界墙,故西南部常设排水口穿墙。东面则以武烈河堤为邻,整个形成一把"芭蕉扇"形,而扇柄则是正宫和东宫的所在。我认为作为采取"集锦式"布局而言，山庄并没有像颐和园佛香阁或北海白塔那样明显的构图中心。整个外八庙是朝向山庄的，山庄内山区和平原区交拥着湖区，而湖区还是朝向宫殿区。"芝径云堤"的生长点就来自正宫的方向。这可以说是一种"意控"的中心。嘉庆在《芝径云堤歌》中："长堤曲折界波心，宛如芝朵呈瑶圃。"就湖区而言，金山岛可谓中心。随湖岸线演进至北部湖区则烟雨楼又成为局部的构图中心。所以说山庄是"山庄即水庄，无心亦有心。"

（三）巧于因借，得景随机

"巧于因借，精在体宜"是我国传统园林极为讲究的布局要法。不仅用于总体布局，也用于细部处理。其中心内容是精于利用地异便可得到合宜的景式，巧于借景方能创造得体之园林亦足见"借景"和"相地"有不可分割的密切关系。当初选址之时就把周围的奇峰异石考虑在内，兴建时又着意发挥，此亦山庄造景之要法。

山庄因借之精巧在于综合地利用了一切可利用的条件，按照"景因境成"的原则布置了不同观赏性格的空间。从布局方面看，以集中布置园林建筑组群和分散安排单体建筑相结合的方式使之融汇于山光水色之中。其景点之景题、疏密、朝向、体量、造型乃至成景、得景力求与山环水抱的环境相称。某景之好只是在它所处的特定造景条件下而言，若孤立地抽出某一建筑群来看，则很难理解其形体之所凭。若颠倒其环境相置则必乱其造景之体裁而不成体统了。具体而言，山庄之因借可概括为以下几方面。

1. 因高借远

山庄选林地造园，除了"因高得爽"借以避暑外，还在于这种用地地形地貌起伏多变，是运用借景手法最有利的地形，有事半功倍之效。其中"因高借远"对于处理园内外造景关系方面尤为重要。山庄山区位于山上几个制高点上的山亭正是这种因高借远的体现。"南山积雪"亭远借南面诸山北坡维持较长时间的雪景和僧冠峰等异景。"北枕双峰"亭远借金山和黑山雄伟的山景在于充分利用了西北金山，东北黑山，排空屹立，如"天门双阙"的形胜，并安亭翼然，与二山相鼎峙，可谓"精而合宜"。居于山区次峰上的"四面云山"于满目云山之巅安亭以环眺，登亭若有"会当凌绝顶，一览众山小"之势。远岫环屏，若相朝揖。须晴日，数百里外峦光云影都可奔来眼底。这是远借的佳例，也可以使我们理解"宜亭斯亭"的含义。"高原极望，远岫环屏"则是远借的要法。

2. 俯仰互借

园林有内外景之别称"借景"，园内相互得景称"对景"，但若从"园中有园"来理解，即在园内亦有互相资借的手法。俯仰互借就是利用山林地"有高有凹"的有利条件的处理方式。如在"万壑松风"可俯览湖区风景之概貌，而自湖区"万壑松风"桥东来则又可仰观"万壑松风"雄踞高岗之上。自万树园可仰借山区外露之山景，而居山区高处又可纵目鸟瞰湖区和平原区的景色。作为山庄，山水高低俯仰成景是园内最基本的一种借景、对景手法。因此山区常有"晴峦耸秀，绀宇凌空""斜飞堞雉，横跨长虹"的景观。

3. 凭水借影

景色更妙于从湖光水色中借倒影，这种间接的借景似乎有更深的意味。居于湖区西岸高处的"锤峰落照"和杭州西湖以往的"雷峰夕照"有异曲同工之效。棒槌峰固然远近观之多致，但居山俯湖，从荷萍空处隐现"锤峰倒置"的画影就更为难得。澄湖如镜时，峰影毕现。微风荡波时，峰断数截而摇曳，化直为曲、欲露又隐、逗人捕捉。除此以外，诸如"镜水云岑""云容水态""双湖夹镜""水流云在"无不取类似的意境和手法。

4. 借鸣绘声

游览园林要使各种感官饱领山林野趣方能领会绘声绘色之兴。借水声、禽声、风声都可以渲染园景的诗情画意。"月色江声"描绘了一幅富于诗意的图画。月色空明之夜，万籁无声，却于静中传来武烈河水滚流之声，似乎还可联想到居江边而闻橹声，这和"蝉噪林愈静，鸟鸣山更幽"的描写手法一样。江声并不吵人，而是显得月夜更宁静，不静则不能听到白昼所不会察觉的江声。此外，昔之"千尺雪"喷薄时伴有落瀑之声。乾隆在《千尺雪歌》中咏道：

> 问有雪声声亦有，矮屋疏篱筛风后。
> 无过骚屑送寒音，那似淋浪喧户牖。
> 何来晴昼飞玉花，玉花中有声交加。
> 人间丝竹比不得，似鼓和瑟湘灵家。
> 雪落千尺亦其素，乃中宫商胜韶頀。
> 道之则来诡巧营，即之则虚堪静悟。

似这样充分利用地宜作绘声绘色的山水文章，从水引山音乐，再用清幽的音乐比拟"静悟"的人生哲理，创造最清高的"山水音"，在古典园林中是屡见不鲜的。山庄借声之景还有"玉琴轩""暖流喧波""远近泉声""听瀑亭""风泉清听""万壑松风""莺啭乔木"等多处。可以说把立地自然环境中可借声的因素都利用起来，运用多种手段丰富园景，特别是"枞金戛玉、水乐琅然"的艺术享受。

5. 薰香借风

能在自然风景中嗅到植物所散发的芳香也能赏心怡神。但传统的中国园林往往把"嗅香"提高到"听香"的境界。即并不是人主动去寻香，而是在大自然怀抱中自然有幽香借微风一阵阵地送来，以撩人醉。因此不求香气逼人而向往"香远益清"。山庄之"香远益清"正是以"翠盖凌波，朱房含露。流风冉冉，芳气竞谷"的景色著称。还有"曲水荷香"也是以"镜面铺霞锦，芳飙习习轻。花常留待赏，香是远来清"令人流连。其他如"冷香亭""萍香沜""甫田丛樾""梨花伴月"等景都是同类手法。

6. 所向借宜

在居住建筑的布置中往往争取朝南正座，而风景、园林建筑并不尽然。有时出于山水形势之朝向和得景的需要，也可取偏向甚至取"倒座"。山庄中"瞩朝霞""霞标""锤峰落照""清晖亭"等都朝东。因为东可以领赏红日冉冉破晓、武烈映带和磬锤峰、蛤蟆石、罗汉山的剪影风光。"西岭晨霞"同样可欣赏晨光，但却借西岭晨霞西射之景。"吟红榭"向东得寅辉，"霞标"又向西挹爽，"食蔗居"顺松林峪之谷势而向东南，"广元宫"和"山近轩"因山势而面向西南。因势取向，无所拘牵。

7. 遐想借虚

园林借景还讲究"收四时之烂漫"和"景到随机"。这个"机"允许在现实景物的基础上施展浪漫主义的遐想手段使园林的意境深化。按说作为一个寝宫并无景可观，但"烟波致爽"因其居四围秀岭之中，十里澄湖之上，致有爽气送自烟波，令人想到整个山庄的"春归鱼出浪，秋敛雁横沙，触目皆仙草，迎窗遍药花"和"露砌飘残叶，秋篱缀晚瓜"的秋意，较之紫禁城内的御花园就爽心得多了。

如意洲西临水处原有"云帆月舫"一景。这是一座临水仿舟形阁楼，很接近园林中常见的石舫或画舫却又别具风采。说是画舫，可并不在水中。说是一般楼阁，却又临水如舵楼造型。像这样称为"舫"而又不在水中的建筑在园林中并不多见。"云帆月舫"取"宛如驾轻云，浮明月"的意境，称得上是"得景随机"的示范。"驾轻云"比较容易理解，即驾轻云横逸为船帆鼓风而进的写照。而"浮明月"并不是明月浮于天际，而是月光如水一般遍洒在大地上。舫坐落在月光笼罩的地面上，犹如浮在水面上。因为我国向有"月来满地水，

图 2-1-11　云帆月舫

云起一天山"之诗境，何况此舫距岸不远，与对岸的"芳渚临流"等互为对景，舵楼水影又有若真舟（图 2-1-11）。乾隆有首诗很能说明此景贵在似与不似之间的创作意图和其中的诗情画意：

> 舟阁傍烟湖，浮居有若无。
> 波流帆不动，涨落棹如孤。
> 牖幔披云揭，楼栏共月扶。
> 水原资地载，所见未月殊。

四、移天缩地，仿中有创

山庄造景真有"致广大，尽精微"的艺术效果。天下何大，如完全采用现实主义的手法逐一堆砌则不能奏效。山庄能主之人从大处着眼，结合山庄的自然条件，提纲挈领地重点仿几处。有些景色略有所仿，更有的可作象征性的写照。于是分别以悉仿、小仿和意仿以求在有限的用地面积内包含更多的名园胜景，这成为山庄"致广大"的要诀。康熙、乾隆二帝数下江南，看到称心的风景名胜便命随身侍奉的画师摹写作画，回到北京后再移江南景色于京都诸苑之中，因此避暑山庄有"塞外江南"之誉称。应该说仅以此来概括山庄的造景成就是不够的。山庄风景之胜不仅在湖区，更在于占全园用地总面积五分之四的山区，如说山区也是移写江南水乡之景那就牵强了，但山区造景确有所本。作为山区风景点最集中的"松云峡"是有明显摹泰山风景之意图的。有一幅名为"对松山图"的山水画，是乾隆游玩了泰山以后授意李世倬作的一幅画，原作绢本，设色。纵六尺八寸四分，横二尺六寸五分。见摹此画大意如图 2-1-12 所示。原画右下方有作者写的画题和题字。其文载："青壁双起，盘道中旋。石齿树生，云衣晴见。当泰岱之半景为最奇。"在原作上方居中位置还有乾隆亲笔题写的七言诗：

> 景行积悃望宫墙，视礼先期命太常。
> 诓为嘉陵驰去传，却携泰岳入归装。
> 天关虎豹常严肃，松磴虬龙镇郁苍。
> 便是明年登眺处，好教云日仰仁皇。

这"携泰岳入归装"以后之举并未见在北京西郊三山五园中细表，却可以从山庄山区，特别是松云峡的布置中看到这种移仿的意图。将此画和松云峡的典型景观对照，二者何其相似。山庄之斗姥阁有若泰山之"斗母宫"，山庄居山顶之"广元宫"就是泰山"碧霞元君祠"的写照。至于乾隆所写咏山庄的诗句中"寒林穷处忽成峰，仿佛如登泰麓东。山葩野卉难争艳，五株疑是秦时松[1]"等都是上述意图的反映。

水景移江南，山居仿泰岱。这是提纲挈领地缩写我国江山。三山五岳之制素以泰山为五岳之首，同时也符合松云峡原有的地异。其余山景的缩写则可一带而过。诸如从"香远益清"的莲花可以联想到"华岳峰头"，从"玉岑精舍"可以联想到武夷九曲溪，从"远近泉声"的泉和峰可以联想到"泉堪傲虎跑，峰得号香炉[2]"。从"长虹饮练"引申出"武夷帐幄列云崖，为有虹桥可做阶""城是乾闼幻，乐是洞庭调"，这样既有重点移景，又有一般的仿造和想象，使之更致广大而不累赘。

摹名仿胜在古典园林中屡见不鲜，但也随作者之艺术水平而分高下。水平低者照猫画虎甚至画蛇添足，附庸风雅，弄巧成拙。水平中者如法炮制，有形无神。水平高者仿中有创，惟妙惟肖。以仿金山而论，山庄之金山可以令到

---

[1] "秦时松"指秦始皇在泰山所封的"五大夫松"。
[2] 杭州有虎跑泉，济南有趵突泉，皆名泉。香炉峰为庐山名峰。

过镇江金山的人一见如故，承认它是镇江金山的缩影而又具有本身的特色，仿中有创，不落俗套。澄湖中的烟雨楼尽管条件有所局限，也不失为仿景佳作。

五、古木繁花，朴野撩人

避暑山庄因土脉肥、泉水佳而草木茂。原来的天然植被给人以朴茂之美。开发时又按照"庄田勿动树勿发"的原则兴建，基本上没有破坏原有的生态平衡的条件。曾经灾民一度伐树，事后也得到补救，山区风景点兴建后，又从附近移植大量树木加以弥补。至今，山庄还保留了一些固有的特色。

适地适树的园林植物种植应把握科学性与艺术性相统一的准则。山庄树木花草种植无不遵循土生土长的塞外本色，山庄给人印象最深的是油松，当初曾有"塞山万种树，就里老松佳"，这头一句是文学夸张，后一句说明当地的古木主要是

图2-1-12 对松山图

油松。因为油松是乡土树种，强阳性、耐寒、耐旱、耐瘠薄土壤，喜欢生长在排水良好的山坡上。正好符合山庄的生态条件。就意识形态而言，油松因寿命长和四季不凋而含益年延寿的寓意。又因色彩稳重而肃穆，树干挺拔而壮观，因龙鳞斑驳、老枝苍虬而富古拙、朴野的外貌，虽一棵树却极尽形态之变化。这些形象美的特征也正合建山庄的目的。因此，确定油松为山庄植被的基调是很有根据的。山庄以松为景题的风景点也是屡见不鲜的。从各种角度品赏松树的美。整个山庄之山光水色因有油松为基调而得到统一。所谓"山庄嘉树繁，雨露栽培久……凌云皆老松，近水少杨柳"的观感可见一斑。虽以油松为基调，却又不是平均布置，在处理松树的疏密方面十分得当。哪里油松密集，哪里就是风景点的所在。这似乎是成为山区游览无形的指路牌。

但是就山庄的内部而言，自然条件又有些小差异。自北而南，起伏渐减，土壤也由深厚、肥沃渐转为干旱、瘠薄。因此自然条件最好的峡谷命名为"松云峡"，依次而为梨树峪、松林峪，最南为"榛子峪"。榛子可谓最耐干旱瘠

薄的野生树种。在有成片、成林的山区绿化基础上又结合湖区水生植物种植和庭院内精细的植物配置加以分别处理。试马埭结合功能以大片草原点染蒙古风光。万树园又在绿茵如毯的草地上植以高大的乔木如榆、柳之类，形成稀树草地的景观。于是，植物种植配合功能分区来强调出各种空间的性格。"万壑松风"除了仿西湖万松岭外，似有仿元代何浩所作《万壑松涛》的画意。成为"踞高阜，临深流，长松环翠，壑虚风度如笙镛迭奏声"的景点。地面上还有"岩曲松根盘礴"的野趣。"莺啭乔木"以"夏木千章，浓阴数里"给人"林阴初出莺歌，山曲忽闻樵唱"（《园冶》）的联想。"试马埭"又可得"草柔地广，驰道如弦"之景观。

特别值得一提的是山庄的山林野致。它以区别于一般城市山林的做法逗人流连。《园冶·山林地》中有"杂树参天""繁花覆地"的描写。后者实例鲜见，但山庄之"金莲映日"却是罕见的佳例。成片的金莲花覆盖山坡是华北小五台山的典型自然景观。山庄移景于如意洲广庭内植金莲花。晨曦之际，于楼上俯视，含风挹露，金彩焕目，观之若黄金布地，蔚为壮观。除此之外，"松鹤清越"香草遍地，异花缀崖，"芳渚临流"夹岸嘉木灌丛，芳草如织，都是得自此法的山林景观。山庄在水生植物配置方面也很讲究野致。"萍香泮"以野生浮萍为景，丰茸浅蔚，清香袭人。"采菱渡"因"新菱出水，带露萦烟"而得"菱花菱实满池塘，谷口风来拂棹香"的景趣。至于荷莲清香更是到处可寻。为了强化野趣，甚至连苔藓之类的地面覆盖都利用上了。如意湖有"藏岸荫林，苔阶漱水"的描写。"四面云山"所追逐的诗意达到"苔纹迷近砌，鹿迹印斜岐"的程度。

我国有巧于种植攀缘植物的传统。《园冶》中提到"引蔓通津，缘飞梁而可度"。意即在有桥跨水的环境条件下，从两岸种植攀缘植物，缘桥合枝交冠。这种"引蔓通津"的手法可以减少桥的人工气息而增添自然风趣。在山庄"文园狮子林"这组景中，尚有文字记载可寻。乾隆《题文园狮子林十六景》中之第六景为"藤架"，诗云：

> 藤架石桥上，中矩随曲折。
> 两岸植其根，延蔓相连缀。
> 施松彼竖上，缘木斯横列。
> 竖穷与横遍，颇具梵经说。
> 漫嫌过花时，花意岂终绝。

山庄植物种植还着眼于季相的变化，不同时令有合宜的游赏点。塞外春来晚且短，但"梨花伴月"却渲染了山间春意。由于有疏密相间的梨花陪

衬，使这组辟台递升的风景建筑与植物种植结为一体，从而进入"堂虚绿野
犹开，花隐重门若掩"的境界。那里"依岩架屋，曲廊上下，层阁参差。翠
岭作屏，梨花万树。微风淡月时，清景尤绝。"因此乾隆咏道："谁道边关
外，春时亦有花。"夏景当是山庄延续最长的景色。清代画师苦瓜和尚有谓：
"夏地树常荫，水边风最凉"。山庄"无暑清凉""延薰山馆"等建筑多取与
"松轩""月榭"相近之式。以求"夏木阴阴盖溽暑，炎风款款导峰衔""松
声风入静，花气露生香"。试看山庄水面种植，夏荷之景何多。"冷香亭""观
莲所""曲水荷香""香远益清"，无不以赏荷为主，但又是在不同环境中领
赏不同的意趣。"嘉树轩"以夏景为主，这是"构轩就嘉树"的典范。有"蔚
然轩亦古，秀荫笼庭除"之效。这和北京北海之"古柯庭"、苏州留园之"古
木交柯"同属一类手法。山庄作为避暑的所在，在植物种植方面有不少盼秋
早来的迹象。仿泰山"对松山"画意的松云峡俗称避暑沟，是山庄中秋色早
来的地方。如果仔细品味一番，这也是很富于诗意的。张蠙所作《过山家》
诗可解其中意：

> 避暑得探幽，忘言遂久留。
> 云深窗失曙，松合径先秋。

应该承认，松云峡富有诗意。这里秋来橙红乱染，称得上是真正的"寻诗
径"了。山庄自有冬色，但冬景妙处还在"南山积雪"。它妙在平日藉遐想，
一带而过。乾隆有诗云：

> 芙蓉十二列峰容，最喜寒英缀古松。
> 此景祇宜诗想象，留观直待到深冬。

六、因山构室，其趣恒佳

山庄风景之特色更体现在那些依山傍溪的山居建筑的处理。南朝宋谢灵运
《山居赋》说："古巢居穴处曰岩栖，栋宇居山曰山居，在林野曰丘园，在郊郭
曰城傍。四者不同，可以理推言心也。"山庄取山居实为上乘。这是"以人为
之美入天然"的中国传统山水园最宜于发挥的地方。在进入松云峡的东向谷口
有一城关式建筑，实际上有如山门。城门上有"旷观"额题。这可以说是山
区风景建筑的共同"标题"，意即栖于清旷的景致。有人描写谢灵运就山川而
居称为"栖清旷"。还说："其居也，左湖右江，往渚还汀，面山背阜，东阻

西倾，抱含吸吐，款跨纤萦，绵联邪互，侧直齐平。"这也是山庄所追求的清旷境界。所谓"心远地自偏"的含义亦在此。进入松云峡以后还会给人以"喜无多屋宇，幸不碍云山"的观感。山居众多的风景点可以给我们以很宝贵的启示。以下就我们选测的几个风景点作初步分析：

（一）悬谷安景——"青枫绿屿"

青枫绿屿始建于康熙时期，处于松云峡北山东端之高处。这里是平原和山区接壤的所在，视觉上又和湖区有联系，因此是造景的要点。居此，南望湖区浩渺烟波，西挹西岭秀色，东借磬锤峰，具有得景和成景的优越条件（图2-1-13）。此景所坐落的山南北矗起二峰，南峰顶安"南山积雪"亭，北峰顶置"北枕双峰"亭。"青枫绿屿"居于二亭间非等分之鞍部，于山景空处设景，似有"补壁"之作用。且有去之嫌少，添之嫌多之妙。这里所处的地形类似"悬谷"，属于冰川地貌之一种。这种地形外旷内幽，可兼得明晦之景。

"青枫绿屿"这个景题的立意也很耐人寻味。山庄主人羡慕"江作青罗带，山如碧玉簪"的桂林山水。此山麓半月湖萦绕，更东有武烈河蜿蜒。山立水际有若水中之屿。如遇云岚缥缈如海，更可动"山在有无中"之情。这也是庾信"绿屿没余烟，白沙连晓月"的诗境。再者夏季的树荫，南方以梧桐和芭蕉最富有代表性。二者皆因色淡令人心爽。山庄虽无梧桐、芭蕉，但满山的平基槭在夏天也是浅绿色叶。故称"北岭多枫，叶茂而美荫。其色油然，不减梧桐芭蕉也。疏窗掩映，虚凉自生。"

"青枫绿屿"虽在平原区可望，但并不可立及。游者受到佳景的引诱，须通过"旷观"取北侧山道攀登。目前从"南山积雪"南面山脊直上的路是后人

图2-1-13　青枫绿屿

为抄近所取，不若原山道左壑右岩，回旋再登高远瞩，幽旷的对比感强，完全暴露的山脊则缺乏这种效果。"青枫绿屿"的平面布局是北方宅园居四合院的变体。虽有轴线关系但东西不求对称（图 2-1-14～图 2-1-17）。整个建筑群因基局大小分进。头进院落不落俗套，南面、西面以篱为墙，似有"编篱种菊，因之陶令当年"的联想，恰好近处有"南山积雪"亭，正合"采菊东篱下，悠然见南山"的诗意。据康熙时期绘图，篱门南向，头进东侧有屋三楹。论其朝向，为坐东向西。此地唯东、西两面景深最大，为了得景而不惜东西晒之不

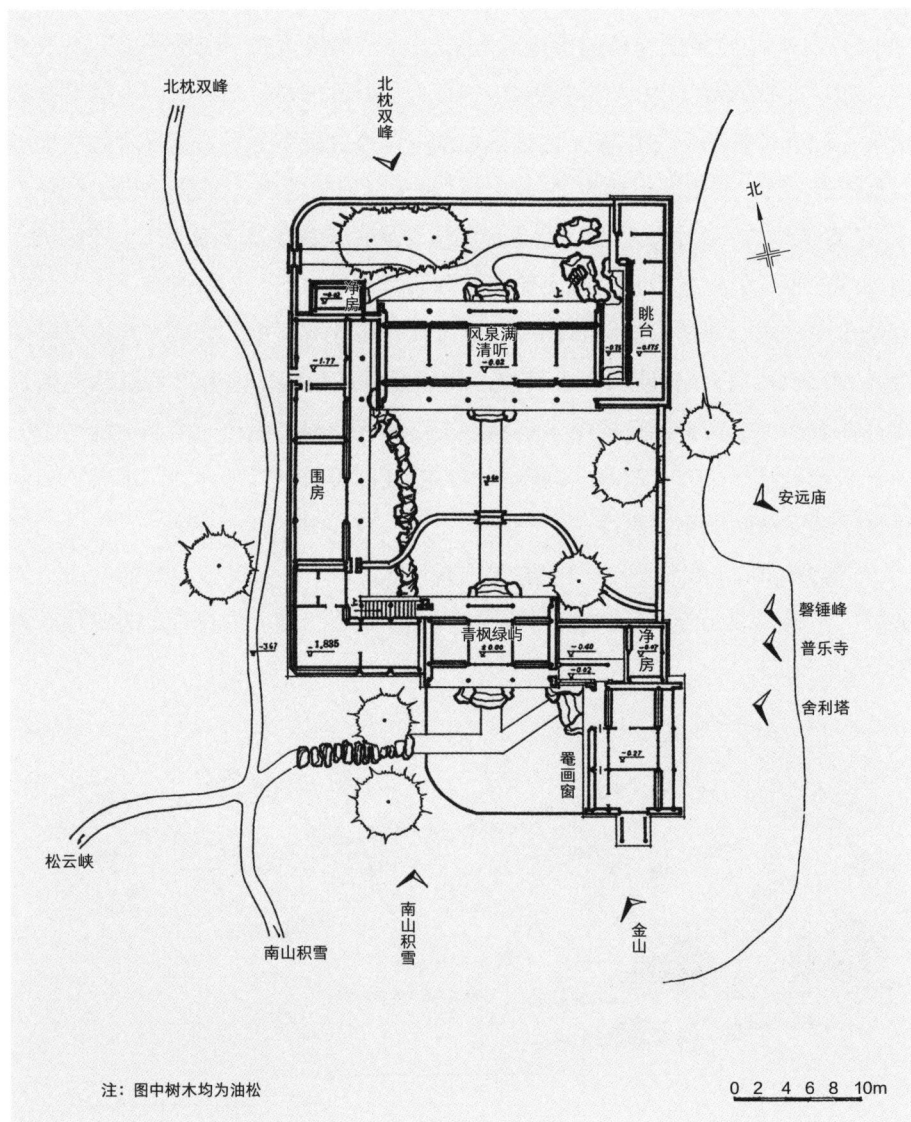

图 2-1-14 青枫绿屿平面图

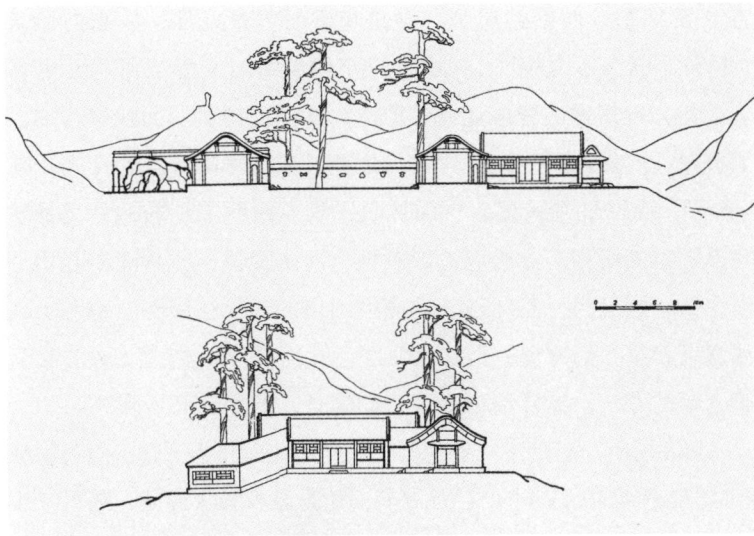

图 2-1-15
青枫绿屿剖面
图、南立面图

图 2-1-16
青枫绿屿复原模
型鸟瞰

图 2-1-17
青枫绿屿东立面

利。为弥补此点，发挥东、西朝迎旭日，夕送晚霞的借景条件，故东向命名为"吟红榭"，西向定名为"霞标"。在这种特定的游赏时间里当可避开酷暑之扰。每当破晓之初，近树远山皆成逆光的剪影。武烈河得微明而映带，加以山岚横掠，薄雾覆村，俨然入画。园林中常见之榭，或凭水际，或隐花间，唯"吟红榭"居高临下，吟红日之初出，赏山林之赤染。西面之"霞标"又是欣赏夕阳西下，晚霞醉染的所在。劲松苍虬成画框，西山交覆，丛林随山起伏。日虽没山，绮霞久仭，则又是一番风趣。这座硬山顶的建筑在康熙时南向山墙并无处理。而从遗址看来，后来又在此山墙加了一个半壁亭。类似北海静心斋外面突出"碧鲜"亭的做法。这样可以招应南面湖景，使之更有所提高。

主要建筑"风泉满清听"坐落于主要院落中。此院地面并不平整，西边原地形低下，建院落时没有采取填平的办法，而是将西边低地安排为廊墙，随后又改为偏房供侍者用。南端一段爬山廊与"青枫绿屿"相接。院东远景纷呈，因此安置一段什锦窗墙以将其范围。这样不仅从窗窥景，而且也丰富了整个建筑群东立面的变化。此院原有园墙自"风泉满清听"东面梢间至"青枫绿屿"东山墙纵隔，遗址上已改为横隔。主要建筑东接眺台，后有东西向通道通达西后门。净房设在西北角隐处，西面基本上是服务性的通道，中为游息路线，互不干扰。

此景点植物种植简练有致。油松树丛有三处。一丛在门外迎客。一丛东向挺立。由平原仰视，造景效果特别显著。如今老松挺拔如故，当时的盛景不难想见。一丛则作为主要建筑的背景树。另外就是成片的枫林。康熙曾有诗一首，概括了风景的特性和托景言志之感：

石磴高盘处，青枫引物华。
闻声知树密，见景绝纷哗。
绿屿临窗牖，晴云趁绮霞。
忘言清静意，频望群生嘉。

此情此景符合山庄建庄的目的和帝王欲表白的情感，可谓作文切题。

（二）山怀建轩——"山近轩"

如果说"青枫绿屿"是显赫地露于山表，那么，"山近轩"这组建筑则是隐藏在万山深处。无论从"斗姥阁"或"广元宫"下来，或从松云峡北进都会很自然地产生这种感觉。特别从后者傍涧缘山而上，山径逶迤，两度跨石梁渡山涧，四周翠屏环抱，人入山怀，山林意味深求，山近轩这个景题自然因境而生。这一组建筑虽藏于山之深处，但仍和广元宫、古俱亭、翼然亭组成一个园

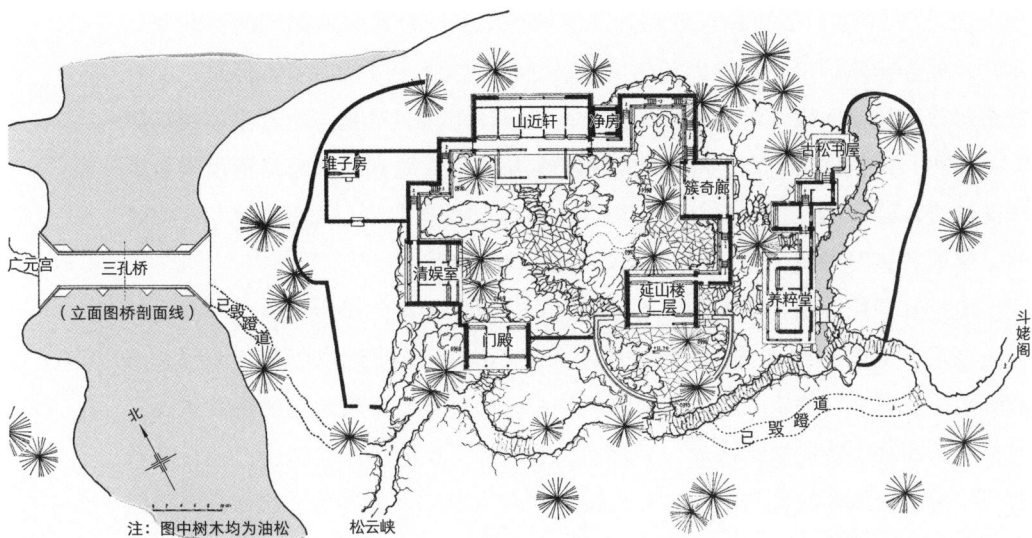

图 2-1-18　山近轩平面图

图 2-1-19　广元宫

林建筑组群的整体。后三景均成为山近轩仰借之景。反之，它又是三者俯借的对象（图 2-1-18）。

从山近轩仰望广元宫，山耸高空，楼阁碍云（图 2-1-19）。自广元宫东俯则于茂松隙处隐现出跌落上下的山居房舍。山近轩是在处理好环境的造景关系的同时来处理建筑的布局的。

从图 2-1-18 可看出山近轩的朝向完全取决于这片山坡地的朝向，并非正
南北，而是偏向西南。这样也利于承接自松云峡这条主线的游者。但是，山近
轩在建筑布局方面也照顾到自广元宫往东南下山的视线处理。尽管主体建筑居
偏，但由"清娱室""养粹堂"构成的建筑组也似乎构成以从西北到东南为纵
深的数进院落。因此，它在总体布局方面做到了两全其美。这组建筑和"斗姥
阁"未成直接对景的关系，因此仅以后门或旁道相通。

山近轩采用辟山为台的做法安排建筑，从复原模型的鸟瞰图上可以看出，
台分三层。大小相差悬殊，自然跌落上下。不同于 16 世纪意大利台地园。山
近轩总是千方百计地以人工美入自然，绝不去破坏自然地形地貌的特性景观。
这里原是西临深壑的自然岗坡，兴建后仍然保留了山容水态。通向广元宫的石
桥，宁可把金刚座抬高跨涧而过，也决不采取填壑垫平的办法。这样，山势照
样起伏，山涧奔流一如既往。而桥本身也因适应深壑的地形构成一种朴实雄
奇的性格。没有精雕细刻的石栏杆，却代以低矮简洁的实心石栏板，桥却由
于跨度大、底脚深的要求而形成壮观气势。过桥则依山势由缓到陡辟台数层
（图 2-1-20 ~ 图 2-1-22），桥头让出足够回旋的坡地。头层窄台作为"堆子
房"，第二层台地是主体建筑"山近轩"坐落的所在，因此是面积最大的一块
台地，由主体建筑构成主要院落，其与平地庭院的区别在于周环的建筑都不在
同一高度上。门殿和"清娱室"都居低，主体建筑被抬高两米多，"簇奇廊"
更居于高处，再用爬山廊把这些随山势高低错落相安的建筑连贯合围，使之产
生"内聚力"而形成变化多端的山庭。庭中用假山分隔空间，以山洞和蹬道连
贯上下，以"混假于真"的手法达到"真假难分"的水平。

图 2-1-20　山近轩剖面图

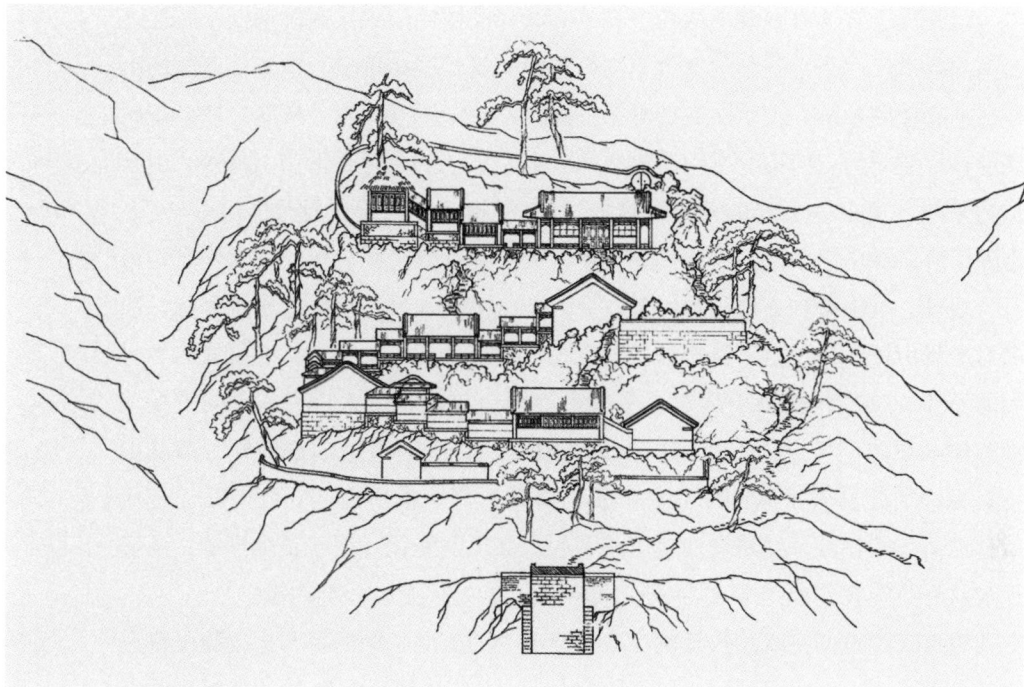

图 2-1-21　山近轩立面图

图 2-1-22　山近轩复原模型鸟瞰

　　就在山近轩这座庭院的南角，有楼高起。此楼底层平接庭院地面，底层之西南向外拱出一个半圆形的高台。高台地面又与二层相平接，形成很别致的山楼。这种楼阁基的处理手法有迹可循。《园冶·立基》所谓："楼阁之基，依次序定在厅堂之后。何不立半山半水之间？有二层三层之说。下望上是楼，山半拟为平屋，更上一层，可穷千里目也。"正是指此。既然景题为"山近轩"，则除了轩居深山之中外，还要挑伸楼台以近山和远眺山色。按"近水楼台先得月"之理，近山楼台亦可先得山景，令人产生"山水唤凭栏"之感。因此，取名为"延山楼"是很富于诗意的。这也是"山楼凭远"的一式。底层成为半封闭的石室，楼柱半嵌石壁而起，自外可沿园台口踏跥进入。另端又与"簇奇廊"相通。向门殿之一侧也可以设盘道攀登。台上下点植油松数株，散置山石。视线因此突破了居山深处之限制，得以远舒。整个山近轩西南面以台代墙，无需长墙相围，建筑立面也出现了起伏高下的变化。至于整个界墙，从遗址现状看只能找到如图 2-1-18 所示的位置，断处何接，似难判断。

　　山近轩建筑的主要层次反映在顺坡势而上的方向。第三层台地既陡又狭。建筑即依此基局大小而设，形成既相对独立，又从属于整体的一小组建筑。"养粹堂"正对"延山楼"山墙，其体量虽比山近轩小，但因居高而得一定的显赫地位。东北端以廊、房作曲尺形延展。直至最高处建草顶的"古松书屋"外的围墙，水平距离不过约一百多米，地面高差却有五十多米。就从桥面起算也有四十多米的高差。这样悬殊的地形变化，在保持原有地貌的前提下使所有建筑都各得其所，该有多难！正是"先难而后得"，出奇而制胜。

　　就游览路线而言，山近轩周边成略呈"之"字形延展的路线和中部砌蹬道迂回贯穿相结合的方法，这样既符合山路呈"之"字形蜿蜒之理，又可以延长游览路线。特别是最上一层狭窄台地的路线处理，避进深之短，就面阔之长。几乎穷于山顶，却还有路可通。从这里保存下来的松林，其居于外围的顺自然山坡而上，居于内的循台递层而上。其安排的位置多居建筑入口、庭院角落和建筑背后。在总观感上构成浓荫蔽日的山林。在空间动态构图方面又循游览路线不时成为建筑的前景和背景。此轩落成后，乾隆便迫不及待地赶早游赏，并即兴赋诗一首：

> 古人入山恐不深，无端我亦有斯心。
> 丙申初构己亥得，仲夏新来清晓寻。
> 适兴都因契以近，摛词哪敢忘乎钦。
> 究予非彼幽居者，偶托聊为此畅襟。

这说明取名山近轩是为了表达宏大的"钦志"，既要享受山居幽趣，又怕旁人说闲话，因此再三表白。可见山近轩作为"园中之园"也是切"避暑山庄"总题的。

（三）绝巘座堂——碧静堂

在松云峡近西北末梢处，有一条幽深的支谷引向西南，这里分布了三个相隔甚近的风景点。虽近在咫尺，却因山径随势迂回而各自形成独立的空间，互不得见。含青斋位置安排的比较明显，坐落于支谷第二条分叉处，如沿支谷所派生的小支谷南行，便可逐步地展现出"碧静堂"。过含青斋欲西行时，又有数株古松，迎立道旁。从种植的位置和松枝伸展的动势来看，有如引臂南伸，指引入游。进入这条小支谷后稍经回转便来到一个翠谷环抱，荫凉娴静的山壑中。

一般常见的山壑是两山脊夹一谷，给人以空山虚壑之感受。这里的地形却是大山衍生小山，小山似离大山，形成三条山脊间夹两条山涧的奇观。这就是"巘"的景观，意即大小成两截的山，小山别于大山。从碧静堂立面图（图2-1-23）可见这种地形的概貌。碧静堂所在的这座小山从平面上看，由钝渐锐、曲折再三。从立面变化看由缓渐陡、未山先麓。由于这卷别致的小山穿插于大山谷中，山涧便先分于巘末，再汇于巘梢，形成"Y"字形水体。欲登碧静堂，过跨涧之石矼便可沿蜿蜒于山脊的蹬道入游（图2-1-24）。

这里自然地形对于一般的建筑布置极为不利。地面破碎，零散不整，难把零散的建筑合围成有机的整体。对于一般的建筑而言，可谓是不利于建筑。但园林建筑却不然，深知"先难而后得"的道理，把保留这里的奇特自然地貌特色作为成功的要诀，因地制宜地、无尽用心地安排每一座建筑，使建筑依附于山水。碧静堂的门殿坐落在巘之山腰，而且以亭为门，取八方重檐攒尖亭式矗立在小山脊上，用亭子作门殿的恐不多见，但在这里用得十分得体。试看这卷小山脊背，哪有足够的面阔位置来坐落一般的门殿，唯有亭子作为一个"点"坐落在脊上最合适。皇家门殿也要稍有气势，

图2-1-23　碧静堂立面图

亭虽小而峭立山腰，亭子的高度还足以屏障内部园景以增加游览的层次。游者自下而上，在本来可一眼望穿的山径上矗立高亭，视线及亭而止，但见门亭巍立，不知园深几许。

　　和门殿衔接的是一段爬山廊。此廊可三通。一条向南接蹬道引上主体建筑"碧静堂"。另一条向东以小石径渡涧至"松壑间楼"。第三条循廊西跌，通向"净练溪楼"。净练溪楼是以建筑结合山涧的例子。楼枕涧上，跨涧而安。山涧通流依然，楼又架空而起，《园冶》中提到："临溪越地，虚阁堪支。"这也是此法之一式。山溪不仅不成为妨碍建筑之物，反成此楼得景的凭据。雨时净练湍急，

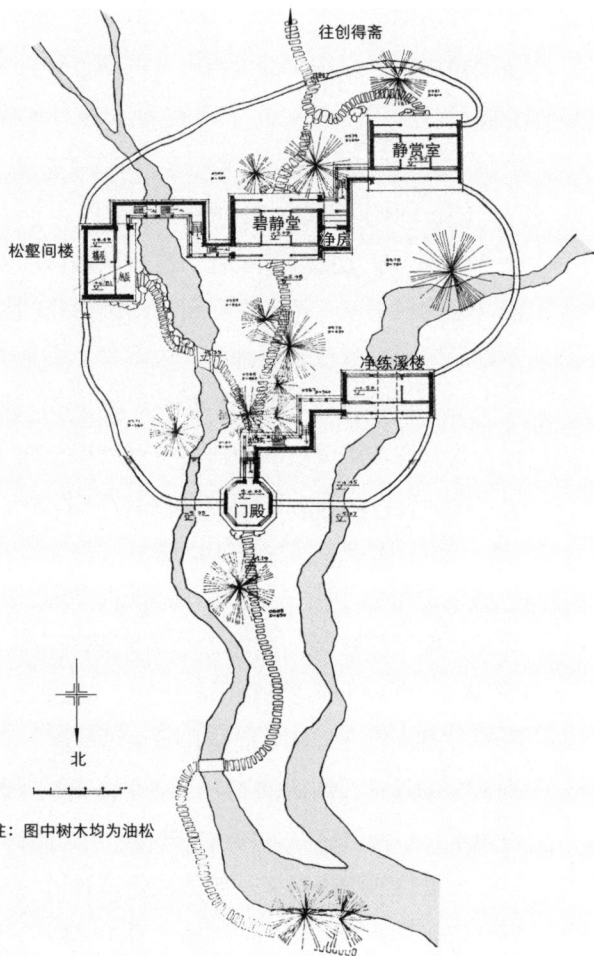

图 2-1-24　碧静堂平面图

无水时也似有深意。绝巘居高之末端有较大地面，主建筑碧静堂坐落在这背峰面壑的显赫位置，可以控制全园。这里虽居极幽隐处，但游者登到此堂却可极目北望。宫墙斜飞堞雉，伏在山脊上随山拱伏。墙外逸云横渡，远山无尽，令人顿开心襟。这种口袋式的地形于近处外不见内，但于园内可远眺远景。位于其西南之"静赏室"和它体量、造型都很相近却起不到这个作用。静赏室和净练溪楼上下相对成景。居于东边山涧南端的山楼，在结合山势方面也颇具匠心。西面山涧既作架楼跨涧的处理，东山涧就要避免雷同而另辟蹊径。因此这座山楼取傍壑临涧之式，定名"松壑间楼"恰如其境。由于本园主体建筑体量已定，加以壑边可营建面积限制，此楼仅有两开间。楼前与跨涧东来的石涧相接。楼上又以爬山廊曲通碧静堂。诚如《园冶》所阐述的道理："假如基地偏缺，邻嵌何必欲求其齐。其屋架何必拘三、五间。为进多少，半间一广，自然雅称。"

此园布局精巧、紧凑，疏密相间，主次分明。由于绝巘的限制，除主体建筑坐中外，其余建筑都循地宜穿插上下左右，因此门殿并不正对碧静堂。其间又贯以曲尺形的爬山廊，形成两组与绝巘走势互为"丁"字形的行列建筑，后面还留出一块狭长的后院。这样就有了相当于三进院落的分隔，纵深虽不长，层次却不乏其变化。四周围墙分段与屋之山墙相接，极尽随山就水之变化，把这两小组接近平行的行列建筑拢成一个内向的整体。围墙随山势陡起陡落。就水则于横截山涧处开过水墙洞。这些过水洞穿墙者薄，穿台者厚。六个过水洞上下曲折相贯，山居的情调就更浓了。

全园路线不长，却有上山、下涧、爬山廊、石桥等多种形式的变化。游览路线以碧静堂为中心形成"8"字形两个小环游路线。最南端尚有后门南通"创得斋"（图 2-1-25、图 2-1-26）。

这里的古松保存比较完整。松树主要顺绝巘之脊线左右错落交复。营造了"曲磴出松萝，阴森漏曦影。夹涧千章木，天风下高岭"的气氛。蹬道尺度很小，道旁之古松参天而立，加以四周林木葱茏相映，山林本色自显。从门殿至碧静堂的五棵油松，在增添层次的深远感方面起了很重要的作用。

山近轩以近山取幽深。碧静堂因坐落在背阴山谷中而从环境色彩之"碧"、山壑之"静"得凉意，手段虽异，殊途同归。乾隆因此景成诗一首：

> 入峡不嫌曲，寻源遂造深。
> 风情活葱茜，日影贴阴森。
> 秀色难为喻，神机借可斟。
> 千林犹张王，留得小年心。

（四）沉谷架舍——"玉岑精舍"

自含青斋西行则可引向"玉岑精舍"。这里的地貌景观异于前面介绍的几个景点之处是由园外观园内俯瞰成景。它的位置近乎松云峡所派生的这条支谷的西尽端。这条东西走向的支谷线又与北面急剧下降的小支谷线垂直交会。交会处即此园之中心。夹谷的山坡露岩嶙峋，构成山小而高、谷低且深、陡于南北、缓于东西、"矶头"屹立如"攒玉"的深山野壑。这便是"玉岑"的风貌。在这样回旋余地不大，用地被山涧分割为倒"品"字形的山地里要构置建筑物谈何容易。创作者根据这里的地形确定了"以少胜多、以小克大、藉僻成幽、细理精求"的创作原则。亦即所谓："精舍岂用多，潇洒三间足"的构思。这和"室雅何须大，花香不在多"的哲理很相近。因此，于"玉岑"中架"精舍"是"相地合宜，构园得体"的又一范例，也构成了这个风景点的独特性格，大中见小，粗中显精。

图 2-1-25　碧静堂剖面图

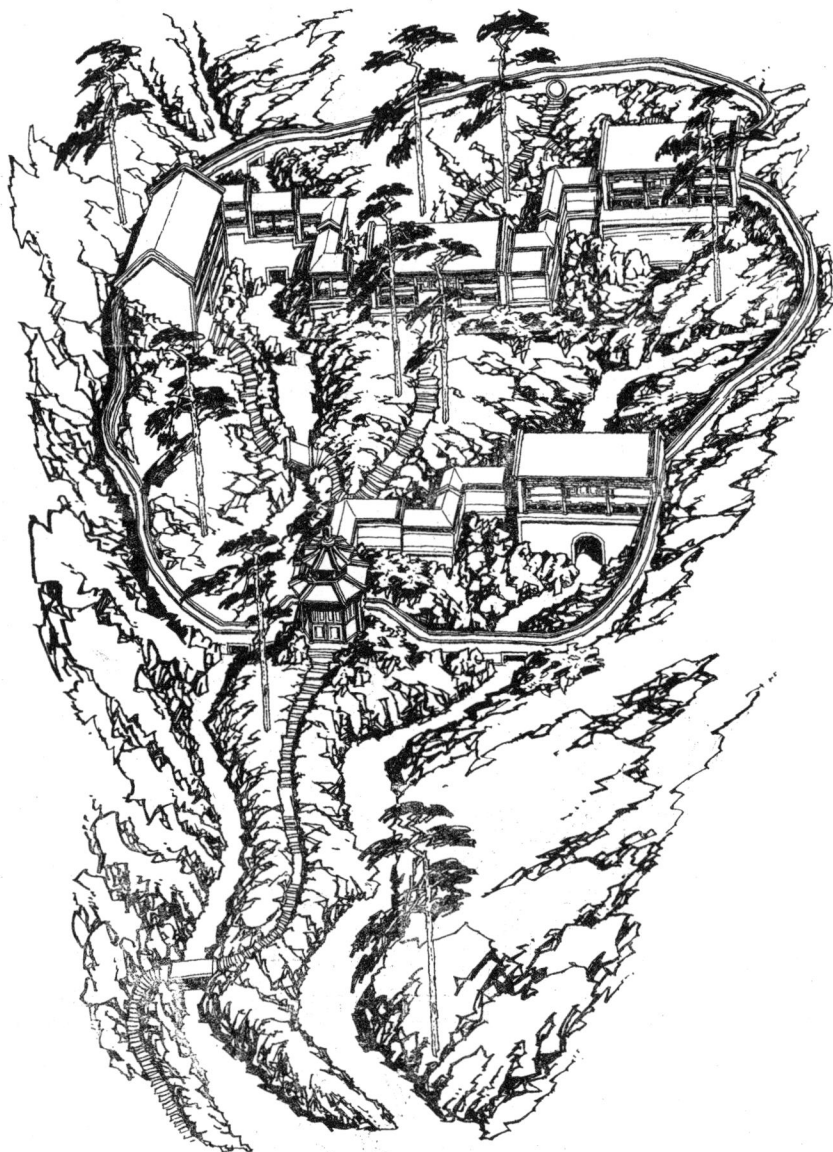

图 2-1-26　碧静堂复原模型鸟瞰

在这个景点的遗址测绘中，因遗址破坏比较严重，有的还被开山洞的弃石所覆盖，克服万难，才算基本上摸清其概貌。按乾隆时期避暑山庄外八庙总平面图上对玉岑精舍的描绘，我们发现"玉岑室"的位置与遗址不符。北部山上除了"贮云檐"和爬山廊以外，没有找到其他建筑的痕迹。最终，我们找到在"小沧浪"的东侧"玉岑室"的遗址，并有短廊与"小沧浪"相接。也找到东、南两面围墙的基础。这才得到玉岑精舍的平面（图2-1-27）。经与《大清统一志》的记载核对，基本符合。即："山庄西北，溯涧流而上至山麓。攒峰疏岫如悬圃积玉。精舍三楹额曰'玉岑室'。右偏曰'贮云檐'。穿云陡径有亭二，曰'涌玉'，曰'积翠'。依山梁构室曰'小沧浪'。"

总共三舍二亭，安排何精。主体建筑"小沧浪"南向山梁，北临深涧，居中得正，形势轩昂。若论取"沧浪之水清兮可以濯吾缨"之意，则较之苏州网师园"濯缨阁"各有特色。后者是城市山林，这里却是于山林真境中架屋濒水，野趣倍增。小沧浪相当于"堂"的地位。南出山廊，北出水廊，东西曲廊耳贯，成为赏景的中心。玉岑室迎门而设，以山石蹬道自门引入，因此山墙面水。如自北南俯，建筑立面参差高低、围墙斜飞、山廊鱼贯，加以山景的背衬，景色十分丰富（图2-1-28、图2-1-29）。

贮云檐居高临下，体量虽小而形势显赫。若自涌玉亭上仰（图2-1-30），高台贮云，硬山斜走。台下石洞穿流，台前玉岩交掩，飞流奔壑。屋后背山托翠，孤松挺立，俨若边城要塞。《园冶》描写山林地景色特征之"槛逗几番花信，门湾一带溪流""松寮隐僻""阶前自扫云，岭上谁锄月""千峦环翠，万壑流青"，这里完全体现。特别是横云掠空的景色随时可得，取名"贮云檐"，可谓画龙点睛、名副其实。园林中何乏"宿云""留云"一类景题。颐和园和避暑山庄都有"宿云檐"，可都远不及此处肖神。涌玉亭也有异曲同工之妙。这是一座坐西向东，前后出抱厦，左右接山廊的枕涧亭。自西而下的山涧穿亭下而涌出，所以叫"涌玉"。涌至山涧交汇处积水成潭，于是有"积翠"之称。积翠后才有沧浪之水。这里景点布置具有深刻的文学章法。这里的爬山廊有两种可能性，一是层层跌落的爬山廊，一是顺坡斜飞的爬山廊。从廊的遗址看，原台阶痕迹清晰，台阶多至一连数十级。若为跌落廊，未免琐碎。前已有人作跌落廊的设想，姑且以斜走爬山廊试行复原，以供比较（图2-1-31）。

为了了范围作用，这些爬山廊当是外实内虚，外侧以墙相隔，取景凿窗，内侧空窗透景，相互资借。另外，这里的廊墙配合围墙把南北两岸分隔的个体建筑围合成为一个山院整体。北面用墙嵌山陡降，似有长城余韵。跨山涧处，洞穿很大的过水洞，下支船形金刚座。除了具有通水的功能外，居然也可成景。

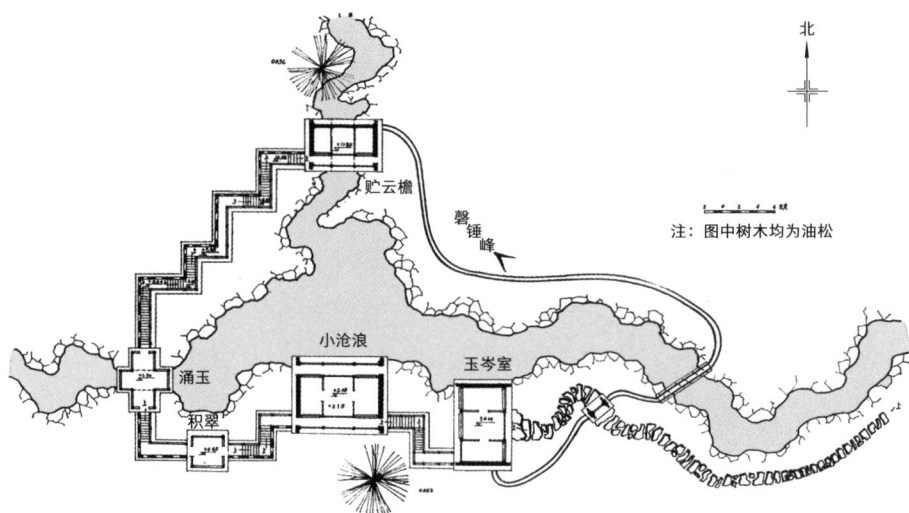

图 2-1-27　玉岑精舍平面图

图 2-1-28　玉岑精舍立面图

图 2-1-29　玉岑精舍剖面图

山近轩居万山深处之高坡，因高得爽。碧静堂因日影贴阴森得凉静。玉岑精舍却由于谷风所汇，山涧穿凉而得风雅。封建帝王应是至高无上、风雅自居的。但都有居此自感俗的感慨。可见此景僻静、优雅、朴野、可心。录乾隆《玉岑精舍》诗一首：

西北峰益秀，戌削如攒玉。
此而弗与居，山灵笑人俗。
精舍岂用多，潇洒三间足。
可以玩精神，可以供吟瞩。
岚霭态无定，风月藏有独。
长享佳者谁，应付山中鹿。

图 2-1-30　贮云檐

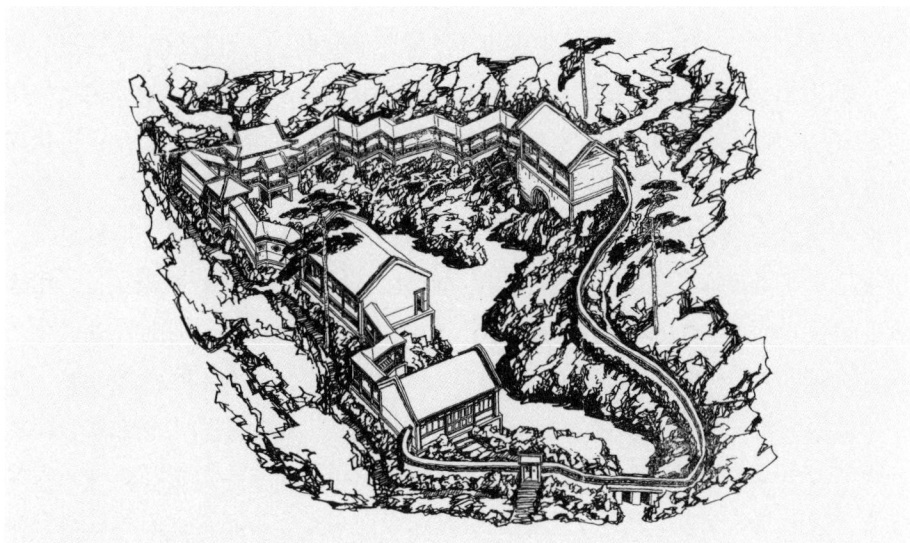

图 2-1-31　玉岑精舍复原模型鸟瞰

玉岑精舍在游览路线上兼备仰上、俯下的特色，不足之处在于必走回头路。若自贮云檐东，自台辟小石径陡下，再顺围墙越山涧接通南岸，则可环通。

（五）据峰为堂——"秀起堂"

山庄山区的三条山谷都是西北至东南走向。惟山区之西南角，榛子峪的西端，有谷自北而南伸展，这便是西峪。榛子峪风景点的布置比较稀疏，但转入西峪后，万嶂环列，林木深郁。在这片奥妙的山林中集中地布置了三组建筑和两个单体建筑（图2-1-32）。鹫云寺横陈于西向之坡地，静含太古山房于高岗建檩，与鹫云寺卜邻并与静含太古山房东西相望的便是这个园林建筑组群中最显要的建筑组——"秀起堂"。在这组簇集的建筑组群以北又疏点了"龙王庙"和"四面云山"的山腰的"眺远亭"。秀起堂因从西峪中峰处据峰为堂，独立端严，高朗不群，环周之层峦翠岫又呈"奔趋""朝揖"之势，其统率附近风景点的地位便因境而立了。

秀起堂具有优美出众的山水形势，但也有不利于安排独立的园林空间的因素。一条贯穿东西的山涧将用地分割为南、北两部分。另一条斜走的山涧又将北部分割为东、北两块。地形零散难合。北部山势雄伟，有足够的进深安排跌落上下的建筑，而南部这一块只是一片起伏不大，横陈东西的丘陵地。除西端与鹫云峰有所承接和对景外，山岭纵长而南面无景可借。如何把山涧切割为三块的山地合为一组有章法的整体，发挥山水之形胜，并化不利条件为有利条件便成为此园布局的关键。作者成功之处亦此。建筑之坐落因山势崇卑而分君臣、伯仲之位。北部山地面积大、朝向好、位置正、山势宏伟、峰峦高耸，自然是宜于坐落主体建筑"秀起堂"。筑台耸堂也更加突出了"峰"孤峙挺立、出类拔萃的性格。据峰为堂以后，更增添山峰突兀之势。而南部带状山丘便居于客位，成环抱之势朝向主山，构成两山夹涧，隔水相对，阜下承上的结构。而北部山地之东段也就成为由次山过渡到主山，依偎于主山东侧的配景山了。清代画家笪重光在《画筌》中说："主山正者客山低，主山侧者客山远。众山拱伏，主山始尊。群峰盘互，祖峰乃厚。"画理师自造化，建筑布局又循画理，自是主景突出，次景烘托。用建筑手段顺山水之性情立间架，更加强化了山体的轮廓和增加了"三远"的变化。整个建筑群没有中轴对称的关系，而是以山水为两极，因高就低地经营位置。

大局既定，个体建筑便可以从总轮廓中衍生。秀起堂宫门三楹因承接鹫云寺东门而设于园之西南。东出鹫云寺便有假山峭壁障立，游者必北折而入秀起堂，假山二壁交夹，其间又有蹬道沿秀起堂南东去。秀起堂宫门不仅造型朴实，就其所寓意而言更加高逸不俗，取名"云牖松扉"。众所周知，在宫殿称金

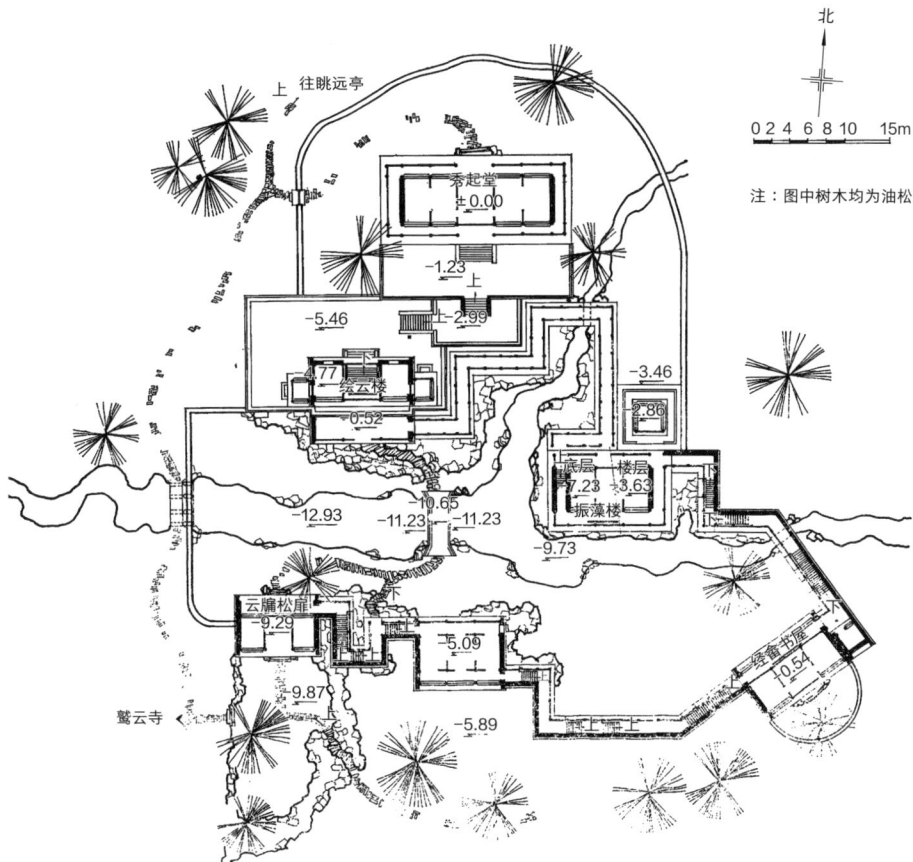

图 2-1-32　秀起堂平面图

阙，城市富家谓朱门，村居叫柴扉。如果以云停窗，古松掩门，那当然是世外仙境了。南部这一带山丘有两处隆起的峦头，"经畲书屋"和宫门东邻的敞厅就坐落在这两个峰峦的顶上。削峦为台后再立屋拔起，原来的山势更夸大了高下的对比。敞厅几乎正对秀起堂，而经畲书屋居园之东南角。一方面与主山顾盼，偏对主山上的建筑。背面又以半圆围墙自成独立的小空间。用半圆的线性处理这个园的东南角显得刚中见柔，抹角而转北，构成南部这段文章的"句号"。

南部有数折山廊。在山居的游廊处理中可以说达到了登峰造极的境界。开始从图面上接触时就令人叹服其变化之精妙。身历其境更理解其变化的依据和艺术加工的功力。宫门引入后，一改一般宅园"左通右达"之常套，径自东引出廊。廊出两间便直转急上，在仅十一米的水平距离间经过四次曲尺形转折才接上敞厅。如果不是顺应地形的变化，按"峰回路转"布线是不会出彩的。此廊前接敞厅前出廊，后出敞厅后出廊，这才以稍缓和的坡降分数层高攀经畲书屋。南部山廊按"嘉则收之，俗则屏之"的道理，南面设墙，面北开敞。

在跨越山涧处，回廊又从高而降。廊下设洞过水，这才抵达北部。北部的廊子向高台边缘平展。为让山涧曲折，构成回旋廊夹涧之势，两山涧汇合处，"振藻楼"于山凹中竖起。这里可顺山壑纵深西望，隔石桥眺远，亦是"山楼凭远"的效果。楼东北更有高台起亭，如角楼高耸，两者结合在一起，成为主景很好的陪衬（图2-1-33～图2-1-36）。

铺垫和烘托均已就绪，主体建筑秀起堂高踞层台之上。这里除一般游览之外，还常在此传膳。由于采用了背倚危岩，趁势将主体升高，其前近处又放空

图2-1-33　秀起堂南岸立面图

图2-1-34　秀起堂北岸立面图

图2-1-35　秀起堂剖面图

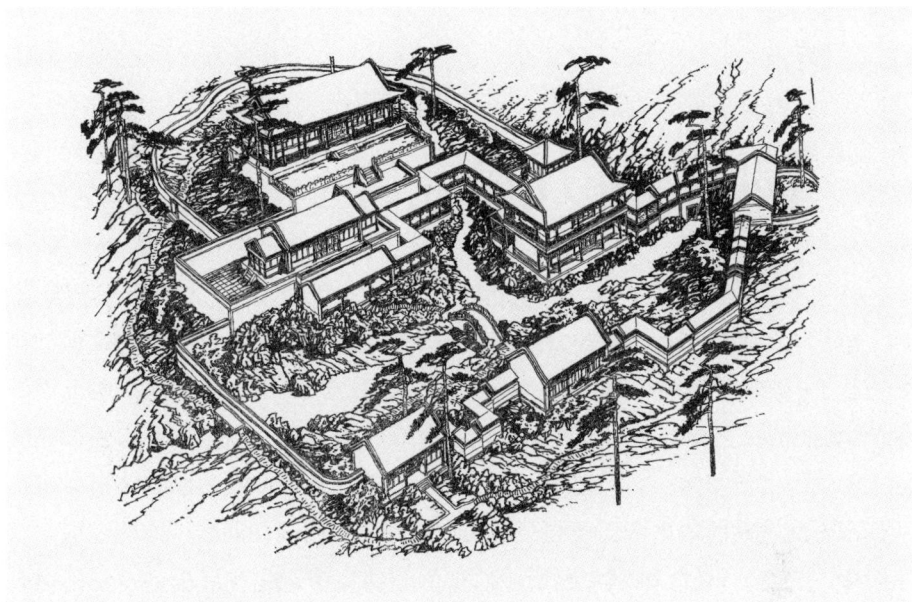

图 2-1-36　秀起堂复原模型鸟瞰

的手法，显得格外突出。坐堂南俯，全园在目，既是高潮，又是一"结"。堂前设台三层，正偏相嵌。堂前的"绘云楼"中通石级，东西山墙各接耳房。归途必顺楼前蹬道下山，越石梁南渡出园。秀起堂占地面积 3725 平方米，其中建筑面积不过 1005 平方米（约占全园面积的 27%），山林面积为 2430 平方米（约占 65%），露天铺地面积为 290 平方米（约占 0.8%）。园虽不大，章法严谨，构景得体。

全园的游览路线主要安排在游廊中，明显而多变。另外也有露天石级和山石蹬道相互组合成环形路线。进园时按开路"有明有晦"的理论，宫门北面本有踏跺北引渡涧，但初入园必被山廊吸引而作逆时针行，避本园进深之短，扬修岗横迤之长，出园时才知有捷径。如无明晦变化，直接渡桥北上，那又有什么趣味可寻呢？秀起堂后院西侧设旁门通"眺远亭"。西面过境交通则可沿西墙渡过水墙外的石梁相通。目前遗址上古松保存不多，惟山水形势基本保持，创作意图可寻。

乾隆对秀起堂也很满意，因成一诗：

去年西峪此探寻，山居悠然称我心。
构舍取幽不取广，开窗宜画复宜吟。
诸峰秀起标高朗，一室包涵说静深。
莫讶题诗缘创得，崇情蓄久发从今。

第二节

圆明园九州景区

　　清代康乾盛世兴造了不少宫苑，其中最突出的是北京的圆明园和承德的避暑山庄。《御制圆明园图咏·正大光明》开篇就说："胜地同灵囿，遗规继畅春"，说明清代宫苑继承和发展了中国皇家园林的传统。由于畅春园建设在明代（明代为"清华园"，清康熙时改称"畅春园"），因此圆明园在建造时也要从体制方面遵循前辈皇帝的规制。圆明三园首建圆明园。问名"圆明"取"君子时中"之意。《乾隆御制集圆明园后记》："我皇考之先忧后乐，一皇祖之先忧后乐，周宇物而圆明也。圆明之义，盖君子之时中也。"其意境则要反映"普天之下莫非王土"和"括天下之美，藏古今之胜"的思想。建成"实天宝地灵之区，帝王豫游之地。"（图 2-2-1）

　　除了避暑理政的宫殿区"正大光明""勤政亲贤"外，全园第一个中心景区便是九州景区（图 2-2-2），其中的"九州清晏"是"天下太平"的同义语。九州景区的构想和设计是成功的典范，所依托的哲理是邹衍的大九州说。西汉以前认为九州是禹治水后对天下所进行的区划，州名虽未有定论，但总数为九。实际上都是不同时期学者划分大陆的地理区域，泛指全中国（图 2-2-3）。立意既成，如何将抽象的意念转化为景物的形象呢？这又要重提"外师造化，中得心源"了。设计九州景区所师的造化就是古代位于湖南、湖北交界处的大湖，名叫"云梦泽"。《辞海》谓"古泽薮名"，"据《汉书·地理志》等记载，云梦泽在南郡华容县（今湖北潜江市西南）。""晋以后的经学家将古之云梦泽的范围扩大，一般都把洞庭湖包括在内。""据今人考证，古籍中的'云梦'并不专指以'云梦'为名的泽薮，一般都泛指春秋战国时楚王的巡狩猎区"（图 2-2-4）。

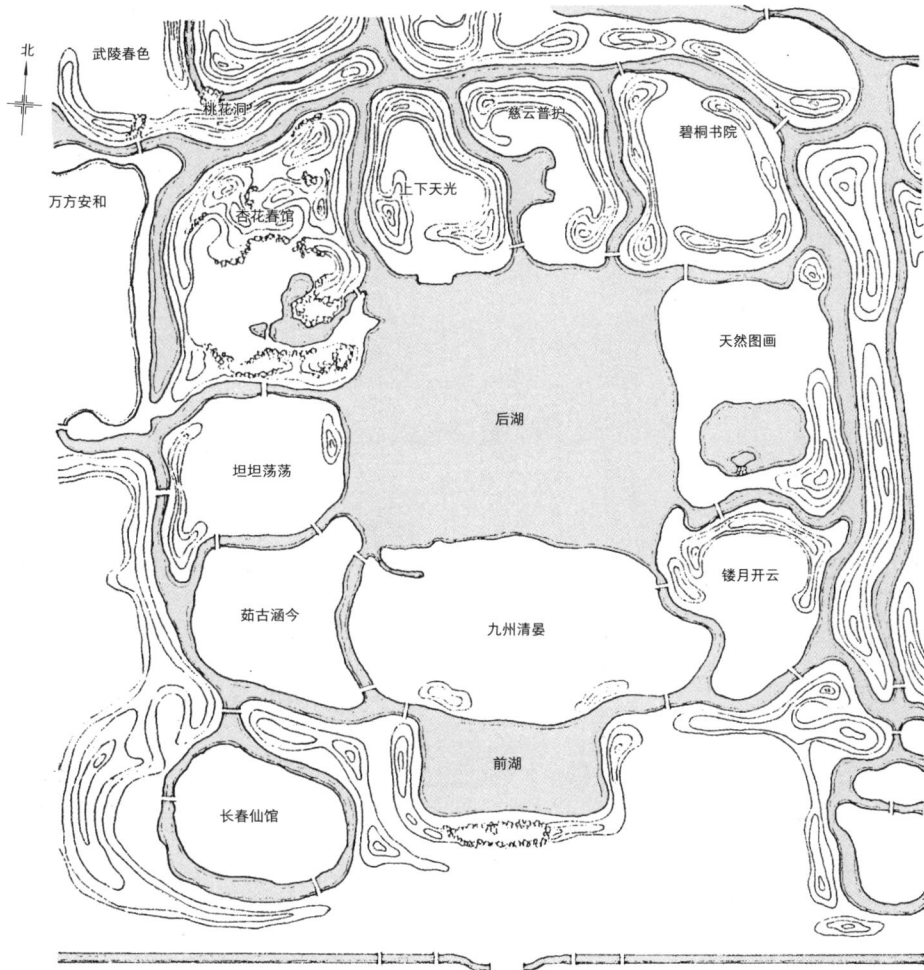

图 2-2-2　圆明园九州景区平面图

图 2-2-3　禹贡九州图

图 2-2-4　云梦泽河湖相衔示意图

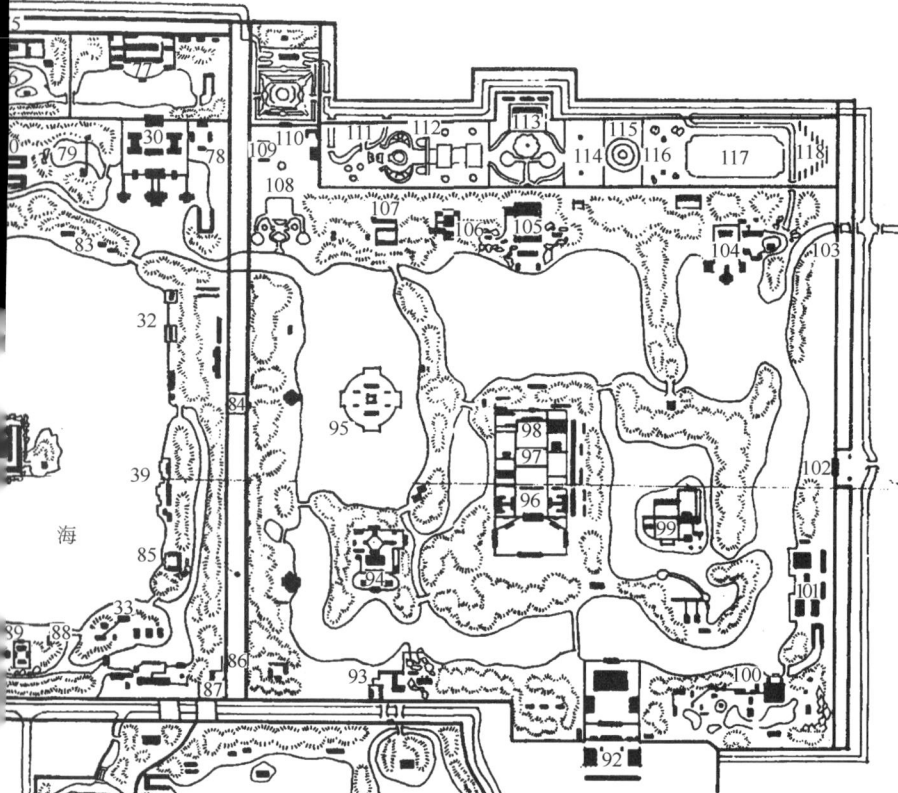

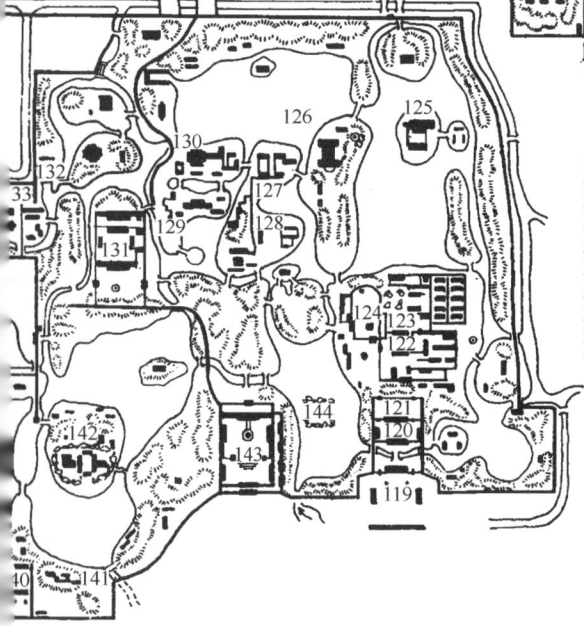

北

0 50 100 150 200m

注: 1~40为圆明园四十景

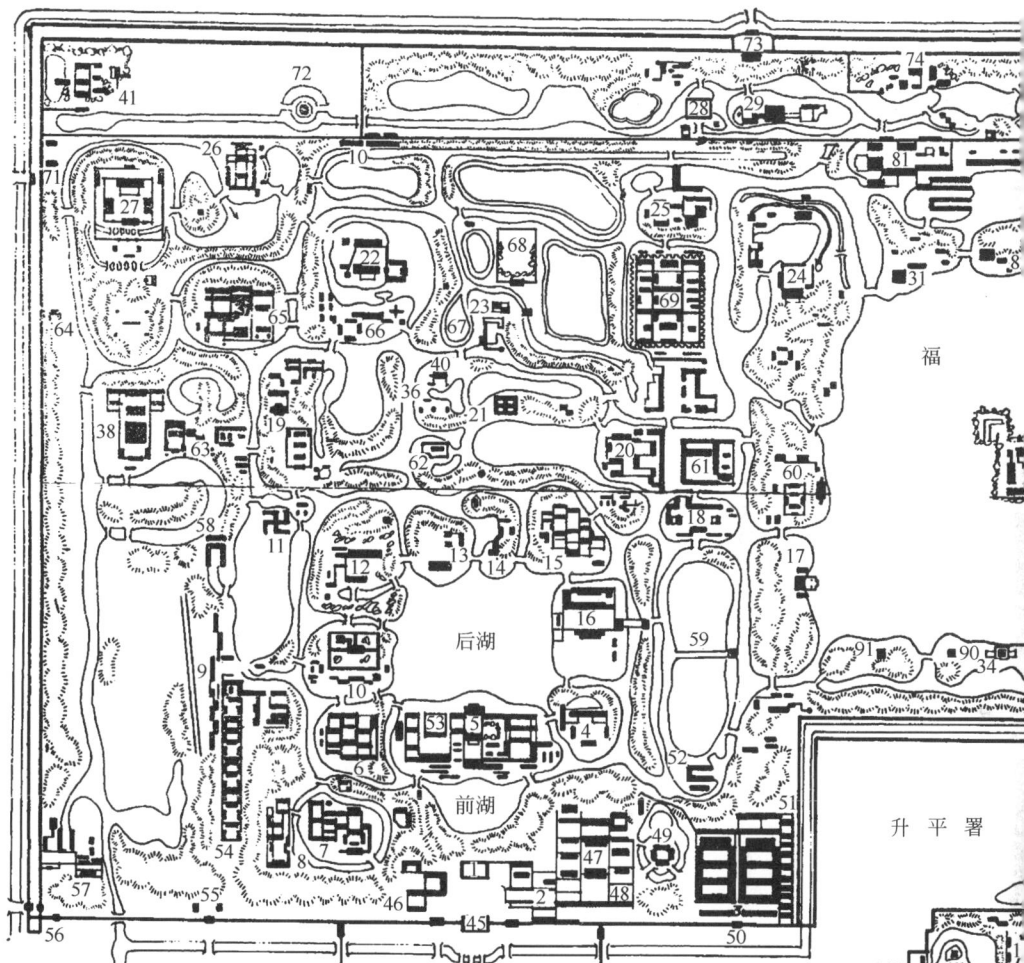

图 2-2-1　圆明园平面图

1. 正大光明
2. 勤政亲贤
3. 洞天深处
4. 镂月开云
5. 九州清宴
6. 茹古涵今
7. 长春仙馆
8. 四宜书屋
9. 山高水长
10. 坦坦荡荡
11. 万方安和
12. 杏花春馆
13. 上下天光
14. 慈云普护
15. 碧桐书院
16. 天然图画
17. 澡身浴德
18. 曲院风荷
19. 武陵春色
20. 坐石临流

21. 澹泊宁静
22. 濂溪乐处
23. 水木明瑟
24. 廓然大公
25. 西峰秀色
26. 汇芳书院
27. 鸿慈永祐
28. 鱼跃鸢飞
29. 北远山村
30. 方壶胜景
31. 平湖秋月
32. 涵虚朗鉴
33. 别有洞天
34. 夹镜鸣琴
35. 蓬岛瑶台
36. 映水兰香
37. 日天琳宇
38. 月地云居
39. 接秀山房
40. 多稼如云

41. 紫碧山房
42. 照壁
43. 转角朝房
44. 大宫门
45. 出入贤良门
46. 翻书房茶膳房
47. 保合太和殿
48. 吉祥所
49. 前垂天貺

50. 福园门
51. 如意馆
52. 南船坞
53. 慎德堂
54. 十三所
55. 西南门
56. 藻园门
57. 藻园
58. 西船坞

59. 九孔桥
60. 延真院
61. 同乐院
62. 天神台
63. 法源楼
64. 刘猛将军庙
65. 瑞应宫
66. 汇总万春之庙
67. 柳浪闻莺

68. 文源阁
69. 舍卫城
70. 芰荷香
71. 西北门
72. 顺木天
73. 大北门
74. 若帆之阁
75. 清旷楼
76. 关帝庙
77. 天宇空明
78. 蕊珠宫
79. 三潭印月
80. 大船坞
81. 安澜园
82. 君子轩
83. 藏密楼
84. 明春门
85. 观鱼跃
86. 碌油门
87. 秀清村
88. 南屏晚钟
89. 广育宫
90. 一碧万顷
91. 湖山在望

第三节

北海

　　北京城自元大都时期"引水贯都"，循元人对内陆湖"海子"的称谓简称"海"。地安门以北称前海、后海，后海又称什刹海，以南称北海、中海及南海。金大定十九年（1179 年）借辽代利用古河床开辟的"瑶屿"扩展为金海（由西来金水河供水），金人进京后慑于汉人势众欲建"镇山"，便取湖土筑山称"琼华岛"，构成山水骨架，迄今八百多年矣。岛顶初建广寒殿，取《园冶》所谓"缩地自瀛壶，移情就寒碧"之意。元代在金基础上修建，引白浮泉水经长河输水取代了金水河，将琼华岛改称万岁山。清顺治八年（1651 年）在山上建刹立白塔，有"白塔晴云"的意境（图 2-3-1、图 2-3-2）。

　　造园目的循"一池三山"之制而因借地宜，长河如绳的三海水系，仙岛呈南北纵向排列。琼华岛仅其中之一，乃建方壶、瀛洲二亭。仿北宋艮岳，主山出东、西二山，汲湖水蓄水经域。《南村辍耕录》："引金水河至其后，转机运斛，汲水至山顶，出石龙口，注方池伏流。至仁智殿后，有石刻蟠龙昂首喷水仰出，然后由东西流入太液池。"《塔山北面记》："盖亩鉴室水盈池，则伏流不见，至昆邱东始擘岩而出，为瀑布。沿溪赴壑而归于太液之波。"又有仿镇江金山之意，如"远帆阁"效"远帆楼"，并有月牙廊之设等。总体布局取主景突出式，主景升高放空，孤峙以突出，一见难忘。南北向布局以中轴为主，南整北散，东西轴线为辅。理水"聚则辽阔，散则潆洄"，太液辽阔，水湾潆洄。建筑因山构室，乾隆《塔山西面记》："室之有高下，犹山之有曲折，水之有波澜。故水无波澜不致清，山无曲折不致灵，室无高下不致情。然室不能自为高下，故因山构室者，其趣恒佳。""琼岛春阴"言"春雨贵如油"，又借烟雨渲染山在虚无缥缈中如同仙境，假山与建筑"扑朔迷离"，耐人寻味（图 2-3-3）。阴坡居中轴为延南熏亭，道出志在发展南风歌君爱民的仁政。舜帝制五弦琴以歌南风："南风之熏兮，可以解吾民之愠兮，南风之时兮，可以阜吾民之财兮。"因熏风立意作扇面殿，漏窗、几案亦扇形。亭内可下入山洞中，形俱意完。

　　东岸濠濮间、画舫斋、先蚕坛皆以园中园手法布置。

　　北岸之快雪堂、万佛楼、小西天和静心斋均为利用地宜加以改造的园

214 园衍

中园。静心斋（旧名镜清斋）为皇
太子读书之书斋，立意"俯流水、
韵文琴"（图2-3-4、图2-3-5）。
故选假山园石渠暗引东来之水向西
作泉瀑跌入潭中，作龟蛇二石东西
相望以成其势（图2-3-6）。潭水
经跨沁泉廊下滚水坝再跌落长池
中，由池暗通东西跨院终归于太液
池。景点皆以琴、棋、书、画为
名，各持其境。北面宫墙高踞，隔
绝墙外商市尘喧，余噪在宫墙与假
山壁间回荡消声。布局着重解决阔
于东西、短于南北的短板。故全园
有四条长贯东西之路，而严控南北
各路。两桥皆短且过水即转向（图
2-3-7、图2-3-8）。假山组合单元
主要是谷、壑、洞，由壁、花台、
石岗相夹、对峙而成（图2-3-9）。
借壁顶做廊可夜赏万家灯火，形
成明代之"米家灯"。二洞进深甚
微，接近一字形，主要为加大南北
的进深感。沁泉廊尺度合宜，增
加了进深的层次感（图2-3-10）。
"枕峦亭"借下洞上亭抬高视点以
借邻景。北海进门牌坊"积翠""堆
云"的额题概括了北海山水园的特
色（图2-3-11）。

1. 万佛楼
2. 阐福寺
3. 极乐世界
4. 五龙亭
5. 澄观堂
6. 西天梵境
7. 静心斋
8. 先蚕坛
9. 龙王庙
10. 古柯亭
11. 画舫斋
12. 船坞
13. 濠濮间
14. 琼华岛
15. 陟山门
16. 团城
17. 桑园门
18. 乾明门
19. 承光左门
20. 承光右门
21. 福华门
22. 时应宫
23. 武成殿
24. 紫光阁
25. 水云榭
26. 千对殿
27. 内监学堂
28. 万善殿
29. 船坞
30. 西苑门
31. 春藕斋
32. 崇雅殿
33. 丰泽园
34. 勤政殿

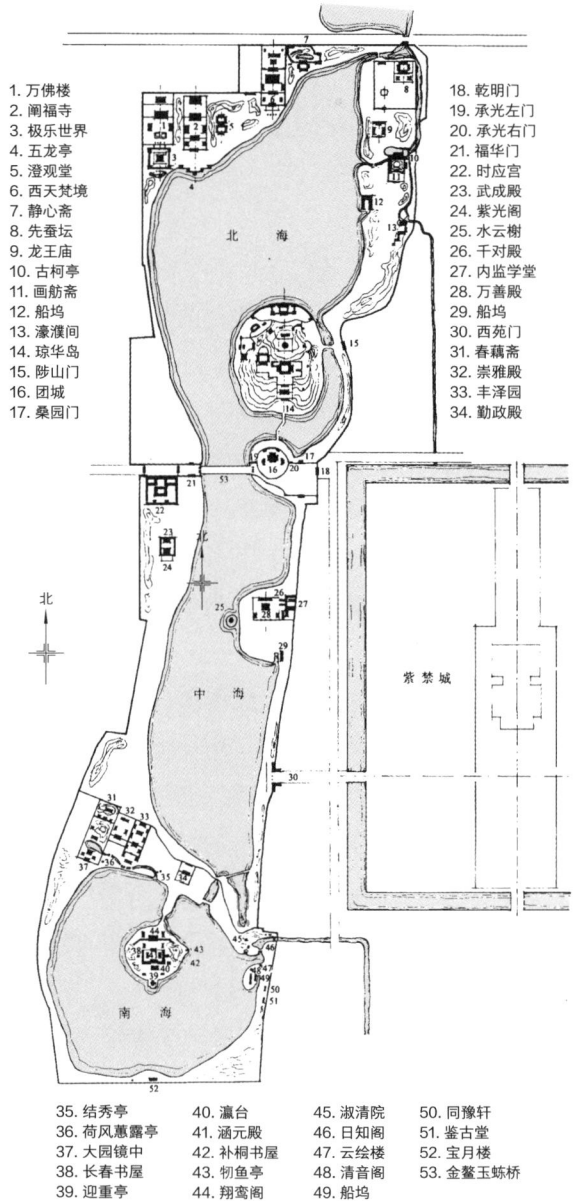

图2-3-1 清西苑平面图

35. 结秀亭
36. 荷风蕙露亭
37. 大园镜中
38. 长春书屋
39. 迎重亭
40. 瀛台
41. 涵元殿
42. 补桐书屋
43. 牣鱼亭
44. 翔鸾阁
45. 淑清院
46. 日知阁
47. 云绘楼
48. 清音阁
49. 船坞
50. 同豫轩
51. 鉴古堂
52. 宝月楼
53. 金鳌玉蛛桥

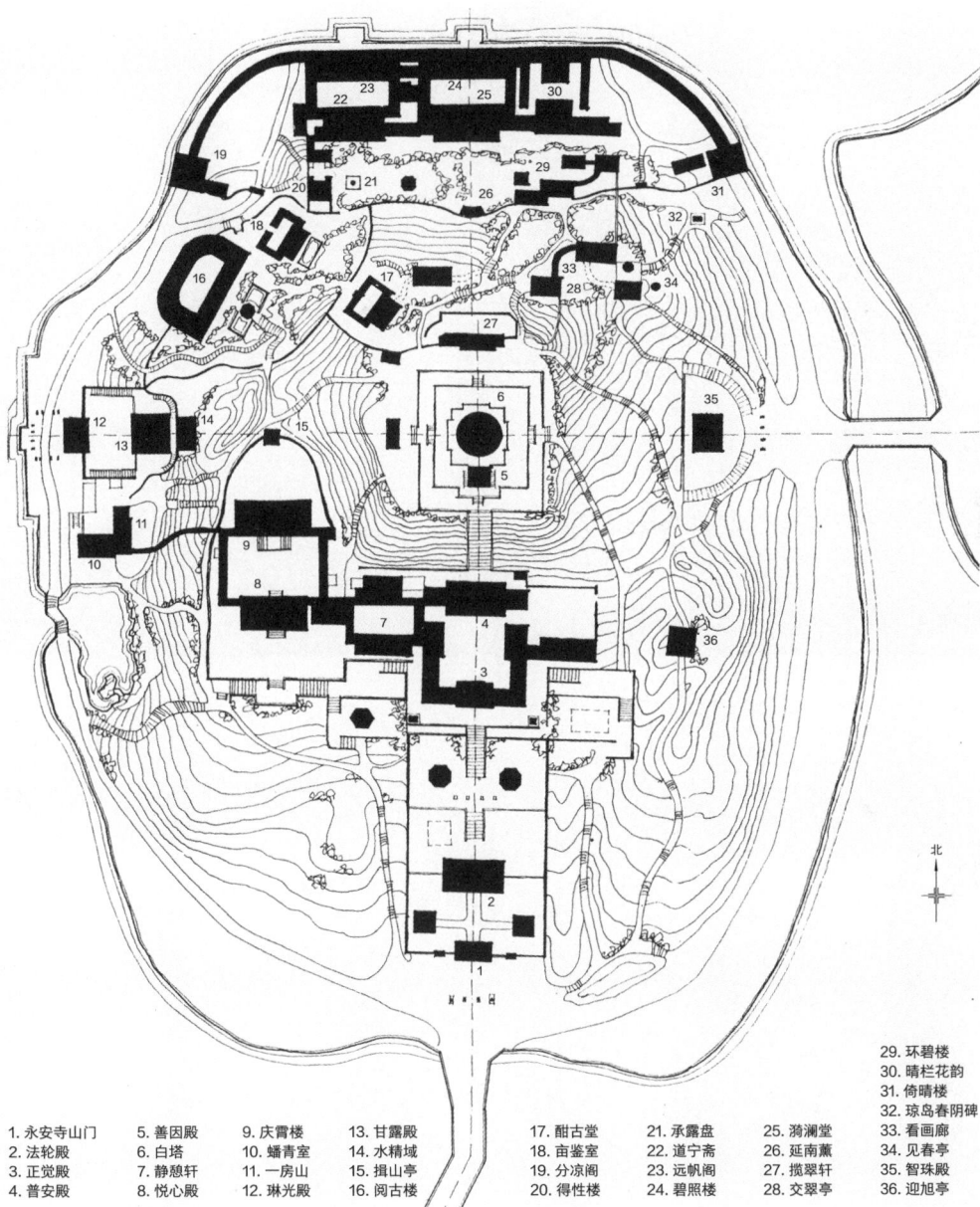

北

图 2-3-2　琼华岛平面图

1. 永安寺山门	5. 善因殿	9. 庆霄楼	13. 甘露殿	17. 酣古堂	21. 承露盘	25. 漪澜堂
2. 法轮殿	6. 白塔	10. 蟠青室	14. 水精域	18. 庙鉴室	22. 道宁斋	26. 延南薰
3. 正觉殿	7. 静憩轩	11. 一房山	15. 揖山亭	19. 分凉阁	23. 远帆阁	27. 揽翠轩
4. 普安殿	8. 悦心殿	12. 琳光殿	16. 阅古楼	20. 得性楼	24. 碧照楼	28. 交翠亭

29. 环碧楼
30. 晴栏花韵
31. 倚晴楼
32. 琼岛春阴碑
33. 看画廊
34. 见春亭
35. 智珠殿
36. 迎旭亭

图 2-3-3　琼华岛

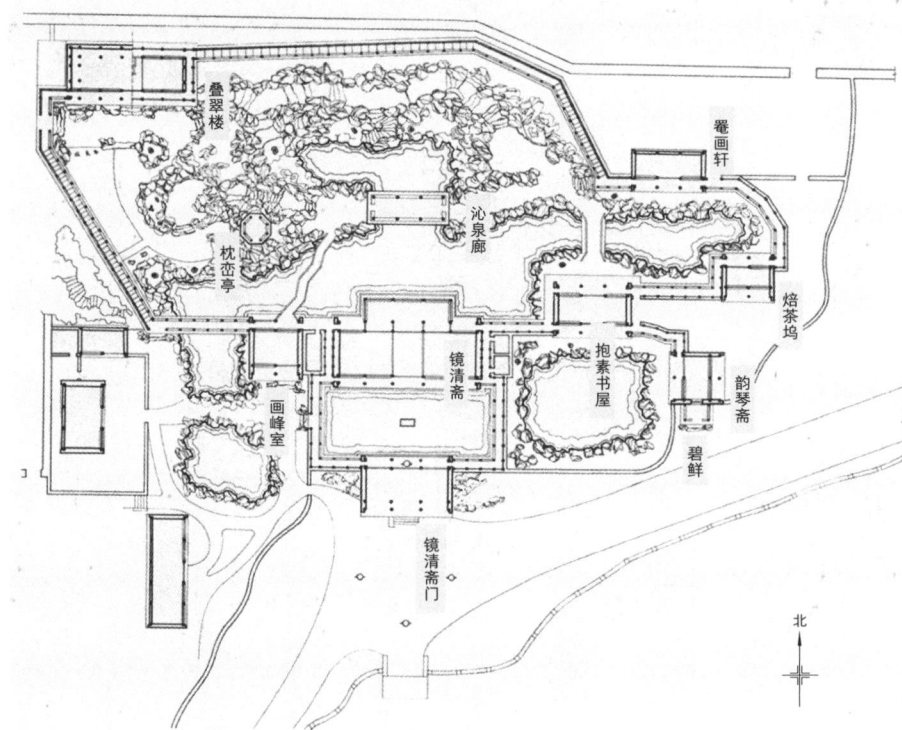

图 2-3-4　静心斋平面（北海保护规划）

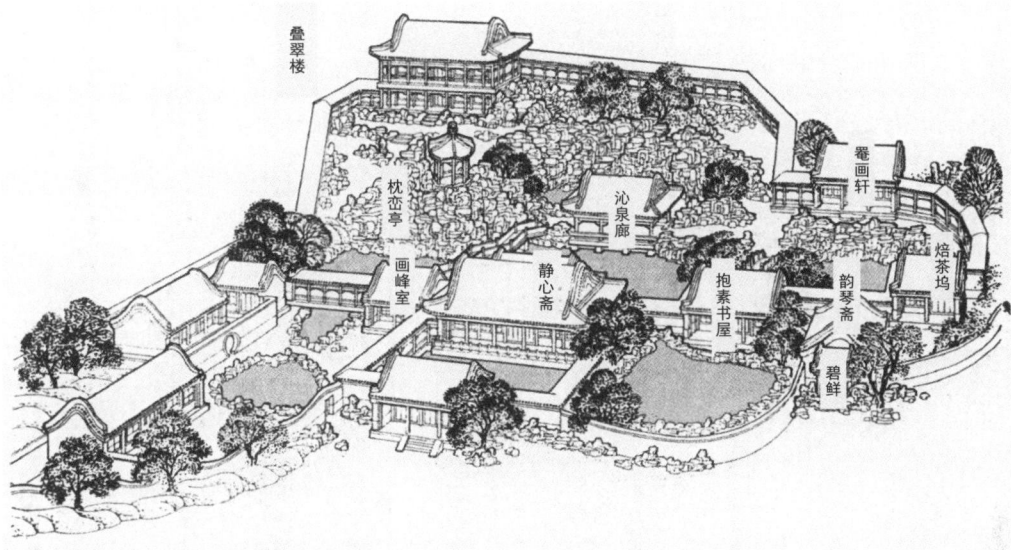

图 2-3-5 静心斋鸟瞰图（北海保护规划）

图 2-3-6 静心斋龟蛇相望之龟石

图 2-3-7　静心斋自东向西望水景

图 2-3-8　枕峦亭东望

图 2-3-9　借地宜造山水

图 2-3-10　水中安廊既有层次，又不堵塞，廊下过流水，以应"俯流水、韵文琴"之意境

图 2-3-11　"堆云"牌坊

第四节

颐和园

颐和园山地为太行山余脉，孤嶂独峙，因山中发现石瓮，称为瓮山。山西南积水为瓮山泊。金代时为行宫，明代改建为好山园，局部有建设，整体还是公共游览地。东岸之龙王庙最吸引游人，是公众游览休息和游赏的中心。圆明园建成后，乾隆相中此地，于清乾隆十五年（1750年）改建为清漪园，1860年被英法联军毁，清光绪十四年（1888年）慈禧挪用海军军费重建。问名"颐养冲和"，更名为颐和园（图2-4-1、图2-4-2）。清漪园奠定了山水间架，向东扩湖为北京蓄水库，保留东岸龙王庙为前湖中心岛，引玉泉山水，南注长河，北供圆明，仿西湖建西堤六桥。后溪河的开辟体现了"山因水活，水因山秀"的画理，由北东转，弥补了万寿山乏于南北深远的缺陷，水景亦在阔远的基础上开辟了深远和迷远的感受。据后山地形变化，在西汇水线——桃花沟扩水面为喇叭形。欲扬先抑，前置关隘将后溪河压缩到两米多宽，再顿置开阔，水的流速得以减缓。再东为岩基地，开凿宽度有限，只作少量曲尺形变化，作为买卖街。东汇水线山谷泄口在"寅辉关"，《园冶》所谓"斜飞堞雉，横跨长虹"做法，山洪出口以顽夯石"参差半壁大痴"，再于对岸水边置小岛。山洪围岛旋转才得以消力。一收一放后，南以石涧叠泉贯玉琴峡流入谐趣园，北入霁清斋借天然石坡滑水，与谐趣园相辅相成，构成细腻和粗犷的对比（图2-4-3、图2-4-4）。后溪荡舟，常会有"山重水复疑无路，柳暗花明又一村"之诗意。两岸以松栎混交为主的植物加以柏、柳、榆、槐的自然种植，西眺玉泉山，却难知"混假于真"之妙也。

颐和园以万寿山为主景突出式布局的中心，以建筑层次弥补深远不足，离中心越远，中轴线控制性越淡，后逐渐过渡到自然山林。基于"因山构室"和"以山为轴"之理，前山据山坡线、后山据山谷线。因自然的前坡、后谷线不重合，故前山、后山轴线不重合。颐和园还点缀了清晏舫、知春亭（图2-4-5）、十七孔桥和凤凰墩。从绣漪桥乘舟入园，穿过气势恢宏的龙王庙、十七孔桥和廓如亭组成的水景到"水木自亲"上岸（图2-4-6）。置石、掇山也颇具特色。仁寿殿以寿星石为屏，兼障景及对景（图2-4-7、图2-4-8）。乐寿堂寝宫则卧青芝岫，石景与境合。仁寿殿西土石山为与耶律楚材墓在有

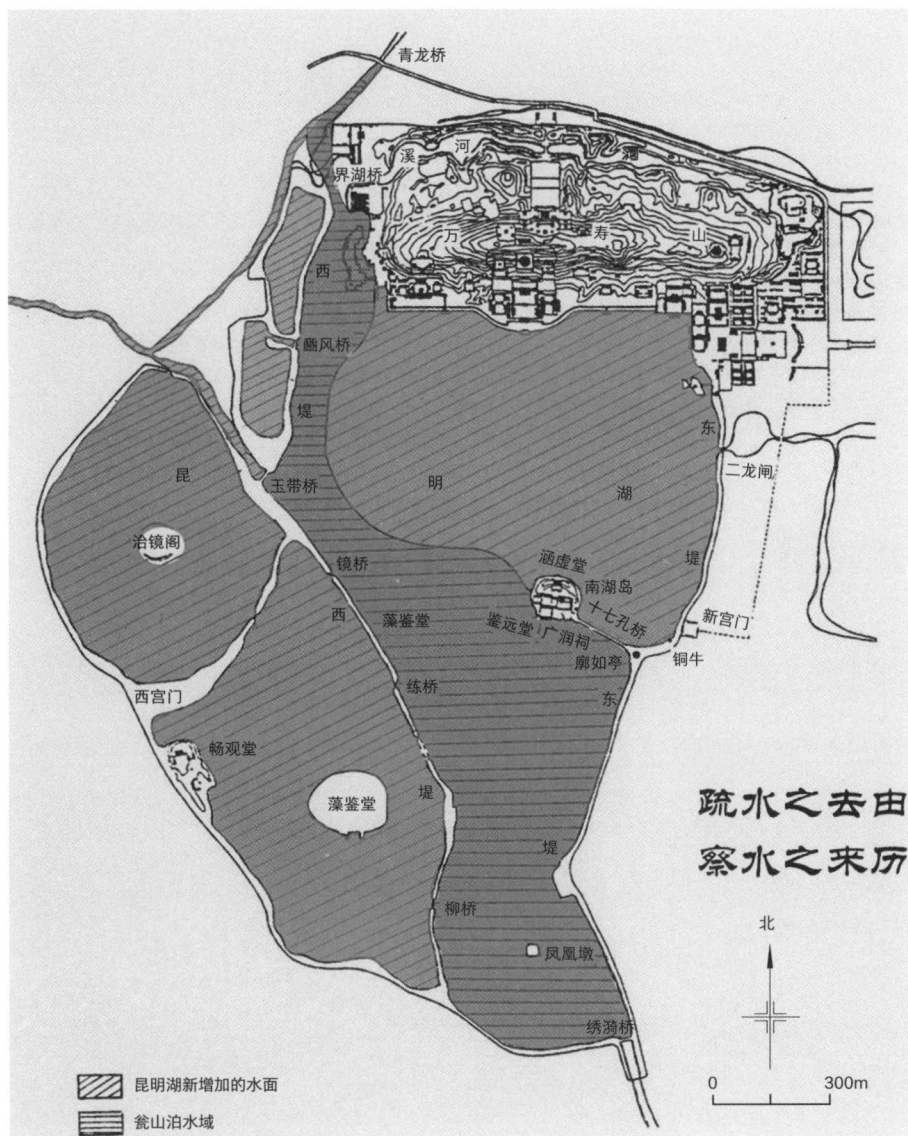

图 2-4-1　颐和园全图及水面变化示意图

所分隔间作承转空间的障景（图 2-4-9）。章法之"起"为从木牌坊至东宫门。牌坊额题"涵虚""罨秀"，高度概括，一锤定音，令人寻味。涵虚朗鉴，罨秀强国。夕佳楼为玉澜堂寝宫后院西厢房。东晒、西晒固然不好，却捕捉到朝向的地宜，借陶渊明"山气日夕佳，飞鸟相与还"之佳句。楼东立假山谷口一卷，植参天乔木供鸟为巢，西借昆明湖东北角塘坳聚野鸭之境，从而得到联语"隔叶夜莺藏谷底，喈花幼雏聚塘坳"，有化不宜为宜之妙（图 2-4-10、图 2-4-11）。

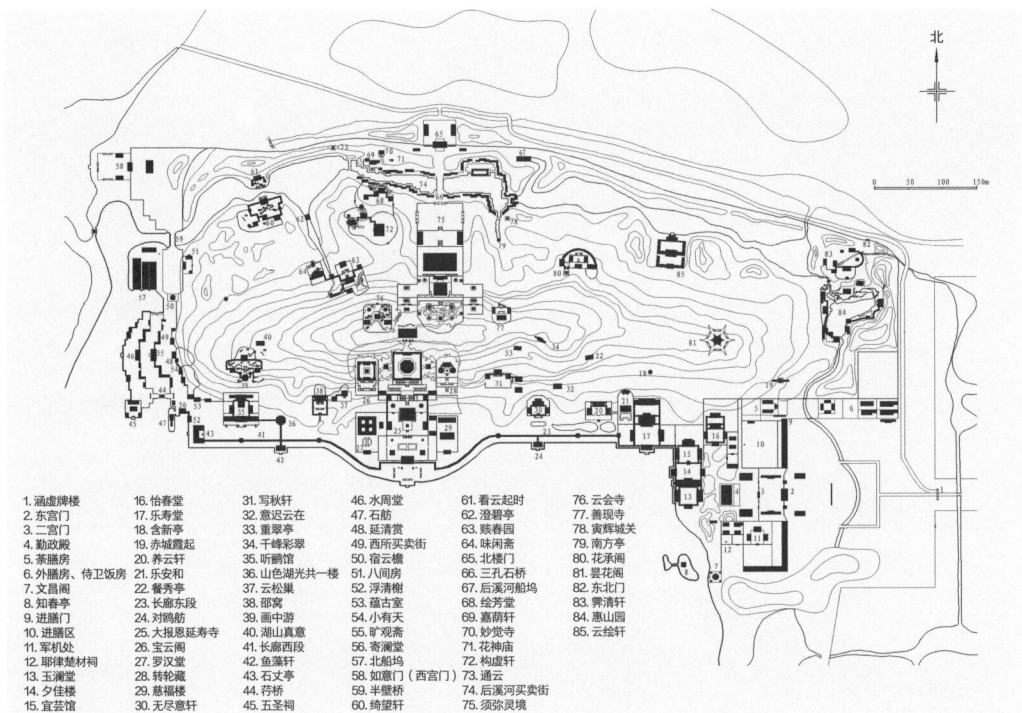

图 2-4-2　万寿山总平面图

1. 涵虚牌楼	16. 怡春堂	31. 写秋轩	46. 水周堂	61. 看云起时	76. 云会寺
2. 东宫门	17. 乐寿堂	32. 意迟云在	47. 石舫	62. 澄碧亭	77. 善现寺
3. 二宫门	18. 含新亭	33. 重翠亭	48. 延清赏	63. 赅春园	78. 寅辉城关
4. 勤政殿	19. 赤城霞起	34. 千峰彩翠	49. 西所买卖街	64. 味闲斋	79. 南方亭
5. 茶膳房	20. 养云轩	35. 听鹂馆	50. 宿云檐	65. 北楼门	80. 花承阁
6. 外膳房、侍卫饭房	21. 乐安和	36. 山色湖光共一楼	51. 八间房	66. 三孔石桥	81. 昙花阁
7. 文昌阁	22. 餐秀亭	37. 云松巢	52. 浮清樓	67. 后溪河船坞	82. 东北门
8. 知春亭	23. 长廊东段	38. 邵窝	53. 蕴古堂	68. 绘芳堂	83. 霁清轩
9. 进膳门	24. 对鸥舫	39. 画中游	54. 小有天	69. 嘉荫轩	84. 惠山园
10. 进膳区	25. 大报恩延寿寺	40. 湖山真意	55. 旷观斋	70. 妙觉寺	85. 云绘轩
11. 军机处	26. 宝云阁	41. 长廊西段	56. 寄澜堂	71. 花神庙	
12. 耶律楚材祠	27. 罗汉堂	42. 鱼藻轩	57. 北船坞	72. 构虚轩	
13. 玉澜堂	28. 转轮藏	43. 石丈亭	58. 如意门（西宫门）	73. 通云	
14. 夕佳楼	29. 慈福楼	44. 苻桥	59. 半壁桥	74. 后溪河买卖街	
15. 宜芸馆	30. 无尽意轩	45. 五圣祠	60. 绮春轩	75. 须弥灵境	

图 2-4-3　谐趣园小水池石岸挑伸变化

　　掇山之材多为本山之细砂岩，其特点与黄石相似。佛香阁两旁大假山用以悬挂藏传佛教之布绘大佛像，高大宏伟、浑厚沉实。内为爬山洞，可登山入室。山阴西有云绘寺，伽蓝七堂中轴对称布置，却借掇山嶙峋、蹬道曲折而融入自然。前山东部山腰的圆朗斋、观生意写秋轩的掇山挡土墙（图 2-4-12），分层置岗开谷，自然错落，剔除了人工垂直挡墙呆板、平滞之弊。写秋轩南面的谷蹬道、踏跺错落高下，两旁置石顾盼，极尽自然之能事（图 2-4-13）。充分体现了美学家李泽厚先生从美学角度出发概括中国园林为"人的自然化和自然的人化"的论断。

图 2-4-4　凿石成涧、桥隐闸门、松风罗月，玉琴峡师八音涧而独辟蹊径

图 2-4-5　知春亭：东宫门入园处湖东岸，视线既远，视角亦偏，湖岸起岛，岛上安亭，成为远眺万寿山的最佳视点

图 2-4-6 "水木自亲"码头

图 2-4-9 仁寿殿西侧山谷

图 2-4-7 寿星石正面

图 2-4-8 寿星石背面

图 2-4-10　夕佳楼，面西建筑有西晒之弊，却又有"山气日夕佳，飞鸟相与还"之宜；楼东掇山为谷，乔木浓荫，鸟居其上，恰如楹联之上联所写"隔叶晚莺藏谷口"，其西居昆明湖隅，正合下联"唼花雏鸭聚塘坳"之意

图 2-4-11　夕佳楼

图 2-4-13　以本山石材掇山石台阶，平正大方，浑厚雄沉，极近自然且与宫苑性质相吻合

图 2-4-12　圆朗斋、观生意、写秋轩北山石挡土墙宛自天开

第三章

私家园林

第一节

拙政园

拙政园是由中部的拙政园，东部的原"归田园居"（现拙政园大门引入的部分）和西部的原"补园"组合而成的总称（图3-1-1），自明代至清代屡有修建和更改。现今的拙政园是中华人民共和国成立后所修复和兴建的。问名"拙政园"应"问名心晓"，明代园主王献臣由于仕途未遂志，便借西晋潘岳《闲居赋》："庶浮云之志，筑室种树，逍遥自得。池沼足以渔钓，春税足以代耕，灌园鬻蔬，供朝夕之膳；牧羊酤酪，俟伏腊之费。孝乎惟孝，友于兄弟，此亦拙者之为政也。"抒其意循中国文学"物我交融"之理，借低湿地宜，以莲自诩，取"出淤泥而不染"为主题，并将其体现于园景中。现在园中的面貌是清代留下来的，与明代中叶建园之面貌相较在山水方面增加了土山的分隔，在建筑方面则在主要建筑添了见山楼（图3-1-2），并添了些小建筑，如荷风四面亭（图3-1-3）。

总体布局中远香堂的位置（图3-1-4），远香堂西傍倚玉轩，北望"雪香云蔚亭"（图3-1-5）。有称"倚玉轩"寓竹，"雪香云蔚亭"寓梅，通过在土山上种植梅花以体现意境。依我看则不然。《园冶·借景》在谈夏季借景时有"红衣新浴，碧玉轻敲"之说。"红衣新浴"寓荷花，"碧玉轻敲"寓雨点轻敲荷叶。因此倚玉轩傍远香堂犹如"红花虽好，还须绿叶扶持"。当然应以园主寓意为实，我只是别想倚玉而已。"雪香"在此并非寓梅。就四时而言春雨绵绵、秋高气爽都没有云蔚的天空，唯夏时"云蔚"，蔚蓝天空白云飘。亭中文徵明书联"蝉噪林愈静；鸟鸣山更幽"，也是夏景声象的写照。北京圆明园按宋代周敦颐《爱莲说》造的莲花专类园"濂溪乐处"中有个从岛岸引廊出水观荷的景点就叫"香雪廊"（图3-1-6）。白色荷花亦可称香雪，池中荷风四面亭、香洲亦都是寓莲的意思（图3-1-7、图3-1-8）。

塑造山水空间为建筑和植物造就了山水环境。苏州地下水位高，拙政园原更是低地，因而掘池得水，且可外连城市水系。本园西南端的小筑问名"志清意远"就表达了这个寓意。因此拙政园总体布局的结体是以水景为主，聚中有散，筑山辅水，以水为心，构室向水。本园土山是明末形成，对划分水面，增加水空间的层次感和深远感起到骨架的作用。土山又以涧虚腹，形成两山夹水的变化。西端化麓为岛，岛从三个方向伸出堤，桥并堤拱作荷风四面亭的三角

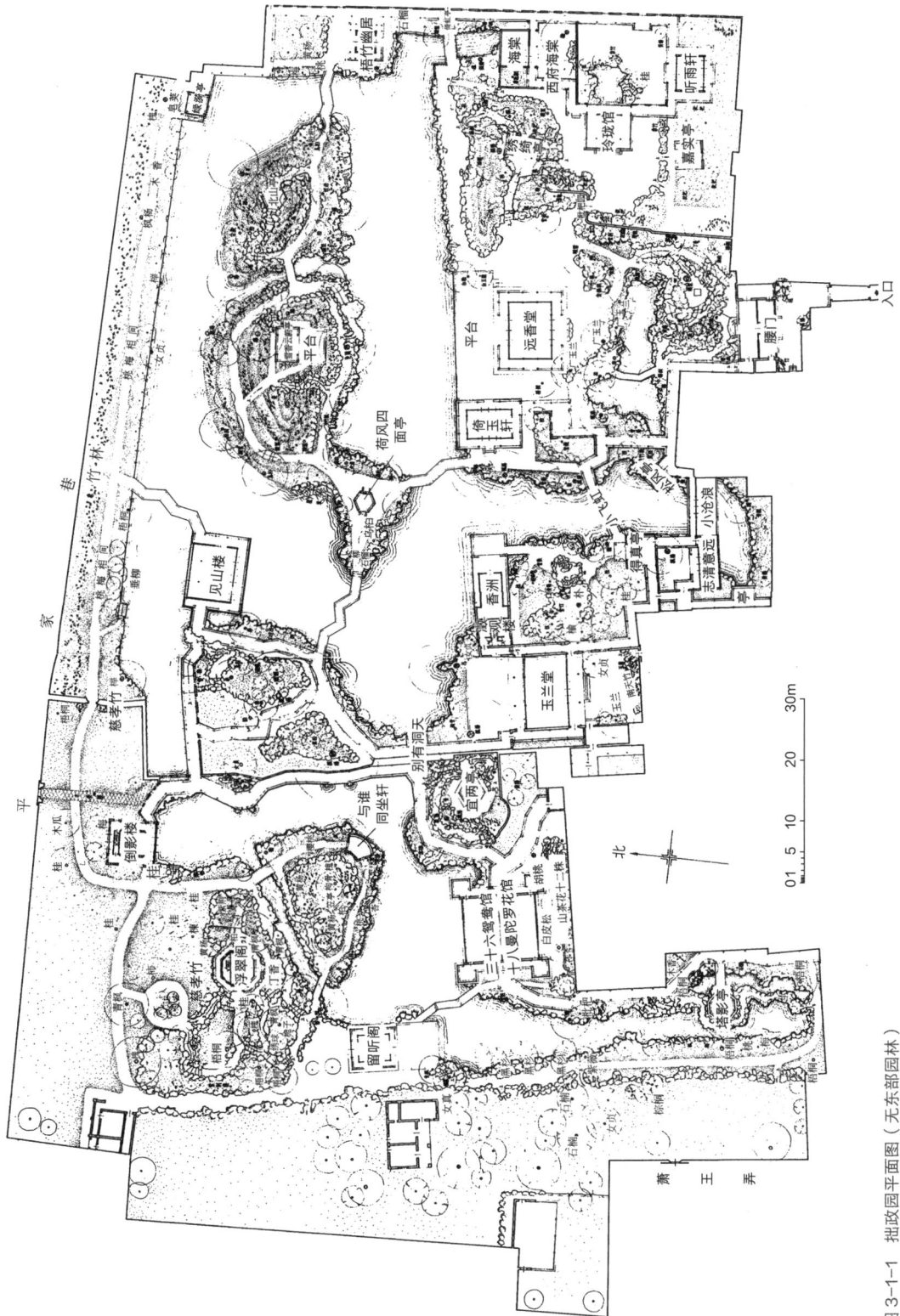

图3-1-1　拙政园平面图（无东部园林）

图 3-1-2　拙政园见山楼

图 3-1-3　拙政园荷风四面亭借三叉堤而安正六
方亭

图 3-1-4　拙政园远香堂在林翳中

图 3-1-5　拙政园自山下仰望雪香云蔚亭

形基址，使得水景富于变化。

　　开辟纵深的水空间对于拓展视线极为重要。东面的水景线有两条，以前山为主。东面自倚虹亭至西面的"别有洞天"是主要的水景纵深线。其直线距离约120米，与南北向水景纵深线正交形成水口变化，为布置不同的水院建筑创造了优越的水势条件。无论自东端的梧竹幽居西望"别有洞天"，或自"别有洞天"回望，两岸山林夹水，间有建筑对岸相呼应，水景至深而目尚可及。如果说前山

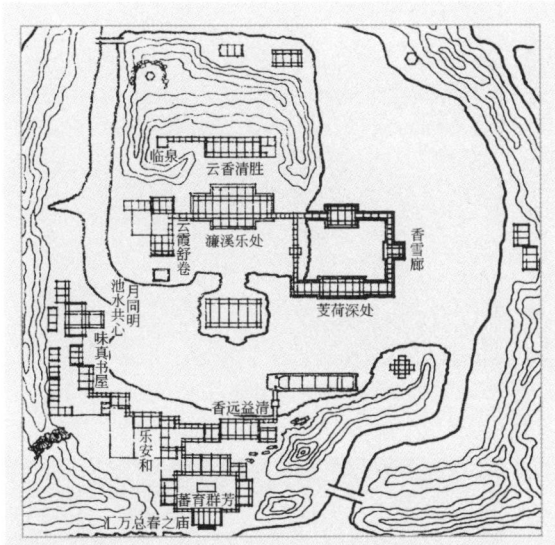

图 3-1-6　圆明园中"濂溪乐处"香雪廊的位置

图 3-1-7　香洲

图 3-1-8　拙政园香洲舫楼层内观

水景纵深线因建筑有所喧，那后山水景纵深线则因山静林幽而寂，两水空间性格因差异互为变化。南北向水景纵深线自"小沧浪"至见山楼纵贯南北被"小飞虹"、香洲石舫、石折桥横隔为层次多变的水景。东端南北向水景纵深线自海棠春坞至绿漪亭，其虽不长却景犹深远。将土山、桥、廊、舫作为划分手段，划分出大小不同、形态各异和具有不同类型建筑围合的八个水空间，它们相互串联、渗透而构成水景园林的整体。化整为零，再集零为整（图 3-1-9 ~ 图 3-1-13）。

陆地通过廊、墙、土山、石山的不同组合来划分景区和空间。计有腰门内黄石假山、远香堂南山池、远香堂与雪香云蔚亭之间的水景、枇杷园内的玲珑馆、嘉实亭（图 3-1-14、图 3-1-15）、海棠春坞（图 3-1-16）和听雨轩北院、绣绮亭（图 3-1-17）所在土山、松风水阁（图 3-1-18）、香洲石舫、玉兰堂院和见山楼等景区和空间。南岸组织为三大院落、三小院落。以春、夏两时景色为主。大小院落均有建筑组成建筑群，点缀以各式单体景亭。亭的布局以堂为主视点，呈环形错落布置，因山就水。雪香云蔚亭并不正对远香堂而居土山之巅，选址在土山东西长、南北短的矩形平台。绣绮亭外形与雪香云蔚亭近似并且可以贯通。但朝向彼此成子午向（南

图 3-1-9　拙政园东西透景线 1

图 3-1-10　拙政园东西透景线 2

图 3-1-11　拙政园湖中三岛，有溪涧穿流将长岛一分为二；后湖涧口寂静优雅，与前湖喧哗之景恰成对比

图 3-1-13　拙政园梧竹幽居亭南地穴得水港跨明代石桥景

图 3-1-12　拙政园小飞虹斜跨水景纵深线

图 3-1-14 枇杷园地穴

图 3-1-15 拙政园嘉实亭

图 3-1-16 海棠春坞

图 3-1-17 拙政园绣绮亭

图 3-1-18 拙政园松风水阁精巧别致，斜向挑出池面，若点睛之作

北向）变化又各具形胜。远香堂的对景是雪香云
蔚亭，并东望北山亭。在北面平台上自东而西可
见绣绮亭、倚虹亭、梧竹幽居亭、待霜亭、雪香
云蔚亭、四面荷风亭、绿漪亭。亭皆各自因境成
景，并在得景和成景方面各具特色。雪香云蔚亭
居中，坐北向南，位置显赫。仰上俯下，移步换
形。倚虹亭与"别有洞天"各从东、西边廊顶出
半亭以联系东、西园出入，并互为对景。梧竹幽
居亭在东面正位，造型丰富，外廊内墙加以内墙
四面有圆形地穴。自亭内外望，景若镜中游。亭
西水际岸上植枫杨一株，与圆形地穴、方亭攒尖
黛瓦屋盖和粉墙栗柱组成尤特致意的风景画面。
倒映入水，或静或动，或容倒天，或闪出曲折多
变的水影，佳趣随生（图 3-1-19、图 3-1-20）。
绿漪亭坐落在东北角水岸上，成为后山水景纵深
线和自海棠春坞向明代石桥北望终端景点。亭西
紧接入水浣阶，后过渡到北面的岸壁直墙。待霜
亭居客山之巅，左池右涧，明中有晦。

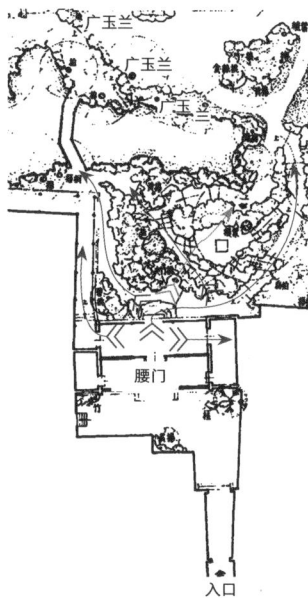

图 3-1-23　拙政园腰门入口道路
示意图

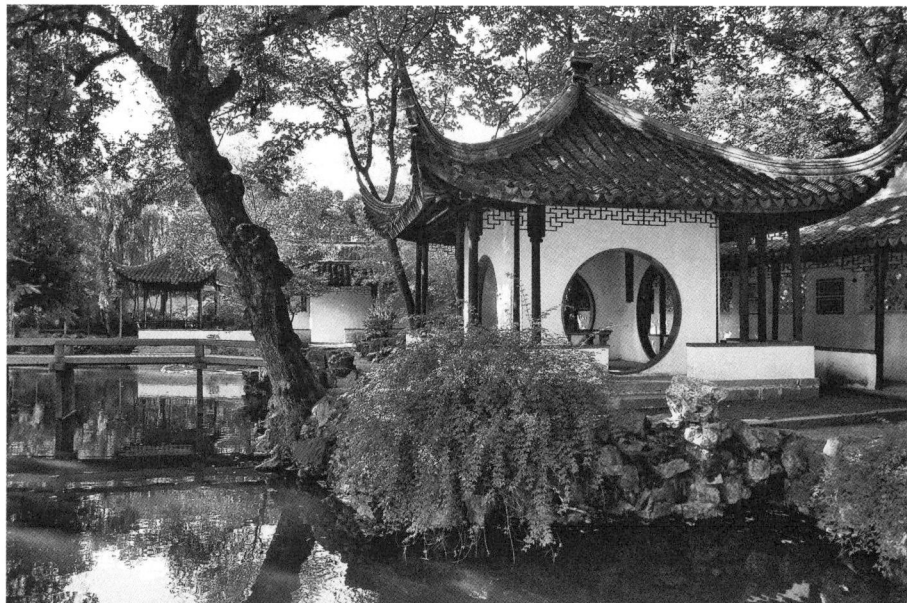

图 3-1-19　拙政园梧竹幽居亭

宅园有个基本要求即"园日涉以成趣"，故讲究"涉门成趣"（图 3-1-21、图 3-1-22）。自腰门入园，由黄石假山、廊、墙结合地形和树木花草形成了六条空间性格不同的游览路线，耐人寻味（图 3-1-23）。一是自额题"左通"处廊道引入，由于园有变迁，此道已封闭；二是自额题"右达"的廊道进入，左壁右空；三是从东边枇杷园西面云墙与黄石假山东面形成的蹬道款款而下（图 3-1-24）；四是为黄石假山西面与廊子组成的缓坡道引到石山北水池斜架的石桥上（图 3-1-25、图 3-1-26）；五是穿黄石假山的山洞，从水池南岸入园（图 3-1-27、图 3-1-28），带来了由明入暗和从暗窥明的光线变化；六是可攀山道上山顶，再从山顶下来入园（图 3-1-29）。六条出入花园的路线为"园日涉以成趣"创造了基本条件。

见山楼登楼处采用了黄石与楼梯相结合的方式，平添了自然的情趣。

西部原补园东南角与中部相邻处起假山以抬高地势，山上筑"宜两亭"可俯两边景物（图 3-1-30）。玉兰堂为西端别院，原从西南角由西东入，堂南对植玉兰，南墙为山石花台，花台东端有踏跺可拾级而上，墙上有门若通第宅，其实并不相通，其上假门为延伸空间的手段，此为罕见孤例。

图 3-1-20　梧竹幽居亭内景

图 3-1-25　拙政园腰门入口西侧与廊结合的道路

图 3-1-21　拙政园腰门西对景山石花台（通宅第）

图 3-1-22　拙政园腰门南对景山石花台

图 3-1-24　拙政园腰门东麓假山与爬山墙间山路

图 3-1-26 拙政园腰门西路山道及廊道，远香堂因此水池而得坐北朝南、负阴抱阳之形胜

图 3-1-27 拙政园入腰门北一径三通，右为
东道，中入山洞，洞口右崖下盘道跨山

图 3-1-28 拙政园腰门入口山洞

图 3-1-29 拙政园腰门上山路

图 3-1-30 宜两亭

第二节

留园

　　明时徐泰时建有东、西两园。清时东园改称"寒碧山庄",因收集十二石峰于园中而名噪一时。后又改称"留园",园址选在华步里(留园前马路名)。园中平面布置以中部为主,东部虽小尤精,西、北部无甚特色(图3-2-1)。

　　留园中部以山水空间为主。由南面以涵碧山房为主的建筑群与东面以五峰仙馆为主的建筑群(图3-2-2),加以西廊、北廊围合而成。在近正方形的中心地,西南角起涵碧山房的堂和北出石平台,东连明瑟楼,其形若舫(图3-2-3)。所掘水池及成曲尺形,于东岸出半岛、北岸出半岛并间及全岛

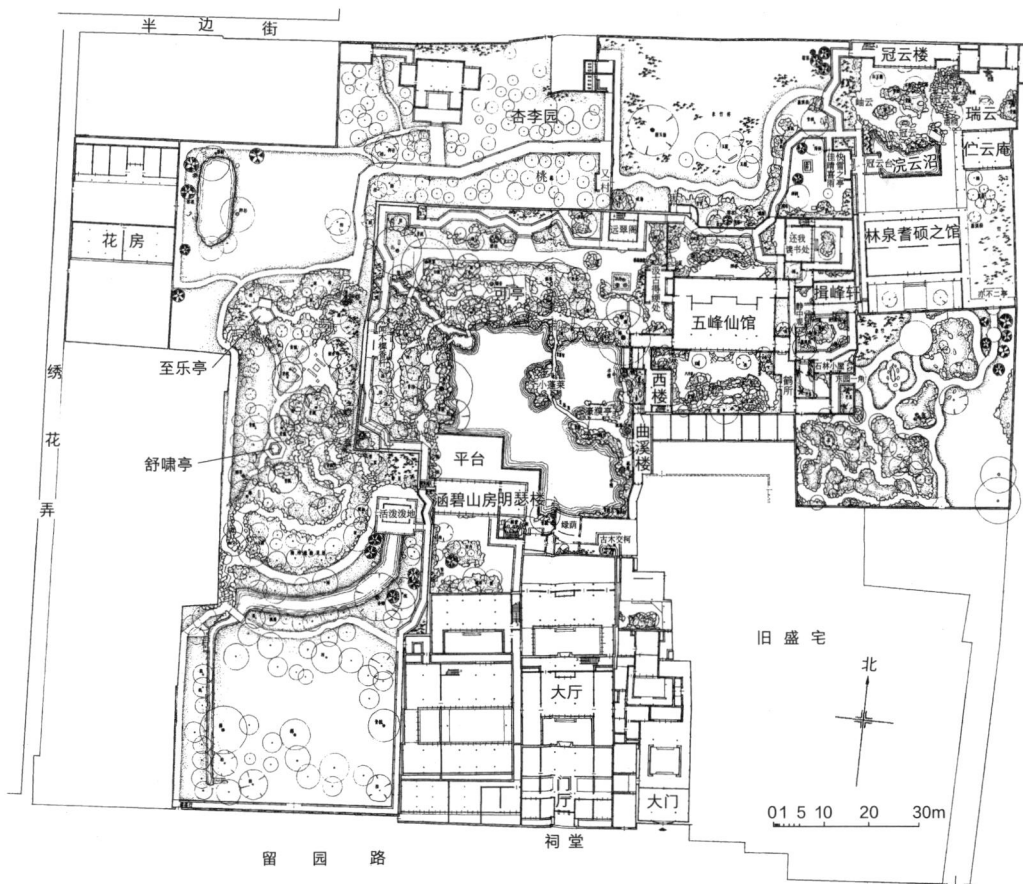

图 3-2-1　留园平面图

图 3-2-2   留园中部以山水空间为主

图 3-2-3   留园明瑟楼形若舫，在此毕现

图 3-2-4   小蓬莱

图 3-2-5   濠濮亭

"小蓬莱"（图 3-2-4），石平桥贯连全岛构成水景的方案布局。中部地形西北高、东南低，自西北引石涧连水池西北角，水口点通过珠玑小岛构成具有曲折变化的水面。东出半岛并北置"濠濮亭"（图 3-2-5），加以池东之南北设置石作，形成中、近距离观赏的活动画面，移步换景。

我认为留园的特色在于对建筑庭院和建筑小品的处理。在置石和建筑结合山石方面创造了独一无二的特色。留园同样要求"园日涉以成趣"和"涉门成趣"，由大门入园只独有一条路线。门厅、轿厅之间开天井，光线的明暗变

图 3-2-6　门厅、轿厅的光线变化

图 3-2-7　入口壁山

图 3-2-8　留园古木交柯

图 3-2-9　"一梯云"特置石峰，强调云梯入口

化自生（图 3-2-6）。往北进的夹巷极尽长短、宽狭、折转之变化，兼以花台镶墙隅，导入欲扬先抑的前厅。南墙作为山石花台的壁山为进出的对景（图 3-2-7）。穿厅西边廊进入园中，廊口额题"揖峰指柏"。

入园即处于三岔路口，可见设计者导游性极强。向北虽可通曲谿楼，但前面光线晦暗。西面却一片光明，小天井层层相连而莫知所穷。游人自然地左转面对"古木交柯"（图 3-2-8）。《园冶·相地》说："多年树木，碍筑檐垣；让一步可以立根，砍数桠不妨封顶。斯谓雕栋飞楹构易，荫槐挺玉成难。"在更借树成景，巧于因借也。如今老树已死，补植了一株，其实难复矣。

再西行进入"绿荫"前廊，廊南小天井紧缩逾倍，山石花台上石笋挺立，南天竹扶疏，藤蔓植物倚壁而起，以绿色枝叶衬托出"华步小筑"的额题。小天井与东邻天井间有粉墙隔断，却又开瘦长形地穴沟通。小巧精致，激活了两个天井空间。

绿荫之西为明瑟楼。楼东有台临水，南通绿荫西邻的小轩，轩西有曲尺形高粉墙，为明瑟楼山石楼梯凭借的载体。明瑟楼尺寸小，楼梯在室内无处安置，室外山石楼梯就可以造景的同时解决了这一问题（图 3-2-9）。山石梯以花台和特置山石强调梯口，花台中植树以增添自然气氛。特置山石不过高两米余，由于视距所迫，因近求高而耸入云天。山石上镶"一梯云"三字。"梯"作名词则词意同山石云梯，作动词则意为一梯入云。据实夸张，既在情理中，又出意料外。登梯两三阶即入镶在墙内角的休息板。然后以石为栏，在石栏遮挡下，贴墙陡上。古时讲究"笑不露齿"，同梯之不露阶。有正对视线作山石楼梯者，全阶毕露，何美之有？梯西尽北转，近楼处设小天桥步入。梯之底部做成山岫，阴虚而暗。自明瑟楼楼下南望，由柱和木挂落组成画框，云梯俨然横幅山水，可谓达到了凝诗入画之境（图3-2-10）。

　　涵碧山房前院是牡丹花台，由自然湖石掇成。院子为接近方形的阶梯形，边廊圈出东北隅作"一梯云"，将曲尺形廊为东界。山石花台让出涵碧山房阶前和东边廊前集散的场地，因而花台仅占对角线西南之地。将近三角之地划为中心、西墙根和南墙根三部分。但西墙和北墙的花台在西南墙隅并不相连，有意放空以形成交覆相夹之势。游人自北而南或自东而西游览时，墙角被花台掩映不穷（图3-2-11、图3-2-12）。中心花台因让出东、北面的空间而使其具有通透之感。山石花台在纵断面方面极尽变化之能事，或上伸，或下缩，或直，或坡，或若有山石崩落而深埋浅露于花台下的地面（图3-2-13），或峰石突兀引人注目。以墙为纸，以石为绘。苏州地下水位高，牡丹喜排水良好的环境，山石花台为牡丹提供了这种生长条件，花台与周围的布置结合的结体和自身变化增添了自然美的气氛（图3-2-14）。

　　西廊高处的"闻木樨香轩"居高临下东俯全园（图3-2-15），沿廊北进折东至"远翠阁"。北廊呈"之"字形变化，廊墙之间形成各异的小空间。并点缀竹石小品，无不翩翩楚楚。阁西南特置山石形成东西视线的焦点。临水南望，水景层次深厚，富于人工美和自然美不同组合的变化。

　　远翠阁东面的一卷山石花台也富于曲折明晦变化，尤以北端花台变化细微，耐人寻味。南通"汲古得绠处"与"五峰仙馆"西墙组成的半开敞小空间。石屏西障与南墙花台组成入口，五峰仙馆西墙花台则成为入口对景（图3-2-16）。

　　五峰仙馆居位于院落中部，自成前庭后院的格局。前庭可以说是四合院的变体，为南墙北馆、西楼、东所（鹤所）的格局。前庭借南高墙作大型壁山处理，可循花台上小径东西上下（图3-2-17）。花台上松柏虬枝、桂花飘香、花木应时开放，峰石兀立其间。墙角都以花台镶边，台阶以山石做成"涩浪"（图3-2-18），贵在其中置分道石，人流可分道上下。最吸引人的是东面的景物。鹤所额题横陈矩形地穴之上，两旁用漏窗墙虚分隔，逗人游兴（图3-2-19）。

图 3-2-10 留园"一梯云"之画意

图 3-2-11 留园涵碧山房南院牡丹花台一瞥

图 3-2-12 留园自花台群北望，山石层次深远

图 3-2-13 留园单体花台之高低层次变化

图 3-2-14 留园花台细部处理

图 3-2-15 留园闻木樨香轩

图 3-2-16 五峰仙馆西窗石屏兼作汲古得绠处入口

图 3-2-17　五峰仙馆壁山与南墙间小路

图 3-2-18　留园五峰仙馆涩浪做法

图 3-2-19　鹤所

图 3-2-20　留园揖峰轩北保留隙地
以布置尺幅窗的对景

　　入鹤所循廊直北可到"还我读书处"僻静的小天地。仅此一径可通，有书斋求静避干扰之谓也。其南"揖峰轩"不与之共墙，有意于两墙间留狭长隙地布置竹石的"无心画"供室内"尺幅窗"入画（图 3-2-20、图 3-2-21）。揖峰轩小院尺度合宜，分隔精巧，曲折回环，情态多致。曲廊和墙分隔出大小、性格各异的天井，点以山石，植以紫藤绿竹、芭蕉。竹枝出窗，蕉影玲珑，藤蔓穿石充分发挥了"步移景异"近距离、小空间的观赏效果（图 3-2-22 ~ 图 3-2-26）。

　　再东，即以冠云峰为中心的一组园林庭院。冠云、瑞云、岫云三峰以冠云峰最奇美，占尽风流，充分表现了湖石单体的透、漏、皱、丑、瘦之美，

图 3-2-21 留园揖峰轩石林小院尺幅窗与无心画

图 3-2-22 揖峰轩小院

图 3-2-23 揖峰轩庭中心花台石峰峙立

图 3-2-24 石林小院尺幅窗无心画

形体硕大，姿色婀娜而孤峙不群（图 3-2-27、图 3-2-28）。因石在地内，留园主人为了得到这卷奇石，购其地而得石。从建设的顺序而言，先置石，以石为中心来布置建筑和园庭。格局为南馆、北楼、东庵、西台。林泉耆硕之馆是诠释、欣赏和座谈、探讨冠云峰之所。馆中以木刻满壁的《冠云峰歌》为主要展示，屏后可从室内最佳视点品赏名石奇峰。视距约为 20 米，石峰高约为 6 米，视距比约在 1：3。冠云峰前的浣云沼为水石相映成趣之作，与拙政园的小沧浪有异曲同工之妙。石本灵洁，倒映入水，水容倒天，清风徐来，石云折影宛若天浣。石乎，云乎，皆浣于沼（图 3-2-29）。

　　冠云楼据峰而建，正对冠云峰。林泉耆硕之馆稍有偏移亦感相对。馆东、西边廊北展，东尽伫云庵，西出冠云台与佳晴喜云快雪之亭，整个庭园有轴线而又是不对称的均衡。浣云沼之岸，北曲南直，印证了"随曲合方"之妙。

图 3-2-25　石林小院对景

图 3-2-26　石林小院背面观

图 3-2-27　瑞云峰

图 3-2-28　岫云峰

图 3-2-29　冠云峰及浣云沼

第三节

网师园

南宋万卷堂故址，时称"渔隐"，清乾隆年间修建，清光绪年间有所修整，其后又扩建至现在的规模。清乾隆中叶，园主宋宗元借"潭西渔隐"并取园边王思巷谐音改称网师。与以上两座大型宅园相比，网师园属中型园林，现占地近九亩。取东宅西园的结构，因此园与宅间东西有五处可通，主入口设在轿厅西北隅，大厅亦可廊通（图 3-3-1）。

本园立意以渔隐为师，意境皆为琴、棋、书、画、渔、樵、耕、读。诸如看松读画轩、射鸭廊、樵风径、五峰书屋、琴室等。水池的平面呈方形，若落水张网之形。东南角引小溪若网之纲，所谓纲举目张。《苏州古典园林艺术》说："园中水池是仿虎丘山白莲池整体。"东岸亭下引水涵入，南阁亦有所挑伸，虚涵池水，西南隅作黄石水岫，"月到风来亭"以石抱角，石岫涵通，加以北侧做水湾跨贴水折桥和斜伸石矶（图 3-3-2），水池岸在方的基形中力求自然变化而显得丰富多彩。和留园的近似之处是，亮出东面建筑西立面在大小、高低、起伏和错落的变化。由射鸭廊和竹外一枝轩组成的建筑组合，起到承前启后的作用，屋盖单双坡顺接和开漏窗呈现虚实变化。水庭东北隅自成视线焦点，经得起反复，体现出简洁美（图 3-3-3）。

《楚辞·小山招隐》有"桂树丛生兮山之幽"，《桂树赋》有"小山则丛桂留人"（《苏州古典园林艺术》）。渔隐之园不求张扬，东南角有小洞门引进主体建筑"小山丛桂轩"。轩东、西、南三面有边廊，北面以黄石假山为屏障（图 3-3-4）。北假山和南壁山花台上植桂花，山不高而水甚敞，轩四面景色各异。东面最狭，墙间引窄长溪湾，跨以体量精小、造型玲珑之石拱桥，桥面拱处有如同苏州水城门（盘门）桥面拱处一样的镇水石刻图案，六瓣旋花。其是否寓意"六合太平"尚不能定，曾请教多位老前辈而未解，后从梁友松先生处得知是寓意海中一种贝壳类动物，是辟邪趋安的吉祥含义（图 3-3-5）。

小山丛桂轩西引，有"蹈和馆"。南入琴室，似有歌舞升平意。琴室南墙壁山有起有伏，早时西部有卧石布置精美，后经改建尚存不多。

由小山丛桂轩、濯缨水阁、蹈和馆组织的小空间，由小山丛桂轩西出廊呈"之字曲"横贯。由于廊间山石花台上一株逗人注目的青枫点缀，显得空间十

十　全　街

网师园后门

住宅

北

01　5　　10m

黄杨 腊梅

梯云室

青枫

白皮松
黑松

腊梅 慈孝竹
梅

殿春簃

看松读画轩

玉兰
木瓜芭蕉
海棠

集虚斋

紫竹

紫薇

紫薇

黑松
皮松 拍
汉松 下

竹外一枝轩

楼上读画楼 楼下五峰书屋

上
紫薇
罗汉松

上

桂

紫薇

紫薇
桂
紫薇

天竺
厕 青枫

腊梅

垂丝海棠

枫
桂 紫竹

石矶

黑
松
下

梧桐亭

男厕

女厕

冷泉亭
下白皮松

青 枫
枫月到风来亭

黑松
下

撷秀楼
（花厅）

濯缨水阁

漱碧泉

桃

青枫
三

桂

柳

桂

积善堂
（大厅）

花房

青枫
梧桐
桂 丁
香

小山丛桂轩

梧桐

垂丝海棠

槐

苗圃

蹈和馆

玉兰 桂
桂

轿厅

琴室

女厕
男厕

大门

阔　家　头　巷

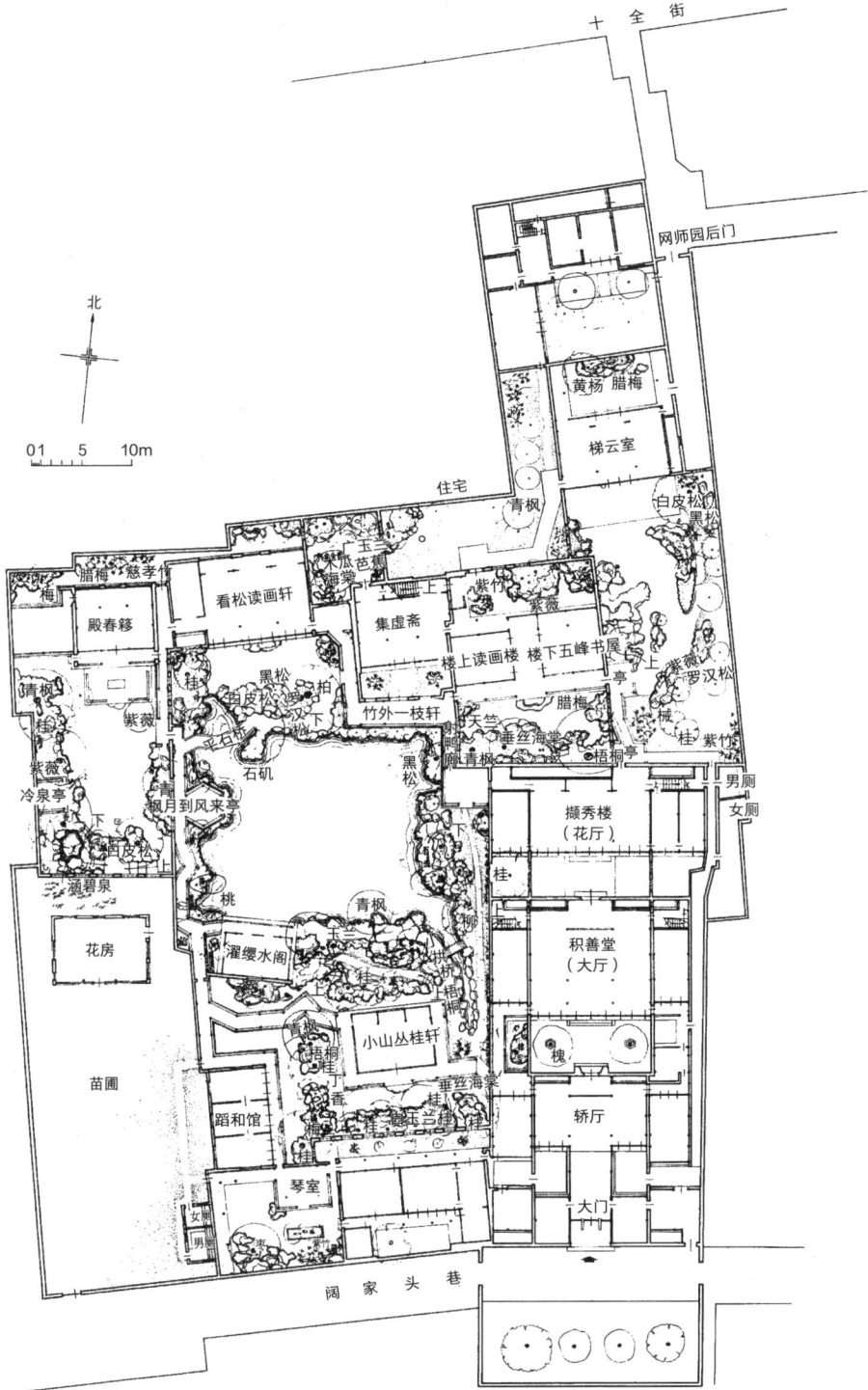

图 3-3-1　网师园平面图

图 3-3-2　网师园石矶折桥组合

图 3-3-3　网师园东立面

图 3-3-4　小山丛桂轩

图 3-3-5　精小的石拱桥拱处有如同苏州水城门一样的镇水石刻图案

分灵活。透过廊间，经水阁南漏窗透渗水阁北面景色，显得风景层次丰富。

　　"濯缨水阁"取自《孟子》："沧浪之水清兮，可以濯我缨"之意，居控制水景的要位。小山丛桂轩北向是以黄石假山做隐蔽处理。假山为水景接口，同时作为陪衬将水阁衬托出来。水阁虽为倒座，却居于控制水景的要位，尺度不大却相当精致。临水面有栗色雕花木栏供人凭栏远眺。木栏下石柱入水，外观虚空，形成五间水洞而颇有深意（图 3-3-6）。阁内木槅扇开启后空间格外空透。明间南墙上的漏窗将室内较阴暗的空间透出南边光亮的背景。联曰："曾三颜四；禹寸陶分"[①]；以古人为训，言简意赅。水阁之西还有两处微观处理。西南隅水角退缩为水岫，颇有不尽之意。不足一平方米的廊墙小空间石笋峭立、竹影玲珑，成为东、南、北三条游览路线的视线焦点，这样的处理不仅变死角为活角，而且以一应三，甚是巧妙（图 3-3-7）。

[①] 联出郑板桥，其以最简练的语句，表达了深邃的内容，激励人们珍惜时光。"曾"即孔子的弟子曾参。他曾说："吾日三省吾身，为人谋而不忠乎？与朋友交而不信乎？传不习乎？"意思是每日反省自己的忠心、守信、复习三个方面，此为"曾三"。"颜"为孔子的弟子颜回，他有四勿，即"非礼勿视，非礼勿听，非礼勿言，非礼勿动。"故称颜四。"禹寸"是说大禹珍惜每一寸光阴。《淮南子》谓："大圣大责尺璧，而重寸之光阴。""陶分"指学者陶侃珍惜每一分时光。他说过："大禹圣者，乃惜寸阴，至于众人，当惜分阴。"

图 3-3-6　濯缨水阁

图 3-3-7　网师园廊间竹石小品

　　顺西墙架廊池上，由廊衍生出"月到风来亭"独当了池西的景色。东墙展示了住宅层层庭院深入的西立面。东北隅水亭向北引出"射鸭廊"，射鸭廊又与"竹外一枝轩"前后相连，外栏杆、内门洞、漏窗，明暗虚实，相映成趣。尤以射鸭廊西端向北转折的接合处，屋盖组合简洁中出奇巧，虚廊接以有漏窗的白粉墙实体，变化中有统一，统一中又有变化。

　　月到风来亭顺势引入园中园"殿春簃"。隔墙东西二廊交覆一段后西廊与山石廊相衔，是为一座独立的书房庭院，建筑以居东之大屋连接居西之耳房。楼阁边的小屋称簃，《尔雅·释宫》中有"连谓之簃"，郭璞注："堂楼阁边小屋"。按莳花而言，这里以芍药为主。此花开于春末，将春季分为三段的话，殿便是春末，故问名殿春簃。

　　庭为长方形，北端向西稍有扩展。殿春簃坐北并在北面留出了布置"无心画"的狭长后院。山、石、梅、竹自成画意。南出平台，石栏低伏，主要的景物：花台、壁山和半壁亭都借墙而安，使"冷泉亭"成为构景中心。亭居高而旁引山石踏跺而上，亭中置湖石于粉墙前，几卷竖峰与亭内外融为一体。问名"冷泉亭"，借泉成亭（图 3-3-8）。相传此处旧有"树根井"，1958年整修时把埋没了的泉水开发出来，清洌明净（图 3-3-9、图 3-3-10）。这本是庭院的西南角隅，如二墙垂直相连，难免呆滞、平板。而借隅成泉后，有山石蹬道引下，一泓清泉，潭里镜天。加以石影玲珑剔透，树弄花影，浓荫覆泉，顿起清凉之感。这说明置石和假山是中国园林运用最广泛、最具体

图 3-3-9　殿春簃前庭院

图 3-3-8　冷泉亭借壁生辉，山石涩浪引上

图 3-3-10　殿春簃庭院内的冷泉

和最生动灵活的手法。

殿春簃向东从室内可通"看松读画轩"，轩前黑松张盖，虬枝框景呼唤了水景如画卷展开。

"五峰书屋"南院有完整的壁山。《园冶》所谓"峰虚五老，池凿四方"似与此境同。北院有小巧精致的山石花台。北院东西狭长，西端特置一卷竖峰应对了三个方向的视线。倚北墙向东延展的花台，或曲折入奥、或上伸下缩、或对峙如溪沟，步移景异，变幻莫测，堪称极品（图 3-3-11）。

五峰书屋楼上为"读画楼"。借东墙而起云梯，下洞上阶，盘旋倚壁而上，加以与山石花台呼应，起势不孤，是为梯云室庭院制高之一景（图 3-3-12）。整个庭院以山石廊与花台布置组合。西墙半亭、南廊亭与衔接二者的廊子结合形成屋盖组合的变化，而西南隅作为障景布置的石笋竹石小品。在阴暗背景的衬托下，自北南望，引人注目。石笋两三，却有宾主之位，翠筠柔枝傍依，清风拂动，生趣盎然（图 3-3-13）。

图 3-3-12　梯云室庭院

图 3-3-11　五峰书屋后院山石花台

图 3-3-13　网师园出口

第四节

环秀山庄

　　清道光末年（1850年），工部郎中汪藻、吏部主事汪堃购得孙氏宅园，建汪氏宗祠耕荫义庄。并筑别业，署其堂曰"环秀山庄"，故又将园名称"环秀山庄"。庭院位于苏州景德路，园中假山是为全国湖石假山之极品。中华人民共和国成立后将已毁建筑全部按遗址复原，并小修假山。该园占地面积0.22公顷，其中假山占地0.07公顷（图3-4-1）。

　　环秀问名立意，盖指山居中而建筑环山布置，假山南、西、北三面布置建筑，东为高墙。秀指山貌优美，古代园林称山为秀。如颐和园东宫门牌坊额题"罨秀"，北京故宫御花园假山额题"堆秀"。"环秀"也可理解为言太湖石之美。湖石在成岩过程中，含钙的石灰岩被含二氧化碳的水溶蚀而形成呈环形的窝、岫、洞。此园主峰取洞的结构，并以环洞为框景纳西北山洞于其中，环环相套，充分展示了石灰岩环秀之美。池南四面厅"环秀山庄"有对联两副。一为："风景自清嘉有画舫补秋奇峰环秀，园林占优胜看寒泉飞雪高阁涵云"，二为："丘壑在胸中看叠石流泉有天然画本，园林甲天下愿携琴载酒作人外清游"。

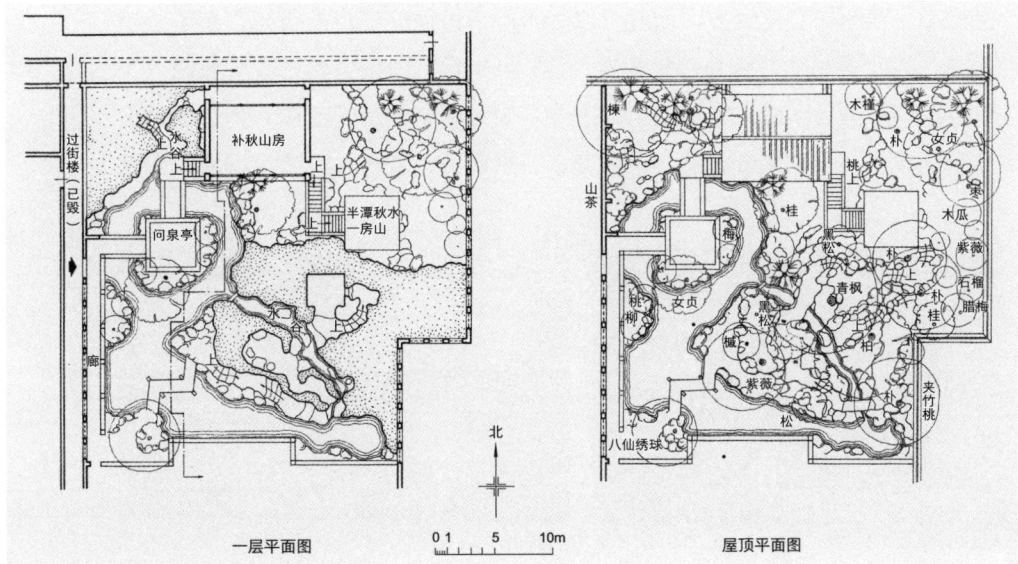

图3-4-1　环秀山庄北部庭院平面图

以布局结构而论,这是一座以石山为主、水为辅、园林建筑为周环,东墙、南厅、西楼的假山园。山水相映体现在以水钳山、幽谷贯洞、引山溪穿洞和以水临台、架桥、绕亭、临舫、涵亭。因此山水、建筑、园路、蹬道和植物俨然一体,和谐交接,协调发展。基地在约三十平方米的地盘内,展示出高峰峻岭、深壑幽谷、绝壁飞梁、洞壑石室多种自然山水组合的奇观(图3-4-2),我辈应叹服其"臆绝灵奇"的最高园林艺术境界和卓越的工程技术,以具形景象印证了中国风景园林"有真为假,做假成真"和"虽由人作,宛自天开"的至理。

以山的构成而论,由主山、客脊和西北角的配山形成结构的框架。主山、客山相峙成幽谷,不仅可引进环山之水,更是一种虚实空间的变化(图3-4-3),即画论中的"山腰必虚其腹"。就宏观山势而言,主山虽位置居中却留出了西面的空间。"西急东缓"而向西有明显的动势。苏州之西乃真山所在,假山称"山子",子山回望母山表示山脉依贯。这种有关假山的总体轮廓、动势及山水相衔关系的布局章法,十分重要。清代杂家李渔《闲情偶寄·居室部》山石第五论证说:"犹之文章一道,结构全体难,敷陈零段易。唐宋八大家之文,全以气魄胜人。不必句栉字篦,一望而知为名作。以其先有成局,而后修饰词华。故粗览细观同一致也。若夫间架未立,才自笔生,由前幅而生中幅,由中幅而生后幅。是谓以文作文,亦是水到渠成之妙境。然但可近视,不耐远观。远观则襞裰缝纫之痕出矣。书画之理亦然。名流墨迹,悬在中堂,隔寻丈而观之,不知何者为山,何者为水,何处是亭台树木,即字之笔画杳不能辨。而只览全局规模便足令人称许。何也?气魄胜人,而全体章法之不谬也。"

假山由西南循对角线方向而起可以尽可能少占南北进深的空间,鉴于必越池抵山,因此第一个景物为"紫藤桥"(图3-4-4),做山石若桥头堡强调入口(图3-4-5)。山石以峦头收顶,上峦下洞。为了便于静水的流通,桥头小阜贴水之脚作成水洞,东面皆有洞互通。就水石景而言,若被水流所激而溶蚀为水

图 3-4-2　环秀山庄园西北角层峦陡起,上挑下缩,俨然悬崖

图 3-4-3　环秀山庄子山主峰向西回望母山

洞，显得自然而空灵。为控制桥的体量，上建铁花架供紫藤攀缘，选择了中高旁低的石折桥。原桥石墩上有插铁柱之孔，今已不存（图 3-4-6）。此即《园冶》所谓"引蔓通津"的做法。紫藤为春花，四时之始犹园之始。

　　至彼岸，欲导引游人东转，必先阻而后导。假山组合单元选择石壁与栈道，石壁可阻人前进。在此北面还有山水景延伸，可斜阻而不宜正挡，故石壁朝向西南而透北面的山水。栈道和假山收顶做成悬崖和临水石栏、蹬道（图 3-4-7）。地面本是平的，将中间垫高，两旁两三步石阶便使其具有上下的起伏。石栏下有一水洞特别妙，外观并不奇特，但却起到采光洞的作用（图 3-4-8）。自上而下环环相套，层次很丰富。苏州大石山有这种上下漏洞山谷的自然景观，此乃"外师造化，中得心源"之作无疑。人由西上东下至尽头，地面收得很狭窄，左侧岩壁挡住了前方的视线，似乎山穷水尽时，由东转西，有洞口迎人。洞取券拱结构（图 3-4-9），这是戈裕良在山洞结构方面的创造。戈氏说："如造环桥法……可以千年不坏。"如今已有二百余年，并无崩塌之兆，如善于养护管理，戈裕良这句话是可以符实的。进洞仅一弯便入洞府。试想过桥上岸，自栈道由西而东，进洞后又由东而西，其间只隔几十厘米的石壁，路线却极尽延长之能事，山路盘旋上下约有八十米长。《园冶》论：

图 3-4-4　折桥跨水，展现随曲合方之线性理法

图 3-4-5　环秀山庄紫藤桥头石岸有洞贯通

图 3-4-6　环秀山庄过紫藤桥北岸石壁屏道引导游人向东转入栈道

图 3-4-7　环秀山庄循栈道东进，栈道尽，顿置宛转，洞口自现

图 3-4-8　环秀山庄洞壁自然采光孔洞

图 3-4-9　环秀山庄山洞结构创新的改梁柱式为券拱
式，大小石钩带受力传力均匀合理而外观又天衣无缝，
实乃戈裕良哲匠之独到也

图 3-4-10　环秀山庄洞府自然采光，内置几
案，若有仙踪

"路类张孩戏之猫"，即假山路的线形如同儿童以草逗猫，猫左扑右跌一样。
从露天转入洞中由明变暗，仿佛来到另一空间。洞府有壁龛和石榻，渲染了神
仙洞府的遐想（图 3-4-10）。山洞结构可明显看出"合凑收顶"之做法，顶壁

一气。利用湖石透漏的孔洞采光，地面排水亦好。栈桥下涵洞不仅采光，兼作排水，设计何等的灵巧，足以体现"景到随机"之借景理法。

出洞跨涧过步石，步石独一成景。西望高空飞梁横架在绝壁幽谷间，这便典型地体现了《园冶》所谓："从巅架以飞梁，就低点以步石"的理法（图3-4-11、图3-4-12）。幽谷南为洞府、北为石室，外实内虚的结构不仅节省了大量石材，外观体量大而山中皆空，是典型的石灰岩溶洞景观。选作洞府、石室最宜。石室不同于洞府处，其外观是自然山石，内观是人工墙壁；东侧采光洞内观为窗，外观是洞（图3-4-13～图3-4-15）。

过石室顺蹬道攀上假山第二层，有条石飞梁为架空石矼。俯首下瞰，幽谷尽在眼下，由上及下层次深远。山石嶙峋、溪谷逶迤、俨然真意，山之"面面

图3-4-11　从巅架以飞梁，就低点以步石

图3-4-12　环秀山庄自幽谷底仰望石矼飞梁，但见谷因近得高，石壁空灵剔透，涡、沟、洞等石灰岩自然外观毕现无遗

图3-4-13　环秀山庄洞尽梁现，石室在望

图3-4-14　环秀山庄石室

图3-4-15　环秀山庄石室内观

观，步步移"更进一步展现。视点高度的转换，使其俯仰成景。山之高度自水面以上不过五米有余，却给人俯临深山大壑之感受（图3-4-16～图3-4-19）。从山顶看，主山、客山相对峙，幽谷曲折深邃。穿主峰下洞，跨过飞梁，蹬道

图 3-4-16 环秀山庄飞矼石梁，下俯幽谷

图 3-4-17 环秀山庄飞梁既满足游览交通需要，又能自成一景，并借以框景得景

图 3-4-18 环秀山庄幽谷飞梁

图 3-4-19 环秀山庄登山蹬道

两分下山，至"补秋山房"东又合而为一。东支路引向"半潭秋水一房山亭"，亭南与山石水池融为一体，水伸入亭下而面对亭作水岫内涵珠玑（图3-4-20），作出实中有虚、虚中有实的变化。下亭则可见东墙根有土坡逶迤而下，山石散点可以固土，同时也与树木女贞、朴树的露根结合成景，为山石散点的佳作。山石聚散有致，卧石浅露，别是一番景象。

自补秋山房北小院，空门东西相通，西出则循阶西下（图3-4-21~图3-4-23）。北墙原有洞引入井水成溪涧顺阶流入西北配山的洞中，出洞则贯通落入池北石罅。西北山亦可登顶回望历程。在"起、承、转、合"中这里可算"合"。西可进楼廊，东可循回折的蹬道穿洞下山。出洞右转，在悬崖栈道尽头有一眼泉井，石壁上镌有"飞雪"。民国《吴县志》引有清乾隆年间蒋恭棐《飞雪泉记》（《苏州古典园林》），可想当年泉喷出雪白水珠如同飞雪之景观（图3-4-24）。

环秀山庄假山之成就与特色概括如下：

（1）山居园中而周环成景，这是掇假山最难解决的。南京瞻园的湖石假山主要展示三面，背面靠土山无视线可及或视线可及亦无要景。环秀山庄却要求四面玲珑，而戈氏却"先难而后得"。京剧名家马连良先生在舞台上排戏休息时，有人请求他传授经验，马先生说："我有什么经验，就是站在台上三面看都好看。"

图3-4-20　环秀山庄洞中观亭，"盖以人为之美入天然，故能奇；以清幽之趣药浓丽，故能雅"

图3-4-21　环秀山庄补秋山房推开南窗，山水唤凭窗

图3-4-22　环秀山庄补秋山房北院，狭长洁净，东西地穴相望，取象宝瓶，寓保平安

图 3-4-23　环秀山庄补秋山房，形无舫象，意蕴补金水秋山之心境也　　图 3-4-24　环秀山庄飞雪泉

（2）布局有章而又理微不厌精，故宏观、微观都耐人寻味。布局外实内虚，外旷内幽，精在石沟、石罅均为熔岩景观。但一般人多追求峰峦而少有做石缝、石沟者。戈裕良则真正是下了"外师造化，中得心源""有真为假，做假成真"的功夫。

（3）所用石材并无奇峰异石，用的是普通湖石，但山体整体感强。体现了掇石成山、集零为整的工艺水准。戈裕良不是表现石的单体美，而是掇石成山的整体美，水平登峰造极。

（4）作为山水园，水不择流，水源有保证：

①地下水相通；

②天然降水，从东墙引下，沿溪导引入池；

③飞雪泉水源；

④北墙外井水灌入，以供不时之需。

（5）山水组合单元丰富，随境而安，山景的组合单元有阜、壁、石栏、栈道、洞府、步石、幽谷、石室、蹬道、峰下石矼单梁洞、山池、岫、珠玑、散点、悬崖、台、浣阶等（图 3-4-25 ~ 图 3-4-30），水景的组合单元有泉、涧、溪、池、水岫等（图 3-4-31、图 3-4-32）。

（6）植物点植以少求精、景涵四时。原假山点植四株树木：紫藤、紫薇、青枫、白皮松，涵盖了春、夏、秋、冬的季相变化，可惜目前几无一存。紫薇桥铁架之铁柱矼洞、浣阶亦有所破坏。

图 3-4-25　环秀山庄入乡随俗，值此洗衣机时代莫忘浣
阶、木杵、砧衣

图 3-4-26　环秀山庄幽谷步石

图 3-4-27　环秀山庄水岫石岸

图 3-4-28　环秀山庄园之艮隅石，端须
室内观

图 3-4-29　环秀山庄湖石裂隙做法

图 3-4-30　环秀山庄湖石大假山西面观，环秀乃周环皆秀，造山之"步步
移，面面观"，难在四方被人看

图 3-4-31 环秀山庄下洞上台，清涧穿洞而下

图 3-4-32 环秀山庄北洞中漱石小溪

第五节

残粒园

残粒园是私人宅园并未向公众开放，故一般人不得而入。地址在苏州装驾桥巷 34 号，是清末扬州某盐商住宅的一部分（《苏州古典园林》）。这是笔者所见最小的自然山水园，面积仅约 150 平方米，却洞穴潜藏、高亭耸翠、水影深远（图 3-5-1）。

借小名园，问名"残粒"，粒已微小，何况残而不足粒。入园圆洞门内额题"锦窠"（图 3-5-2）。窠为巢穴，泛指动物栖息之所，所谓"穴宅奇兽，窠宿异禽"（左思《蜀都赋》），也指人安居之所。另外，窠也指篆刻的界格。锦窠可理解为锦微精小的安乐窝。点出了其特色是在方寸间精微地区划山水，借小求精。

其所范围的面积约为 156 平方米。南北约 13 米，东西约 12 米，子午线与对角线近乎平行。园西北面为住宅楼山墙。园布局结构以水为心、以路环池，路旁山石交夹，主景居北之高处。入园门，北墙角以石洞嵌隅，圆洞门有湖石特置对景，随即转入洞中。洞借高墙而起，下洞上亭。入洞辗转上亭，全园景物收于目下。亭名"栝苍"，可知原有桧柏古木。亭亦借壁起半亭，对外有坐凳栏杆供凭眺，内墙布置博古架，琴棋书画之意韵顿生（图 3-5-3）。自亭南引栈桥宛转南下，栈桥以山石为柱墩，两墩间包山石形成洞，透过洞露出壁山（图 3-5-4），在极小的空间里创造出颇具深远、层次深厚的景观。其在于平面构成占边把角，中心让于水池而腹空，用不足九平方米的地盘布置了下洞上亭的全园主景，借壁起高，空间效果秀出。水池虽占地，却新辟了水容倒景的"多维虚空间"，光影摇曳，鲜活生动，扩大空间的深远感（图 3-5-5）。水池山石岸，水岫和石矶都属上品（图 3-5-6）。加以内墙以山石花台镶隅，坡道起伏上下，薜荔满墙敷绿，景色和景深都相当丰富（图 3-5-7）。栝苍亭虽小却挺拔而起，背有所依、下有所据，尺度恰合其境，加以造型和栈梯山石变化，构成彼此十分协调的自然山水园。主景突出布局具有小巧精致的艺术特色，这是全国的孤例和极品。

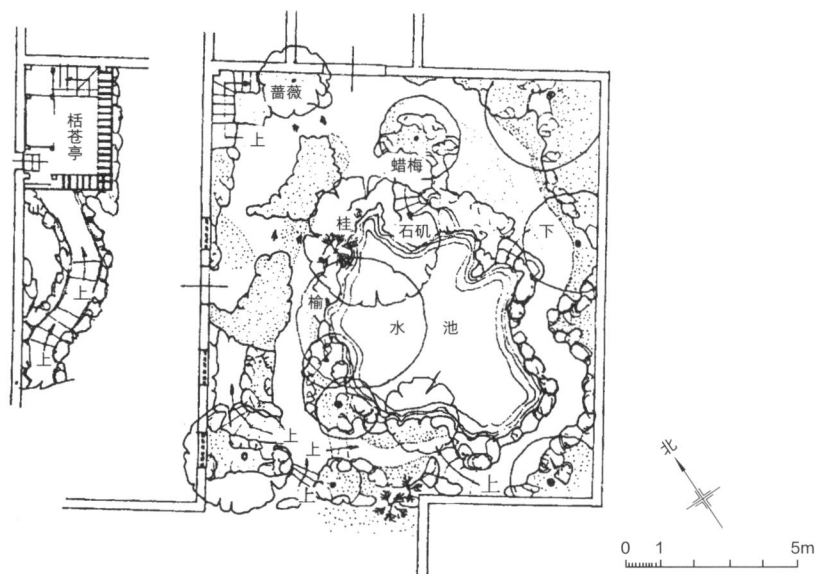

图 3-5-1 残粒园平面图

图 3-5-2 锦窠

图 3-5-3 栝苍亭

图 3-5-4 壁山

图 3-5-5　水池及倒影

图 3-5-7　满墙敷绿

图 3-5-6　浣石接水岸

第六节

退思园

　　园址在吴江同里镇水乡中。据张驰《水乡园林小筑·退思园》介绍："《苏州府志》载有园林二百处以上。同里镇 1.47 平方公里，外为同里、九里、南新、叶泽、虎山五湖围绕。内为十五条河分割。"镇子因水成街、因水成巷，"家家傍水，户户通船"。退思园由"凤（凤阳）、颍（川）、六（合）、泗（洲）"兵备道任兰生（字畹香）于清光绪十一年至十三年（1885—1887 年）建造。任兰生为两府两州十八县的整饬兵备，年俸禄 70~80 石约万斤，但被弹劾，解职返乡后建造宅园。该园占地九亩八分（约 6000 平方米）。包括住宅的轿厅、茶厅、正厅三进、内宅为十（间），上十（间），下走马楼，并有下房五间，余为内外花园（图 3-6-1）。

　　花园延请名画家袁龙设计，取《左传》："进思尽忠，退思补过"之意命名为退思园（《苏州古典园林艺术》）。

　　园由西南角宅第进入，呈左宅、中庭、右园的总体结构，中庭与园相衔。中庭庭院北为"坐春望月楼"，南为"岁寒居"，西为伸出之船厅，又名旱船（图 3-6-2），西对花园圆洞门，门东有山石花台作为对景和掩映，半遮半露，引人入游。庭院四周借墙为半壁廊，循廊可移步得中庭换景，花台为自然景物焦点。庭中香樟、朴树浓荫匝地，玉兰展白飘香。

　　圆洞门反面砖雕额题"云烟锁钥"，云烟为水景园景物的概括，锁钥为出入控制的要口。也可引申退想，茫茫人生，何以主宰。就布局章法而言，唐代许浑诗："何处芙蓉落，南渠秋水香"，五代王乔诗："碧松影里地长润，白藕花中水亦香"均提及水香（《苏州古典园林艺术》）。榭与洞门仅一廊和一板之隔，入水香榭面对的隔板起到障景的作用。既不得从门外窥见，又是欲扬先抑之举（图 3-6-3、图 3-6-4）。入榭则全园景色尽收眼底。右望则九曲廊引人入胜，左取退思草堂等景，前呼后拥，左右逢源。布局"起"得好。九曲廊是布局章法之"承"。九为最大单数，回顾平生，坎坷话当年，曲折起伏，九曲起伏成廊。因九字成九窗，以九窗成九曲廊。暗自牢骚："赏清风明月还不行吗？"这不须一钱买。既被弹劾，官场无地相容，心神投入自然，浴清风赏明月总可以吧。"清风明月不须一钱买"（图 3-6-5）出自唐代李白《襄阳歌》：

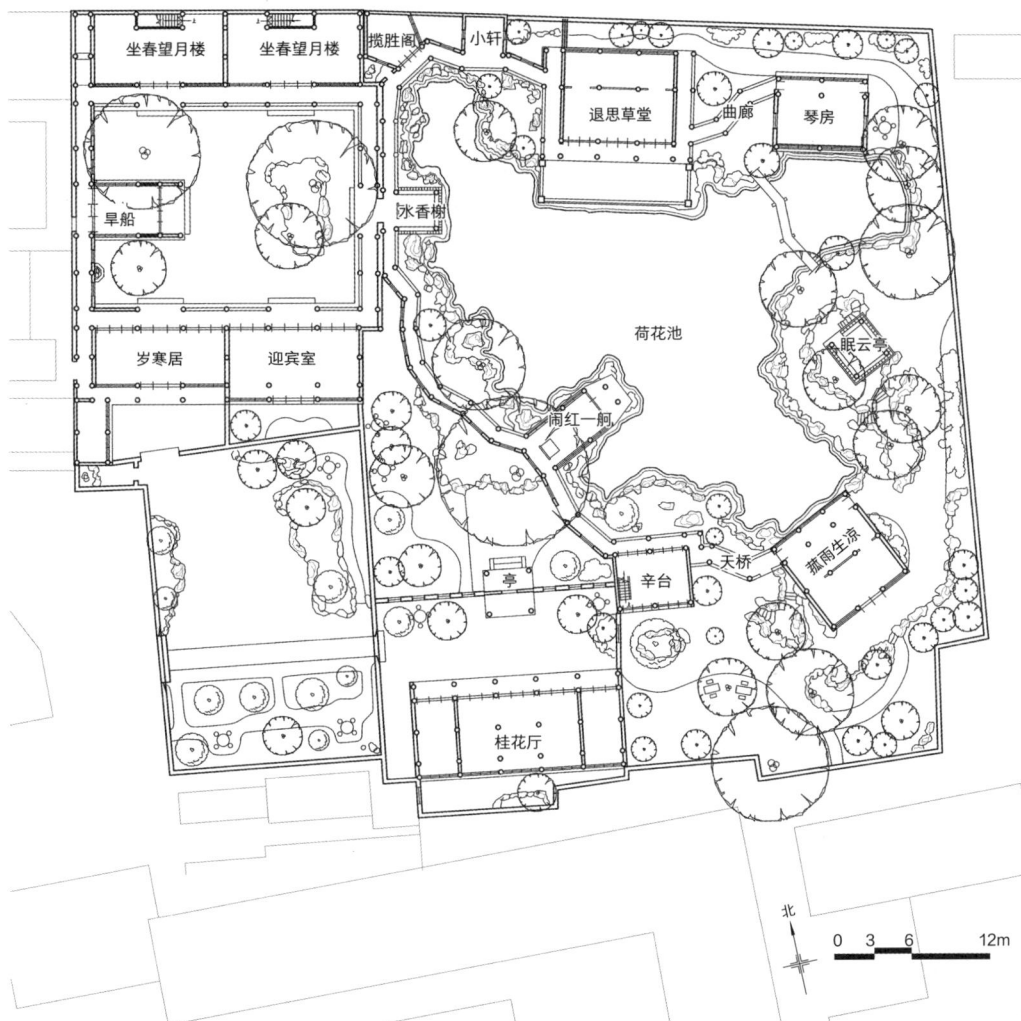

图 3-6-1　退思园平面图

"清风朗月不用一钱买，玉山自倒非人推。"（《苏州古典园林艺术》）内容虽同
于沧浪亭山亭联："清风明月本无价；远山近水皆有情。"但口气和心情却不
同，相当于一句发自内心的牢骚话。廊由半壁廊转为独立的全廊，因九曲作九
漏花窗，因九窗篆九字"清风明月不须一钱买"，道出了园主的心声。但从内
心而言，不甘退思，心中仍然对仕途有期望，憧憬再起。紧接九曲廊，一舫斜
出、横陈于池上之"闹红一舸"（图 3-6-6）。景名取自南宋姜夔《念奴娇》：
"闹红一舸，记来时，尝与鸳鸯为侣，三十六陂人未到，水佩风裳无数。"（《苏
州古典园林艺术》）在红荷、红鱼舸前闹红有何不可，内心深处所想却有所
寄。在退思的基面上依托的反向穿插，布置形象采用斜插而区别于基面平稳的

图 3-6-2　退思园中庭船厅

图 3-6-3　退思园园门

构图却又能融为一体。过闹红一舸转入小跨院,有"天香秋满"题主体建筑桂花厅自成别院。堂前东壁开透窗以渗透东西院园景,乃园中园的手法,小园周围与大园顺接。

"辛台"和"菰雨生凉厅"这组建筑,单体朴素,楼廊相衔的组合却十分得体,高下跌宕的变化,成为退思园引人注目的园景,与主体建筑退思草堂隔水相望(图 3-6-7)。十年寒窗读书以辛台表现。自然地运用楼廊,室内外都可以引楼上下,而且室外山石楼梯还组织了立体交叉的路线。透过廊子北望,山石、水池、各式建筑共同组成富有层次变化的深远景观。由闹红一舸、辛台、菰雨生凉、眠云亭和其间的廊、湖石、植物以及在园之东南角以水为心的建筑群构成了本园最精彩的篇章。石舫伸臂内抱,隔池与眠云亭犹如左臂右膀合抱水湾,立面上辛台由伏而起,从楼廊的耸高山墙骤降至菰雨生凉厅,产生了强烈的起伏变化。"菰雨生凉"名出南宋姜夔《念奴娇》:"翠叶吹凉,玉容消酒,更洒菰蒲雨"之意,或取于彭玉麟杭州西湖"三潭印月"联"凉风生菰叶;细雨落平波"之意。《园冶·江湖地》"深柳疏芦"可概其要。此轩倒座面水,水石相得,菰蒲水芳,蕉影玲珑,夏日凉风习习。这是自然之境,亦为园主心境。退而思过,心扉生凉。

水湾东侧的眠云亭入园即可得景,只见下山上亭远景,是经菰雨生凉厅伏抑以后,又扬起的空间处理,身历其间才会发觉这是下洞上亭的山亭结构(图 3-6-8)。西见峰石嶙峋的石岗,有临水步道,夹岗其中,有蹬道引上。东面隐藏了一个石洞。眠云则是居高而清逸的渲染。

图 3-6-4　入口半廊出柱架虚底的水香榭

图 3-6-5　"清风明月不须一钱买"

图 3-6-6　闹红一舸自九曲廊斜向挑出更蕴藉再仕走红之想

图 3-6-7　辛台述苦劳，因台起楼廊，楼廊造高却陡直下跌，进入菰雨生凉之凄境

图 3-6-8　不如眠云高卧，高枕无忧，自得其乐

第七节

广东可园

我所知可园有三，苏州沧浪亭对岸有苏式可园、北京南锣鼓巷有京式可园，以及东莞的粤式可园。三园各有千秋，而印象最深为难忘的是东莞的可园，在"相地立意"与"巧于因借"的园林理法方面有独到之处，又有岭南水乡诗情画意之境，并以灵奇的借景创造了"景以境出"的水景建筑空间。中华人民共和国成立之初已残破不堪，在1965年根据陶铸先生指示由林若主持重建可园，将原占地三亩三的可园扩展到二十四亩。除扩建前门楼、加门前荷池及假山、辟"邀山阁"旁后花园外，主要扩展了东侧鱼塘并连零散水面为"可湖"。基本格局仍保持了原真和完整，成为岭南园林中典型代表（图3-7-1）。而今岭南四大名园中佛山的"十二石斋"不存，难觅遗址，顺德的"清晖园"拆除了重要景点的元素并进行了崭新的创作，严重地损坏了历史名园的原真性和完整性。保护得最好的是番禺的"余荫山房"。可园本身保护状况很好，但外部环境遭到高架立交桥破坏，据说拟拆除改造。文物的位置无可更改，现代化建设完全可以退让一步（图3-7-2）。

可园的产生并不是孤立的，在客观上与中华民族的文化一脉相承，不可分割。古人十几万年以前已在粤地留下生息遗址，秦始皇统一岭南设南海郡，粤地便纳入了中华文化圈的范畴。赵佗立南越国后，汉代重臣陆贾出使南越国，于珠江湄建"泥城"。刘䶮自立南汉后，粤地与中原关系延续至清代，设省至今。其间产生五次大规模中原汉民南移入粤与百越土著融合。特别是有陆贾、周濂溪、米元章、苏东坡、赵介"五先生"，以及张玉书、潘仕成、梁九图、居巢、居廉等前贤参与文化及城市园林建设，在文化的融合、传承和发展方面起了决定性的作用。

可园主人张敬修尊敬前贤，精通琴、棋、书、画与造园。生逢外国列强侵华的时代，勇敢毅然地投笔从戎。任县长时出资修筑炮台、精论兵法，为国效劳，官至江西按察使署理布政使。1850年始建可园，1856~1858年改建，1861年扩建。园主造宅园以自然山水修身养性和终老，在风光美景中广结文人，雅集可园，吟诗作画，吮毫治印，以文化陶冶性情，从物质和精神两方面得到享受。岭南画派启蒙祖师居巢、居廉兄弟二人客居可园数载，金石家徐三

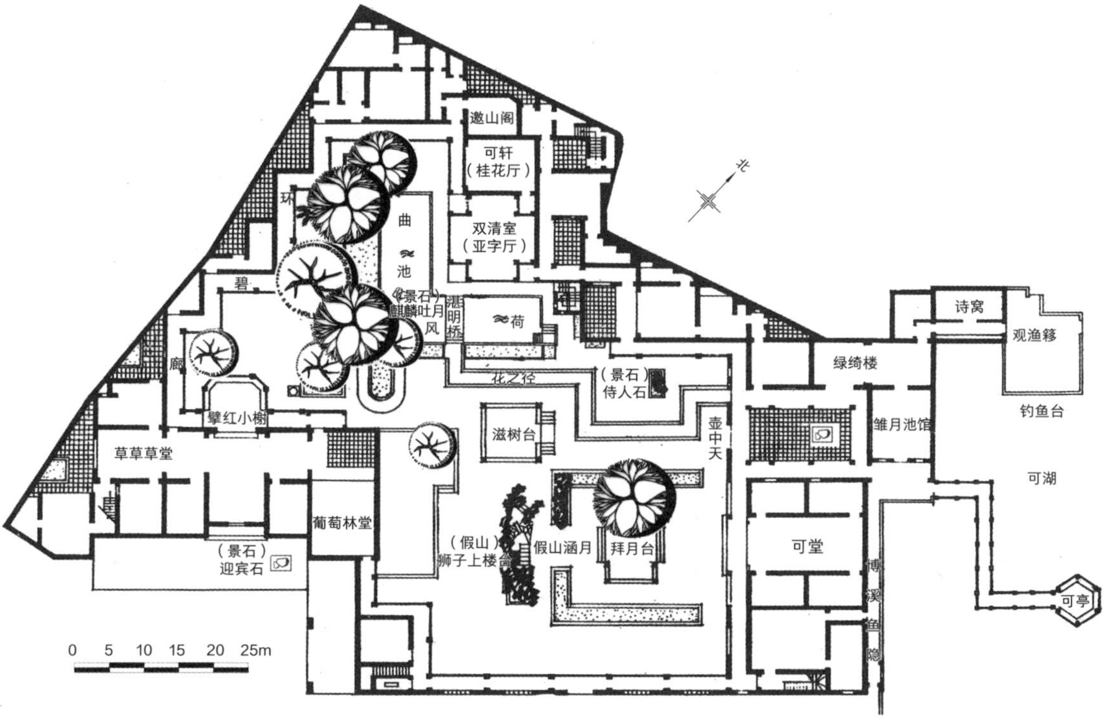

图 3-7-1　可园一层平面图

图 3-7-2　可园胜境

庚也曾在可园传授门徒。这些文人也很自然地为可园谋划，把可园锚定在很高的文化水平上，以诗情画意创造园林的空间。人造山水、建筑和植物环境以欣赏人造自然为核心，这些景物又以题咏、楹联等反映人的意志和情趣。

东莞东南部和中部为丘陵，北部为东江流域平原，西部和西北部濒临珠江口，构成东南倾向西北、河湖交错的水网地势。而可园东临可湖、西傍东江，这里土地面积有限，如何借用无限的自然山水风景来丰富有限的园景就成为造园的关键。可园从园名到景名都是意在手先地创造。"可"为"可心"，合人意愿，可人心意是至高而又不张扬的佳名，也反映"君子时中"的中庸思想。历史上嗜石之文人，问其何以嗜石，归根结底的回答是可心。"擘红小榭"为入口终端倒座之景，从章法上是"起"。"擘"为"分开、分裂"的同义语，有于平易中出奇巧之意。"红"为荔枝，说荔枝就太直白了，于是巧用文学中的比兴，以"擘红小榭"为名，为园入口起始之门景。可园既罗致佳果，杂植成林，乃为榭居树间，并且把华南，甚至珠江的地方特色都渲染出来了。《擘红小榭记》记载："粤荔之美，咸推为果中第一……"我国好荔枝分布范围不广，而珠江入海口东岸是名荔产区，该景区言简意赅又生动鲜活地表达了这么多内容，而且以"红"代"荔"有开门红、开门见喜之趋吉避想，可见借景问名之要（图3-7-3）。

"绿绮楼"因藏唐代名古琴"绿绮台琴"而名，此琴先为明武宗朱厚照之御琴，后由海南名士邝露珍藏。清兵破广州时，邝露抱琴殉节，屈大均诗《绿绮琴歌》云："城陷中书义不辱，抱琴西向苍梧哭。"明万历年间兵部侍郎叶梦熊后人因该琴为皇室遗物再从清军手中购得，最后才辗转到张敬修手中。他专为名琴建楼珍藏。问名知楼因琴名，而琴又有殉国之真情（图3-7-4）。

地上之竹和水中之荷都是人化为君子文质彬彬的相貌和内涵，"双清室"垒土种竹，凿池植荷而兼得"双清"，并寓意"人境双清"（图3-7-5）。双清室建筑平面、室内铺地、槅扇图案和家具陈设都是"亚"字形。亚通压，双清室在可堂东南侧，堂为冠而室居亚，《双清室题榜跋后》云："双清室者，界于篊笪蓙苫间，红丁碧亚，日在定香净绿中，故以名之也。"丁者，言万物之丁壮也，亚可引申为俦匹，义低垂貌。杜甫有诗云"花蕊压枝红"。亚亦通掩，蔡伸《如梦令》词有"人静重门深亚"，亚字厅北负之"邀山阁"，为四层楼阁，里外两道皆可通阁，屋内复梯可上下，屋外蹬道结合休息台盘旋而上。另一方作为宴客所在，重门深掩而得幽静。本应堂在室前，此园欲借堂起可楼，楼阁宜后，故堂让室而室位堪俦匹于堂，这是本园灵活布局之特色（图3-7-6）。可楼也名"邀山阁"，富于借景的人情味。《可园记》载："居不幽者，志不广；览不远者，怀不畅。吾营可园，自喜颇得幽致，然游目不骋，盖囿于园，园之

图 3-7-3　入门倒座擘红小榭有"开门见红"之吉祥喜气

图 3-7-5　双清室

图 3-7-4　绿绮楼

图 3-7-6　可堂

外，不可得而有也。自思建楼，而窘于边幅，乃建楼于可堂之上，亦名曰'可楼'……劳劳万众，咸娱静观，莫得隐遁，盖至此，则山河大地举可私而有之。"楼高 15.6 米，为当时莞城制高点。从安全而言，可兼作"碉楼"哨望，并有独立端严，有居高控园和据高眺远的作用，远近诸山可望。阁内有联应景而生："大江前横；明月直入"，以达到"臆绝灵奇"的借景境界。小中见大，幽里开旷，惜墨如金却气吞山河（图 3-7-7）。

　　这是一座宅第和宅园合二为一的宅第园，用地面积小但不显得局促。布局类型为主景突出式，用地之宜在水，可湖东临东江西畔。可园山为灵，水为魂，建筑为心灵的眼睛，园径为脉，树木花草为毛发。借筑庭园而广纳外环水景当为

图 3-7-7　平湖高楼不仅御敌，平时纳山雹江，居一室　图 3-7-8　可园建筑屋顶平面图
而气吞山河，借景臆绝

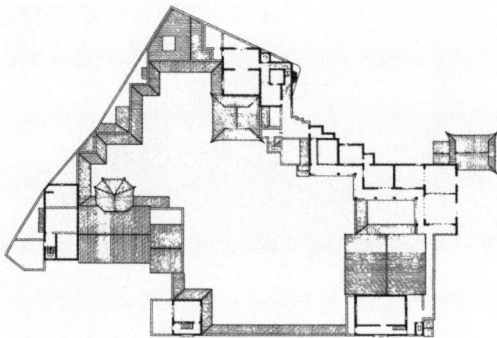

借景之最要者也。用地若白纸而园之铺陈若着墨，"因白守黑"也。布局之要在
以建筑兴造内庭空间以广收周环嘉景也。《园冶·兴造论》所谓"极目所至，俗
则屏之，嘉则收之，不分町疃，尽为烟景，斯所谓'巧而得体'者也。"可园起
阁邀山，伸亭出榭邀水，乃至组成"迎景"的内庭空间与周环山水协调和谐，于
封闭中开拓，收无尽的外景空间，这是可园独到布局精湛得体之处。造幽通旷，
建小得大。可园建筑屋盖平面图，总体是"迎人"之形体，建筑坐西北而敞东
南，接纳东南风也，有道是"树下地常荫，水边风最凉"（图 3-7-8）。

　　划地为坐西北向东南的不规则多边形，"假如基地偏缺，邻嵌何必欲求其
齐。""量其广狭，随曲合方，是在主者，能妙于得体合宜。"可园于进深最大
的中部设堂，为了紧凑布局而采用"连房广厦"的建筑组合方式。节省用地的
同时，也适应高温、高湿，同时多雨的气候，进而可得聚散有致的建筑景观。
由中庭左（东）出连房和临水平台，伸曲尺形平桥入水安可亭，从紧凑中觅空
灵而不局促。再从中庭右（西）欲挟还伸地出曲廊数折，西界与园墙组成丰富
多变的廊院小空间，这样也同时考虑从东南角开大门由西廊导引入堂室，形成
占边、把角、让心的空间布局。对占地大过建筑占地面积的内庭空间，掘曲池
以钳合、围抱堂室，起台掇山，遍植花木，从而形成内庭空间起伏曲折的变
化。所谓"花木情缘易逗，园林意味深求"。

　　建筑立面构图在地盘图的基础上延展，北高南低平顺地与可湖水面相接，楼
阁因高而居后，控景压镇。高阁面向东南的主要面若孤峙无依，东面有一层、两
层、三层的建筑贴靠显得基底雄厚，前呼而后拥，左右也逢源。东南立面拔地四
层，独立雄踞。可园建筑组群的立面可以说极尽建筑空间立面变化之能事。

　　可园的细部处理也是令人不尽欣赏（图 3-7-9、图 3-7-10）。园之布局给
人宏观的气魄和气韵，其细节还必须结合微观的各景逐一地展开，令人"园

日涉以成趣"宅园的景物。所以说兵不厌诈、景不厌精，因小而必以精湛吸引人。"涉门成趣"是"园日涉以成趣"的重要因素。园之开局就足以令人赞许。从门厅直接引入半扁八方形的精致小榭，门厅为小楼曲院组合，北坡顶出榭的屋盖，后廊顶出半八方榭的屋盖，层次丰厚而不单薄。自门厅穿过圆形满月墙洞入园，圆洞门前两旁又有一间半待客室，各有磨砖圆门洞与后廊相衔。整个门厅是一组由对称而非完全中轴对称的门、厅、廊、榭融为一体的建筑组群。擘红小榭是其中的主角。上承大门，贯以半壁廊，延展为曲尺形半全相向的游廊而导引至北隅之望街楼。可园序曲连贯、通顺，起得精彩而布置适度。由序引向其东的主庭高潮，中庭轴线也由于向东位移而避开了从门厅视线一览无余的缺失。由于地居用地进深最深，南让出庭园空间并以曲池嵌合主体后，布置了自东南而出、由西向东一系列的堂、厅、室建筑组成层层院落、重门深掩之幽静空间，东至绿绮楼为承转过渡点。可堂居后而小，双清室大、低而居前，可堂上因高起之邀山阁而压缩面积，自成独立端严，左呼右拥之势。

水乡的先民为渔人，文人借以为师的也是桃花源的渔家。可园东庭皆因水成景（图 3-7-11），临湖建可亭、诗窝、观鱼簃（图 3-7-12）、观漪亭、船厅等，错落起伏、因水致远。居巢因此题咏"沙堤花碶路，高柳一行疏；红窗钓车响，真似钓人居。"

花木情缘易逗，园林意味深求。由于湖湄地低湿，为了降低地下水位，利于植物生存，植物多用台植。种植类型以点植为主，孤植、树丛互为衬托。台多循廊间之尽头布置，或结合建筑、园路起棚架成景。托花言志，物我交融。园主人立下"百年心事问花知"的意境，花木随遇而安，顺理成章。水景有濠梁观鱼的典故，居巢常偕居廉游肆于湛明桥上，赋诗中有"小桥莲叶北，琴出行室虚，碧阴翻荇藻，肯信我非鱼。""花之径"的花架上，紫藤、炮仗花春冬迎人，令人遐想"紫气东来"和元旦"爆竹一声除旧岁"。"问花小院"逗人情缘，台植藏花喻君子之高洁。"花隐园"逢花信风借牡丹、菊花盛时邀客参加"花事雅集"，吟诗、对句、作画、度曲，昭显风雅，赏心悦目。

园主张敬修亲撰可园正门联："十万买邻多占水；一分起屋半栽花"，足见对环境绿化之重视，意在虽隐而盼出，是为其志。简士良心解其意赠联曰："未荒黄菊径；权作赤松乡"，借古喻今，颇尽其意（图 3-7-13）。

以花木喻古人隐显，再引出园主心愿，为将文学艺术之比兴园林借景之佳例。居巢、居廉既为可园出谋划策，又客居可园并创作了《宝迹藏真册》。岭南画派奠基于可园，画与园相互促进。可园之于诗画，难分难解，园林意味得以深求。以诗画创造空间，再借园林空间觅诗意。

图 3-7-9　雕花落地罩反面回望，室内外空间融为一体

图 3-7-10　雕花落地罩

图 3-7-11　临湖建筑

图 3-7-13　可园正门楹联

图 3-7-12　观鱼簃

第八节

瞻园

　　南京瞻园，原为明初中山王徐达的西花园，距今已有六百年历史。清乾隆南巡时，曾驻跸于此，并题名瞻园。乾隆回京后，还命人在北郊长春园中仿瞻园形式建造如园，足见瞻园园制之精。

　　1853 年太平天国定都天京，这里先后为东王杨秀清、夏官副丞相赖汉英的王府、邸园，天京失陷后，遭到清军破坏。清同治四年（1865 年）、清光绪二十九年（1903 年）曾两次重修。中华人民共和国成立前又被国民党特务机关占为杂院，荒芜不堪。1960 年在刘敦桢教授主持下开始整建，掇山由王其峰师傅施工，至 1966 年，建成目前所见的面貌。

　　瞻园是著名的假山园，全园面积仅 8 亩，假山就占 3.7 亩。自然式的山水构成园的地形骨干，结构得体，造景有法，山水之间相辅相成，山水与建筑、园路、植物之间又相互融会，浑然一体（图 3-8-1）。

　　主体建筑"静妙堂"（图 3-8-2），系面临水池的鸳鸯厅，把全园分成南小北大两个空间，各成环游路线，成功地弥补了南北空间狭长的缺陷。南部空间视野近，北部空间视野远，北寂而南喧。全园南北两个水池，南部水池较小，紧接静妙堂南沿，原为扇形水面，修建时改为略呈葫芦形的自然山池，近建筑的一侧大而南端收小，著名的南假山便矗立在小水池南侧。北部空间的水池比较开阔，东临边廊，北濒石矶，西连石壁，南接草坪，曲折而富于变化。修建时把水池东北端向北延伸西转，曲水芷源，峡石壁立，更添幽静、深邃的情趣。

　　园中一溪清流，蜿蜒如带，南北二水池即以溪水相连，有聚有分（图 3-8-3）。南北两个性格鲜明的空间，亦因此相互联系、渗透。造园者还巧妙地运用假山、建筑，进一步分隔出更小的空间，使游人远观有势，近看有质。布局合理，细部处理精巧，款式大方，于平正中出奇巧。情景交融，宛若天成（图 3-8-4）。

　　瞻园山石甚多，有些是宋徽宗花石纲遗物（图 3-8-5）。著称者有仙人、倚云、友松诸石，亭亭玉立，窈窕多姿，为江南园林山石之珍品。仙人峰置于南门后的庭间，其最佳一面正对入口，前有落地漏窗作框景，从暗窥明，衬以浓郁的木香，俨然条幅画卷，用以作为入口的对景和障景，十分恰当。

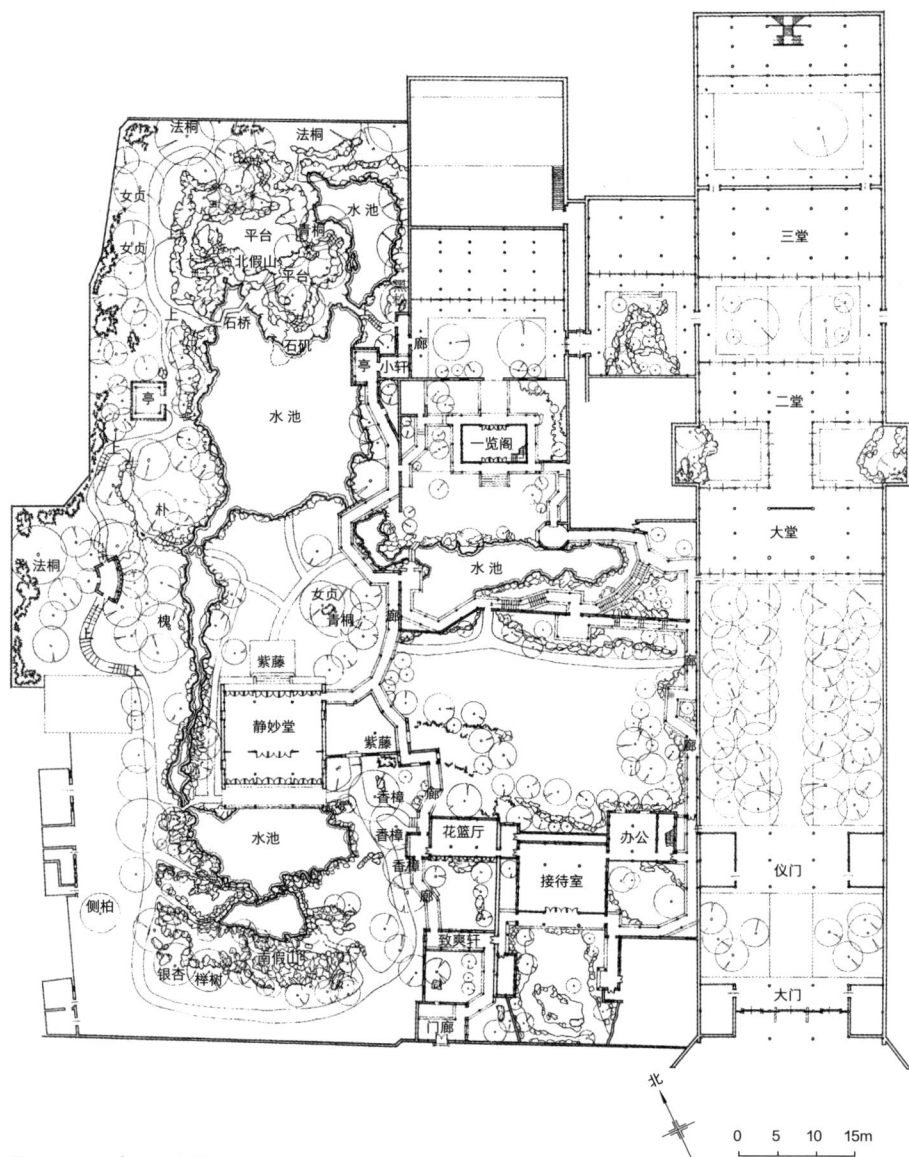

图 3-8-1　瞻园平面图

　　步入回廊，曲折前行，一步一景，"涉足成趣"。过"玉兰院""海棠院""倚云峰"置于花篮厅前东南隅桂花丛中山石坐落的位置，为几条视线的交点。其余一些特色山石和散点山石分布在土山、建筑近旁，有的拼石成峰，玲珑小巧，发挥了山石小品"因简易从，尤特致意"的作用。出回廊向西，便是花木葱茏的南假山。

　　南假山气势雄浑，山峰峭拔，洞壑幽深，"一峰之竖，有太华千仞之意"（图 3-8-6）。假山上伸下缩，形成蟹爪形的大山岫，钳住水面。岫内暗处，仿

图 3-8-2　静妙堂

图 3-8-3　瞻园贯通南北假山之山溪

图 3-8-4　瞻园石梁跨涧，有惊无险

图 3-8-5　瞻园山石

图 3-8-6　瞻园南假山为刘敦桢教授设计、王其峰师傅施工的优秀作品，钟乳石洞有旱洞和水洞之分，又融合为一，表现钟乳石倒挂下垂，洞后峰峦为屏，洞前东西半岛相望，水中步石低点，层次丰厚，动静交呈

　　自然石灰石溶蚀景观，悬坠了几块钟乳石，形成实中有虚、虚中有实、层次丰富、主次分明的山水景观。悬瀑泻潭，汀石出水，钟乳倒悬，渗水滴落，湿生植物杂布山岫间。苍岩壁立，绿树交映，岩花绚丽，虚谷生凉，俨然真山。山岫东侧又连深邃的洞龛，水池伸入洞中可贴壁穿行而上。游人至此，如入画中，俯视溪涧，幽趣自生。崇岩环列，直下如削，乳泉层淙，如鼓琴瑟（图 3-8-7、图 3-8-8）。

　　"静妙堂"修建时曾将南屋檐降低了一些，使游人从室内望南假山不至穷见山顶，而是见两重轮廓，两重峰峦，绝壁、洞龛更显峭拔幽深。南假山水池东北有明代古树二株：紫藤盘根错节（图 3-8-9），女贞翠绿丰满。另有牡丹、樱花、红枫等点缀于晴翠之中，鸟鸣蝉噪，金鱼嬉游，泉水潺潺，更衬托出南部空间亦喧亦秀的特色。

　　北假山坐落在北部空间的西面和北端（图 3-8-10）。西为土山，北为石山。土山有散点湖石，石山包石不见土。两面环山，东抱曲廊，夹水池于山前。池南草坪倾向水面，绿茵如毯，柳绿枫红。"普渗泉"静静涌出，水面清澈无澜，宛若明镜。蓝天白云，花树亭石，倒映其间，形成倒山入池、水弄山影的动人景观。北部石山独立端严，自持稳重，东南山脚跌落成熨斗形石矶平伸水面，于低平中见层次，丰富了岸线的变化。石山西面向南延伸为陡直的石

图 3-8-7　瞻园旱洞

图 3-8-8　瞻园水洞

图 3-8-9　瞻园紫藤枝干盘虬如书法

壁驳岸，水池北端伸入山坳，使人感到水源好像出自山间奥处（图 3-8-11）。
紧贴水面的石平桥，曲折于水池之北，既沟通了东西游览路线，又因曲桥分
隔，使水面的形态和层次都增添变化（图 3-8-12）。旧时，平桥附近有泉眼，
为观泉佳处。石山体量虽大而中空，山中有"瞻石""伏虎""三猿"诸洞潜藏。
山道盘行复直，似塞又通。山西低谷盘旋，和山道立体交叉。自谷望山，山更
高远；自山俯谷，幽深莫测。沿山径，山石玲珑峭拔，峰回路转，步换景异。
山顶原有六角亭一座，修建中为了遮挡园北墙外高层建筑，改亭为峭壁，峭壁

图 3-8-10　瞻园北假山之石屏风

图 3-8-11　瞻园北假山东北隅，延水成湾，石壁陡立，与原西边之假山隔水呼应而性格相异，在变化中求统一

图 3-8-12　瞻园北假山石折桥低贴水面，通达西岸

前为平台，形成全园新的制高点。登临一望，山前景色历历在目。充分体现了古典园林起、结、开、合的艺术手法。"妙境静观殊有味，良游重继又何年。"瞻园虽小，山水卓著，清风自生，翠烟自留，园制之精，驰誉中外，游人每至，流连忘返，往往尚未离去即生重游之想。

第七节　理　微

第八节　封　定

第九节　置石与掇山

第二章　帝王宫苑

第一节　避暑山庄

第二节　圆明园九州景区

第三节　北　海

后记

　　我认为无论是康熙还是乾隆，祖孙俩在避暑山庄的建设方面都是卓有成就的。未想乾隆在避暑山庄建成后著书总结经验时，书名却是《知过论》，我对此深有感触。当我写完专著送交出版之时，这种感触更为突出，我对不起读者的地方颇多，自感最汗颜之处是未向读者提供参考书目，过去我从未想到要出书，因兴趣所在看了不少学科的书和资料，择其精者抄录在笔记本上，可以说有所钻研。但我在生活方面是极其懒散的，懒得做卡片，这就导致今日之遗憾，这是要向广大读者致歉的。引为教训。

　　把致谢放在后面是受中国做事大团圆的影响，最后说点高兴的事儿。我儿时还赶上看见一般家中供的祖宗牌"天地君亲师"。人生于自然环境，长于自然，当然首先要谢天谢地。生育我、养育我、教育我的双亲不仅赋予我天生的优良基因，而且也是我启蒙的老师。我母亲为了我上最好的小学和中学，不惜当首饰、借债。而更令我难忘的是严父慈母对子女的深爱和贯穿在每时每地的教育，以身作则地教导我们与人为善。这本专著是我成为中国工程院院士以后决定写的，但漫漫无期，建议我出专著的是我的学生、校友刘晓明教授。王劲韬、薛晓飞为本书承担了烦琐的文字校对工作，并由齐羚和孟凡完成终校。朱育帆、林箐、曾洪立、王沛永、李健宏、许先升、雷芸、王欣、李昕、陈云文、秦岩、李飞、魏菲宇、马岩诸君为我画了插图或收集照片。中国建筑工业出版社的张建、杜洁同志为我做了精细和尽可能完美的排版工作。因此我要感谢所有致力于本书出版的人和将要帮助我的广大读者。诚挚地欢迎广大读者批评指正。

孟兆祯